"十四五"国家重点出版物出版规划项目

城市安全出版工程·城市基础设施生命线安全工程丛书

名誉总主编　范维澄
总　主　编　袁宏永

城市电力设施安全工程

高昆仑　范明豪　主编
于　振　冯　杰　罗　娜　叶　宽　孙玉玮　副主编

URBAN ELECTRICITY INFRASTRUCTURE
SAFETY ENGINEERING

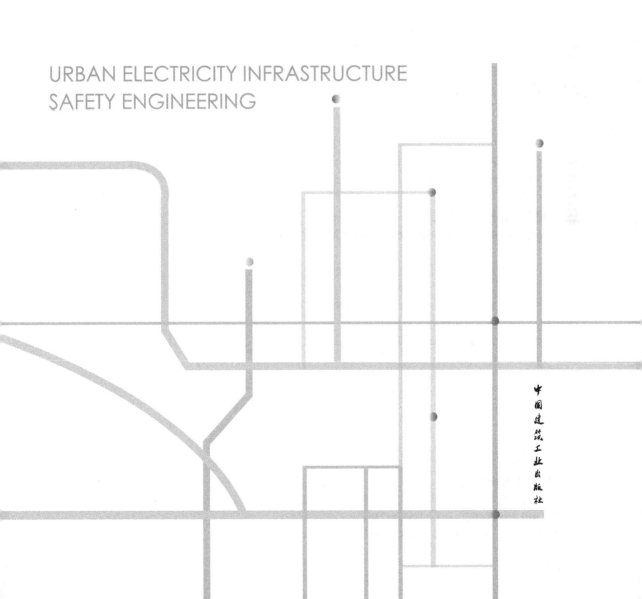

中国建筑工业出版社

图书在版编目（CIP）数据

城市电力设施安全工程 = URBAN ELECTRICITY INFRASTRUCTURE SAFETY ENGINEERING / 高昆仑，范明豪主编；于振等副主编 . -- 北京：中国建筑工业出版社，2024.11. -- （城市基础设施生命线安全工程丛书 / 范维澄，袁宏永主编）. -- ISBN 978-7-112-30548-3

Ⅰ . TM727.2

中国国家版本馆 CIP 数据核字第 202431NA96 号

责任编辑：周志扬　杜　洁
责任校对：赵　力

城市安全出版工程·城市基础设施生命线安全工程丛书
名誉总主编　范维澄
总　主　编　袁宏永

城市电力设施安全工程

URBAN ELECTRICITY INFRASTRUCTURE SAFETY ENGINEERING

高昆仑　范明豪　主　编
于　振　冯　杰　罗　娜　叶　宽　孙玉玮　副主编

*

中国建筑工业出版社出版、发行（北京海淀三里河路9号）
各地新华书店、建筑书店经销
北京海视强森图文设计有限公司制版
建工社（河北）印刷有限公司印刷

*

开本：787毫米×1092毫米　1/16　印张：22$\frac{1}{4}$　字数：469千字
2024年12月第一版　2024年12月第一次印刷
定价：88.00元
ISBN 978-7-112-30548-3
（43554）

版权所有　翻印必究
如有内容及印装质量问题，请与本社读者服务中心联系
电话：（010）58337283　QQ：2885381756
（地址：北京海淀三里河路9号中国建筑工业出版社604室　邮政编码：100037）

丛书编委会

城市安全出版工程·城市基础设施生命线安全工程丛书
编 委 会

名誉总主编：范维澄

总 主 编：袁宏永

副总主编：付 明　陈建国　章林伟　刘锁祥　张荣兵　高文学　王 启　赵泽生　牛小化
　　　　　李 舒　王静峰　吴建松　刘胜春　丁德云　高昆仑　于 振

编　　委：韩心星　汪正兴　侯龙飞　徐锦华　贾庆红　蒋 勇　屈 辉　高 伟　谭羽非
　　　　　马长城　林建芬　王与娟　王 芃　牛 宇　赵作周　周 宇　甘露一　李跃飞
　　　　　油新华　周 睿　汪亦显　柳 献　马 剑　冯 杰　罗 娜

组织单位：清华大学安全科学学院
　　　　　中国建筑工业出版社

编写单位：清华大学合肥公共安全研究院
　　　　　中国城镇供水排水协会
　　　　　北京市自来水集团有限责任公司
　　　　　北京城市排水集团有限责任公司
　　　　　中国市政工程华北设计研究总院有限公司
　　　　　中国土木工程学会燃气分会
　　　　　金卡智能集团股份有限公司
　　　　　中国城镇供热协会
　　　　　北京市热力工程设计有限责任公司
　　　　　合肥工业大学
　　　　　中国矿业大学（北京）
　　　　　北京交通大学
　　　　　北京九州一轨环境科技股份有限公司
　　　　　中国电力科学研究院有限公司

本书编委会

城市电力设施安全工程
编 写 组

主　　编：高昆仑　范明豪

副 主 编：于　振　冯　杰　罗　娜　叶　宽　孙玉玮

编　　委：潘爱强　马　钢　曹　伟　徐希源　房殿阁　郭雨松
　　　　　关　城　唐诗洋　严屹然　张泽浩　刘泽宇　米昕禾
　　　　　张业欣　吴文韬　王海伟　张　浩　祝　琳　梁　潇
　　　　　王轶申　邹　聪　闫百驹　任欣然　潘国伟

主编单位：中国电力科学研究院有限公司

　　　　　国网安徽省电力有限公司电力科学研究院

副主编单位：国网北京市电力公司电力科学研究院

　　　　　国网天津市电力公司

　　　　　国网上海市电力公司电力科学研究院

　　　　　国网江苏省电力有限公司

参编单位：国网安徽省电力有限公司合肥供电公司

丛书序言

我们特别欣喜地看到由袁宏永教授领衔，清华大学安全科学学院和中国建筑工业出版社共同组织，国内住建行业和公共安全领域的相关专家学者共同编写的"城市安全出版工程·城市基础设施生命线安全工程丛书"正式出版。丛书全面梳理和阐述了城市生命线安全工程的理论框架和技术体系，系统总结了我国城市基础设施生命线安全工程的实践应用。这是一件非常有意义的工作，可谓恰逢其时。

城市发展要把安全放在第一位，城市生命线安全是国家公共安全的重要基石。城市生命线安全工程是保障城市供水、排水、燃气、热力、桥梁、综合管廊、轨道交通、电力等城市基础设施安全运行的重大民生工程。我国城市生命线规模世界第一，城市生命线设施长期高密度建设、高负荷运行，各类地下管网长度超过 550 万 km。城市生命线设施在地上地下互相重叠交错，形成了复杂巨系统并在加速老化，已经进入事故集中爆发期。近 10 年来，城市生命线发生事故两万多起，伤亡超万人，每年造成 450 多万居民用户停电，造成重大人员伤亡和财产损失。全面提升城市生命线的保供、保畅、保安全能力，是实现高质量发展的必由之路，是顺应新时代发展的必然要求。

国内有一批长期致力于城市生命线安全工程科学研究和应用实践的学者和行业专家，他们面向我国城市生命线安全工程建设的重大需求，深入推进相关研究和实践探索，取得了一系列基础理论和技术装备创新成果，并成功应用于全国 70 多个城市的生命线安全工程建设中，创造了显著的社会效益和经济效益。例如，清华大学合肥公共安全研究院在国家部委和地方政府大力支持下，开展产学研用联合攻关，探索出一条以场景应用为依托、以智慧防控为导向、以创新驱动为内核、以市场运作为抓手的城市生命线工程安全发展新模式，大幅提升了城市安全综合保障能力。

丛书坚持问题导向，结合新一代信息技术，构建了城市生命线风险"识别—评估—监测—预警—联动"的全链条防控技术体系，对各个领域的典型应用实践案例进行了系统总结和分析，充分展现了我国城市生命线安全工程在风险评估、工程设计、项目建设、运营维护等方面的系统性研究和规模化应用情况。

丛书坚持理论与实践相结合，结构比较完整，内容比较翔实，应用覆盖面广。丛书编者中既有从事基础研究的学者，也有从事技术攻关的专家，从而保证了内容的前沿性和实用性，对于城市管理者、研究人员、行业专家、高校师生和相关领域从业人员系统了解学习城市生命线安全工程相关知识有重要参考价值。

目前，城市生命线安全工程的相关研究和工程建设正在加快推进。期待丛书的出版能带动更多的研究和应用成果的涌现，助力城市生命线安全工程在更多的城市安全运行中发挥"保护伞""护城河"的作用，有力推动住建行业与公共安全学科的进一步融合，为我国城市安全发展提供理论指导和技术支撑作用。

中国工程院院士、清华大学公共安全研究院院长　范维澄

2024 年 7 月

丛书前言

党和国家高度重视城市安全,强调要统筹发展和安全,把人民生命安全和身体健康作为城市发展的基础目标,把安全工作落实到城市工作和城市发展各个环节各个领域。城市供水、排水、燃气、热力、桥梁、综合管廊、轨道交通、电力等是维系城市正常运行、满足群众生产生活需要的重要基础设施,是城市的生命线,而城市生命线是城市运行和发展的命脉。近年来,我国城市化水平不断提升,城市规模持续扩大,导致城市功能结构日趋复杂,安全风险不断增大,燃气爆炸、桥梁垮塌、路面塌陷、城市内涝、大面积停水停电停气等城市生命线事故频发,造成严重的人员伤亡、经济损失及恶劣的社会影响。

城市生命线工程是人民群众生活的生命线,是各级领导干部的政治生命线,迫切要求采取有力措施,加快城市基础设施生命线安全工程建设,以公共安全科技为核心,以现代信息、传感等技术为手段,搭建城市生命线安全监测网,建立监测运营体系,形成常态化监测、动态化预警、精准化溯源、协同化处置等核心能力,支撑宜居、安全、韧性城市建设,推动公共安全治理模式向事前预防转型。

2015年以来,清华大学合肥公共安全研究院联合相关单位,针对影响城市生命线安全的系统性风险,开展基础理论研究、关键技术突破、智能装备研发、工程系统建设以及管理模式创新,攻克了一系列城市风险防控预警技术难关,形成了城市生命线安全工程运行监测系统和标准规范体系,在守护城市安全方面蹚出了一条新路,得到了国务院的充分肯定。2023年5月,住房和城乡建设部在安徽合肥召开推进城市基础设施生命线安全工程现场会,部署在全国全面启动城市生命线安全工程建设,提升城市安全综合保障能力、维护人民生命财产安全。

为认真贯彻国家关于推进城市安全发展的精神,落实住房和城乡建设部关于城市基础设施生命线安全工程建设的工作部署,中国建筑工业出版社相关编辑对住房和城乡建设部的相关司局、城市建设领域的相关协会以及公共安全领域的重点科研院校进行了多次走访和调研，经过深入地沟通和交流，确定与清华大学安全科学学院共同组织编写"城市安全出版工程·城市基础设施生命线安全工程丛书"。通过全面总结全国城市生命线安全领域的现状和挑战，坚持目标驱动、需求导向，系统梳理和提炼最新研究成果和实践经验，充分展现我国在城市生命线安全工程建设、运行和保障的最新科技创新和应用实践成果，力求为城市生命线安全工程建设和运行保障提供理论支撑和技术保障。

"城市安全出版工程·城市基础设施生命线安全工程丛书"共9册。其中，《城市生命线安全工程》在整套丛书中起到提纲挈领的作用，介绍城市生命线安全工程概述、安全运行现状、风险评估、安全风险综合监测理论、监测预警技术与方法、平台概述与应用系统研发、安全监测运营体系、安全工程应用实践和标准规范。其他8个分册分别围绕供水安全、排水安全、燃气安全、供热安全、桥梁安全、综合管廊安全、轨道交通安全、电力设施安全，介绍该领域的行业发展现状、风险识别评估、风险防范控制、安全监测监控、安全预测预警、应急处置保障、工程典型案例和现行标准规范等。各分册相互呼应，配套应用。

"城市安全出版工程·城市基础设施生命线安全工程丛书"的作者有来自清华大学、清华大学合肥公共安全研究院、北京交通大学、中国矿业大学（北京）等高校和科研院所的知名教授，也有来自中国市政工程华北设计研究总院有限公司、国网智能电网研究院有限公司等工程单位的知名专家，也有来自中国城镇供水排水协会、中国城镇供热协会等的行业专家。通过多轮的研讨碰撞和互相交流，经过诸位作者的辛勤耕耘，丛书得以顺利出版。本套丛书可供地方政府尤其是住房和城乡建设、安全领域的主管部门、行业企业、科研机构和高等院校相关人员在工程设计与项目建设、科学研究与技术攻关、风险防控与应对处置、人才培养与教育培训时参考使用。

衷心感谢住房和城乡建设部的大力指导和支持，衷心感谢各位编委和各位编辑的辛勤付出，衷心感谢来自全国各地城市基础设施生命线安全工程的科研工作者，共同为全国城市生命线安全发展贡献力量。

随着全球气候变化、工业化与城镇化持续加速，城市面临的极端灾害发生频度、破坏强度、影响范围和级联效应等超预期、超认知、超承载。城市生命线安全工程的科技发展和实践应用任重道远，需要不断深化加强系统性、连锁性、复杂性风险研究。希望"城市安全出版工程·城市基础设施生命线安全工程丛书"能够抛砖引玉，欢迎大家批评指正。

序

"能源保障和安全事关国计民生,是须臾不可忽视的'国之大者'"。城市电力设施安全是保障城市能源安全的基石,关系着人民群众生产生活和社会稳定,也关系着供水、供气、供热、交通等系统正常运转,是城市生命线的"生命线"。同时,在"双碳"目标指引下城市用能绿色低碳转型也离不开高水平的电力设施安全保障。

一方面,近年气候异常加剧,台风、暴雨洪涝、雨雪冰冻等灾害发生范围、强度、频度超出常规认知,对部分城市电力设施造成严重影响,如2022年河南郑州"7·20"特大暴雨、2020年吉林长春"11.18"罕见雨雪冰冻灾害等极端灾害造成大规模城市电力设施受损和供电中断,造成通信、医院、地铁等公共服务停摆,严重影响了人民群众生产、生活,甚至威胁社会稳定。另一方面,国外城市停电事件也时有发生,如2022年柏林"1.9"停电事件、2016年东京"10.12"停电事件等也警示我国需要进一步加强城市电力设施安全保障。

做好城市电力设施安全工作离不开理论指引,我们欣喜地看到以中国电力科学研究院有限公司为代表的一批科研机构长期致力于城市电力设施安全工程科学研究和应用实践,取得了一系列丰硕成果。现在,由中国电力科学研究院有限公司、国网安徽省电力有限公司电力科学研究院领衔,联合有关科研机构及电力企业,共同编写《城市电力设施安全工程》,创新构建了城市电力设施安全工程理论框架,系统阐述了城市电力设施的"风险评估—防范管控—监测预警—应急处置"全链条技术体系,并对城市电力设施安全典型案例进行了总结分析。全书将理论、方法与实践有机融合,结构完整、内容详实,对相关领域专家学者和从业人员系统性了解城市电力设施安全工程具有重要参考价值。

本书的出版对城市电力设施安全管理及工程实践具有重要指导作用，也将进一步推动城市电力设施安全工程理论发展，促进相关领域涌现更加丰富的研究成果，为能源电力安全和"双碳"目标实现提供有力支撑！

中国工程院院士

2024 年 11 月

前言

党和国家高度重视能源保障和安全工作,坚持人民至上,生命至上,强调统筹发展和安全。近年来,中国城市化进程不断加速,城市电网负荷激增,城市电力设施数量越发庞大、设备的种类及其相互关联也越发复杂,控制和管理难度不断加大。同时,自然灾害和外力破坏对城市电力系统安全影响日益严重,发生电力安全事故并导致城市大面积停电,进而引发社会损失的风险时刻存在。城市电力系统安全稳定运行和电力可靠供应直接关系到国民经济发展和人民生命财产安全,关系到国家安全和社会稳定。长期以来,电力行业高度重视城市电力设施安全工作,按照中共中央 国务院关于安全生产工作的统一部署,相关部门、企业应不断加强城市电力设施安全监督管理,提高安全保障能力,建设完善城市电力设施安全工程体系,维护城市经济发展与保障人民生命财产安全。

为认真贯彻国家关于推进城市安全发展的精神,落实城市工作和城市发展过程中电力领域安全工程建设的工作部署。承蒙中国建筑工业出版社与清华大学合肥公共安全研究院邀请,由中国电力科学研究院有限公司和国网安徽省电力有限公司电力科学研究院共同组织国网天津市电力公司、国网江苏省电力有限公司、国网北京市电力公司电力科学研究院、国网上海市电力公司电力科学研究院、国网安徽省电力有限公司合肥供电公司7家单位的电力安全行业专家一同编写"城市安全出版工程·城市基础设施生命线安全工程丛书"第9分册《城市电力设施安全工程》。通过与电力领域和安全领域行业专家的交流探讨,历时一年,经过十余次的编写组内部讨论,五轮外部专家评审,以及多次深入发电企业和供电企业一线的走访调研,全面总结城市电力设施安全领域的现状和挑战,系统梳理和提炼最新研究成果和实践经验,充分展现中国城市电力设施建设、运营和管理过程中安全保障技术的最新科技创新和应用实践成果,力求为城市电力设施安全工程建设和运行保障提供理论支撑和技术保障。

分册《城市电力设施安全工程》共9章,围绕电力设施安全,介绍该领域的行业发展现状、安全体系建设、风险识别评估、风险防范控制、安全监测监控、安全预测预警、安全应急保障、事件应急处置、工程典型案例等。其中第1章与第2章围绕行业特点、发展目标、技术现状、体系建设等内容,对城市电力设施安全总体情况进行介绍;第3章至第8章分别从风险评估与预防、监测预测预警、应急处置与救援、综合保障等方面对城市电力设施安全工程各环节的管理流程、应用技术开展介绍;第9章是对该领域各类安全工程典型案例的讲解与解析。各章节相互呼应,相辅相成。

衷心感谢范维澄院士和张来斌院士一直以来对本书的支持和关心;衷心感谢清华大学安全科学学院院长袁宏永教授,中国建筑出版传媒有限公司杜洁、周志扬编辑及各编写单位专家在本书编写过程中的悉心指导与热情帮助;衷心感谢各位编委、各位作者和各位编辑的辛勤付出,使得本书顺利成稿并出版;衷心感谢来自全国各地城市电力设施安全工程的一线工作人员、科研工作者、政府行业部门的科学研究和应用实践,共同为全国城市电力安全发展贡献力量。

本书可供地方政府尤其是住房和城乡建设、能源、安全领域的主管部门、行业企业、科研机构和高等院校在工程设计与项目建设、科学研究与技术攻关、风险防控与应对处置、人才培养与教育培训等参考使用。希望本书能够起到抛砖引玉作用,激发电力安全行业的创新思维,吸引更多的优秀人才与资源参与城市电力安全事业,共同推动城市电力安全工程的科技发展与实践应用。

书中疏漏或不当之处恳请读者批评指正。

中国电力科学研究院有限公司
国网安徽省电力有限公司电力科学研究院
2024年11月

目录

第1章 城市电力设施安全工程概述

1.1 城市电力设施概述 — 2
- 1.1.1 城市电力设施组成   2
- 1.1.2 城市电力设施分布特征   11

1.2 城市电力设施安全工程概述 — 12
- 1.2.1 城市电力设施安全工程特点   12
- 1.2.2 城市电力设施安全工程新时代目标及要求   14

1.3 城市电力设施安全工程技术现状 — 17
- 1.3.1 城市电力设施风险评估技术现状   17
- 1.3.2 城市电力设施监测预警技术现状   21
- 1.3.3 城市电力设施应急处置技术现状   22

第2章 城市电力设施安全体系

2.1 城市电力重要法律法规 — 26
- 2.1.1 《中华人民共和国电力法》   26
- 2.1.2 《中华人民共和国突发事件应对法》   28
- 2.1.3 《电力安全事故应急处置和调查处理条例》   32
- 2.1.4 《电力设施保护条例》   35
- 2.1.5 其他相关法律法规   39

2.2 "政企联合"防控机制 — 40
- 2.2.1 安全责任体系   40
- 2.2.2 政企联动模式   40
- 2.2.3 城市电力设施公共安全培训   43

2.3 城市电力设施安全运行与隐患排查 — 44
- 2.3.1 安全运行模式   44
- 2.3.2 设备设施安全运行   45
- 2.3.3 安全作业   46

2.3.4　隐患定级与治理措施　　　　　　　　　　　　　　47
　2.4　城市电力设施安全应急管理 ————————————— 48
　　　2.4.1　应急预案与资源保障　　　　　　　　　　　　　　48
　　　2.4.2　应急演练与能力培训　　　　　　　　　　　　　　61
　　　2.4.3　应急救援与评估　　　　　　　　　　　　　　　　67
　2.5　城市电力设施安全管理评价与监督 ————————— 69
　　　2.5.1　安全管理评价　　　　　　　　　　　　　　　　　69
　　　2.5.2　监督与改进　　　　　　　　　　　　　　　　　　72

第3章　城市电力设施风险识别与评估

　3.1　风险识别及方法 ————————————————— 76
　　　3.1.1　风险识别准则　　　　　　　　　　　　　　　　　76
　　　3.1.2　风险识别流程　　　　　　　　　　　　　　　　　77
　　　3.1.3　风险因素之间的相互作用　　　　　　　　　　　　77
　　　3.1.4　风险识别方法　　　　　　　　　　　　　　　　　78
　3.2　指标体系建立 ——————————————————— 86
　　　3.2.1　风险指标的定义及制定原则　　　　　　　　　　　86
　　　3.2.2　经典的风险指标研究概述　　　　　　　　　　　　87
　　　3.2.3　多维度风险指标体系的建立和计算　　　　　　　　94
　3.3　模型及评估 ———————————————————— 102
　　　3.3.1　风险影响模型研究　　　　　　　　　　　　　　　103
　　　3.3.2　风险影响评估　　　　　　　　　　　　　　　　　105

第4章　城市电力设施风险防范与控制

　4.1　风险防范与控制技术概述 ————————————— 128
　　　4.1.1　风险防范与控制原理　　　　　　　　　　　　　　128
　　　4.1.2　城市电力设施风险防范与控制相关技术　　　　　　130
　4.2　城市电力设施风险事故预防 ———————————— 132

	4.2.1 城市电网安全事故原因分析	132
	4.2.2 事故预防原理	135
4.3	城市电力设施风险规避策略与措施	137
	4.3.1 电网规划阶段风险规避措施	137
	4.3.2 电网运行阶段风险规避措施	141

第 5 章　城市电力设施安全监测监控

5.1	城市电力设施安全监测监控方法	144
	5.1.1 调度自动化系统及功能	144
	5.1.2 发电厂监控	149
	5.1.3 变电站集中监控	150
	5.1.4 输电集中监控	153
	5.1.5 电网在线动态安全监测与预警	154
5.2	智能感知技术在城市电力设施监测监控中的应用	159
	5.2.1 人工智能技术应用	159
	5.2.2 传感器技术应用	166
	5.2.3 大数据分析技术应用	169
	5.2.4 分布式新能源预测技术及应用	173

第 6 章　城市电力设施安全预测预警

6.1	综合预测预警技术概况	178
	6.1.1 基本概念	178
	6.1.2 相关理论	178
6.2	城市电网内部诱因脆弱性评估	180
	6.2.1 内部因素对城市电网脆弱性的影响	180
	6.2.2 城市电网设备脆弱性的内因量化	181
6.3	城市电网灾害事件损失模型	183
	6.3.1 地震灾害灾损模型	183

6.3.2	滑坡灾害灾损模型	191
6.3.3	台风灾害灾损模型	198
6.3.4	暴雨洪涝灾害灾损模型	205
6.3.5	雨雪冰冻灾害灾损模型	214

6.4 城市电网损失预测技术 —————————— 226

6.4.1	城市电网损失预测技术概述	226
6.4.2	电网应急数据库融合技术	226
6.4.3	模糊动态电网多灾损失预测技术	240

第 7 章 城市电力设施安全应急保障

7.1 城市电力设施安全应急保障意义与目标 —————— 246

7.1.1	城市电力设施安全应急保障意义	246
7.1.2	城市电力设施安全应急保障现状和目标	247

7.2 城市电力设施安全应急保障要素 ——————————— 249

7.2.1	城市电力设施安全应急保障要素组成	249
7.2.2	城市电力设施应急电源保障	250
7.2.3	城市电力设施应急物资保障	259
7.2.4	城市电力设施应急队伍保障	267
7.2.5	城市电力设施应急后勤保障	270

第 8 章 城市电力设施安全事件应急处置

8.1 城市电力设施安全事件应急处置流程 ——————— 282

8.1.1	成立突发事件现场指挥部	282
8.1.2	发布预警和启动应急响应	283

8.2 城市电力设施安全事件应急处置措施 ——————— 284

8.2.1	城市电力隧道、变电站电缆沟火灾专项应急处置措施	284
8.2.2	地下变电站火灾专项应急处置措施	285
8.2.3	变电站重点部位火灾应急处置措施	286

  8.2.4 换流站主变压器、阀厅火灾专项应急处置措施 289

  8.2.5 换流站、变电站 SF_6 气体泄漏专项应急处置措施 290

  8.2.6 重要城市中心区停电事件专项应急处置措施 291

  8.2.7 重大活动保电应急处置工作措施 293

  8.2.8 应急保障及应急处置技术装备 295

8.3 城市电力设施事故应急决策 301

  8.3.1 城市电力设施事故演化路径分析 301

  8.3.2 城市电力设施事故应急辅助决策 305

第 9 章 城市电力设施安全工程典型应用案例

9.1 自然灾害引发的城市电力设施安全问题 314

  9.1.1 暴雨导致的城市电力设施应急典型应用案例 314

  9.1.2 台风导致的城市电力设施应急典型应用案例 317

  9.1.3 极端气候导致的城市电力设施应急典型应用案例 319

  9.1.4 地震导致的城市电力设施应急典型应用案例 321

9.2 电力系统引发的城市电力设施安全问题 323

  9.2.1 城市大范围停电典型应用案例 323

  9.2.2 城市高压变电站（含户内）、电缆沟火灾典型应用案例 325

  9.2.3 城市重大赛事保供电应用案例 327

9.3 人为事故引发的城市电力设施安全问题 329

  9.3.1 城市电力设施外破典型应用案例 329

  9.3.2 输电走廊防林火典型应用案例 330

  9.3.3 黑客攻击引发城市电力供应中断事故 330

9.4 负荷侧引发的城市电力设施安全问题 332

  9.4.1 用户空调负荷应对典型应用案例 332

  9.4.2 城市电动自行车充电设施火灾典型应用案例 333

  9.4.3 光伏电站设施火灾应急典型应用案例 334

参考文献 335

第 1 章 城市电力设施安全工程概述

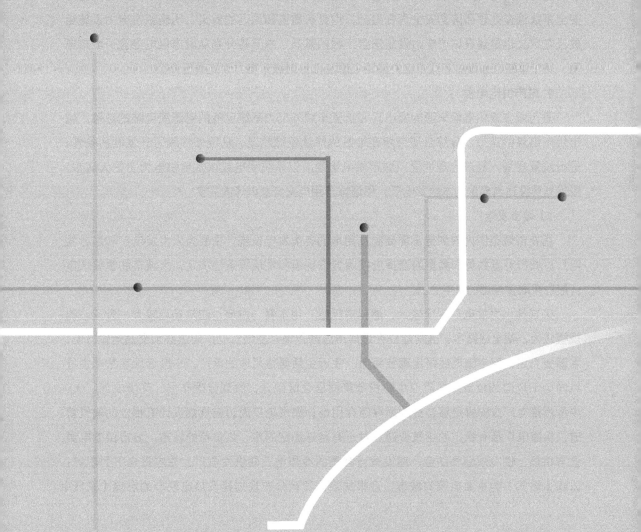

1.1 城市电力设施概述

1.1.1 城市电力设施组成

按照《城市电力规划规范》GB/T 50293—2014，城市电力设施应由城市供电电源、城市电网、城市重要电力设施和城市电力线路走廊组成。明确城市电力设施组成及其定义对于防范和减少电力安全事故，减轻电力安全事故损失和尽快恢复电力正常供应，规范电力安全事故调查处理和落实安全责任追究，均具有重要和深远的意义。明确城市电力设施组成及其定义也是建设城市电力设施安全工程的基础。本节将分别从城市供电电源、城市电网、城市重要电力设施和城市电力线路走廊4部分对城市电力设施进行介绍。

1. 城市供电电源

是为城市提供电能来源的发电厂和接受市域外电力系统电能的电源变电站的总称。城市供电电源的选择，应综合研究所在地区的能源资源状况、环境条件和可开发利用条件，进行统筹规划，经济合理地确定城市供电电源。以系统受电或以水电供电为主的大城市，应规划建设适当容量的本地发电厂，保证城市用电安全及调峰的需要。

1）城市发电厂

指在市域范围内规划建设需要独立用地的各类发电设施，主要为火力发电厂和水力发电厂。城市电源数量和类型的选择应按照城市规模和性质等条件决定，大城市和重要城市一般应采取多电源的供电方式。

区域性火力发电厂规模较大，燃料消耗量、用水量、占地、贮灰场地较大，升压站的规模较大，输电线路多，通常建立在远离市区的荒地、空地。电厂周边必须交通运输方便，水源要充足，架空输电线路走廊要畅通。靠近生活居住用地的电厂，一般选址在常年主导风向为下风向的位置，并用卫生防护地带同居住区隔开，做到合理布局、环境友好。大、中型燃煤电厂应安排足够容量的燃煤储存用地；燃气电厂周边应规划设计有相应的输气管道，保障电厂拥有稳定的燃气资源。对于有足够稳定的冷、热负荷的城市，城市供电电源会与供热、供冷规划相结合，建设适当容量的冷热电三联供发电厂，并应符合下列规定：以煤（燃气）为主要能源的城市，宜根据热力负荷分布规划建设热电联产的燃煤（燃气）

电厂，同时与城市热力网规划相协调；城市规划建设的集中建设区或功能区，宜结合功能区规划用地性质的冷热电负荷特点，规划中、小型燃气冷热电三联供系统。热电厂是联产热能和电能的设施。热能需通过管道输入用户，为缩短输送距离，热电厂选址通常距离主要用户较近，因此热电厂相比火力发电厂要更靠近市区。

（1）核电站

指利用核反应堆中核裂变所释放的热量进行发电的发电站，核电具有如下特点：①高效性，核能是高能源密度的能源，1kg 铀释放能量相当于 2400t 标准煤释放热量，核燃料的年需要量是煤的十万分之一；②清洁性，据估计，核电站每生产千瓦时电量 CO_2 排放量（4~20g）是同等条件下火电厂排放量的 1%，同时可以减少大量 SO_2、NO_x、可吸入颗粒污染物的排放，是一种绿色低碳、环境友好的清洁能源；③经济性，目前核电的经济性（0.39~0.42 元/kWh）优于煤电。

1985 年，我国建设了第一座自主设计的秦山核电站，结束了中国大陆无核电的历史，实现零的突破，同时我国还引进大亚湾 100 万千瓦压水堆核电站；此后，我国先后又建设了秦山二期核电站、岭澳核电站、秦山三期核电站和田湾核电站。2007 年，我国决定在浙江三门核电站和山东海阳核电站引进 AP1000（美国的先进非能动压水堆）技术。2015 年，我国自主研发的"华龙 号"，标志我国核电发展迈入自主研制的第二代核电技术，2019 年 5 月 28 日，中法合作的第二代 EPR（法国的欧洲压水堆）技术也应用到广东台山核电厂 2 号机（同样应用 EPR 三代压水堆的 1 号机组已于 2018 年 6 月 29 日成功并网发电）。根据中国核能行业协会发布数据，截至 2023 年 12 月 31 日，我国在运核电机组 55 台，在建 26 台，装机容量达到 57031.34MWe，在建机组规模达到世界第一。目前，我国已形成自主化三代压水堆"华龙一号""国和一号"国产化品牌，具有四代特征的高温气冷堆、快堆，以及小型模块化反应堆等先进核电技术。

（2）地热发电厂

地热是一种洁净的可再生能源。地球是一个巨大的热仓库，其内部的热能通过热水、蒸气、干热等形式，源源不断地涌出地表，为人类提供丰富而廉价的能源。根据推算，全球潜在地热能源的资源量约 4×10^{13}MW，相当于当前全球次能源年能耗的 200 万倍。地热发电是利用超过沸点的中、高温地热（蒸气）直接进入并推动汽轮机，带动发电机发电，或者通过热交换利用地热来加热某种低沸点的工作流体，使之变成蒸气，然后进入并推动汽轮机，带动发电机发电。中国地热发电研究在 1949 年后开始，中国科学院 1970 年在广东省丰顺县汤坑镇邓屋村建起了发电量 60kW 的地热发电厂。这是中国第一座地热试验发电厂。目前，中国最大的地热发电厂是羊八井地热电站。

（3）太阳能发电

目前，太阳能的发电形式主要有两种。一种是光伏发电，主要是利用光电效应将光的辐射能转化为电能；另一种是利用太阳能的热能推动汽轮机转动发电，即光热发电。

太阳能发电系统由太阳能电池组、太阳能控制器、蓄电池组成，其作用是将太阳的辐射能转换为电能，并送往蓄电池中存储起来，或推动负载工作。光伏电池板产生的电能为直流电，一般供给直流负荷及光伏发电系统配置的储能电池，储能电池组功能主要为平抑光伏发电输出的波动。电力系统大多负荷为交流负荷，需要通过逆变器转换后，为交流负荷供电或者将电能输送给电网。光伏发电系统构成如图1-1所示。

太阳能发电具有许多优点，如安全可靠、寿命长、无噪声、无污染、不受地域限制、无需消耗燃料、无机械传导部件、故障低、维护简便、可以无人值守、建设周期短、规模大小随意、无需架设输电线路、方便与建筑相结合等。这些优点都是常规发电和其他发电方式所不及的。但是太阳能发电具有间歇性、不稳定性和不可控性的缺点。太阳能电池板的质量和成本将直接决定整个系统的质量和成本。另外，太阳能电池板寿命有限，大约是10—20年。在光伏发电领域中，中国已经处于全球领先水平，在深圳和拉萨分别建成了兆瓦级低压并网光伏发电厂和100kW的高压并网发电厂。

光热发电的原理是将太阳能聚集到一起，通过将水变成气态，利用汽轮发电机发电，将太阳能转换成电能。光热发电根据不同的形式可以分为塔式太阳能光热发电、槽式太阳能光热发电和碟式太阳能光热发电等。由于研究技术局限，目前光热发电技术转化率较低、商业化成本较高，没有得到广泛的推广应用。在光热发电方面还需要投入大量的研究工作，建立高效率、大容量、高聚光比的太阳能光热发电系统，以便于商业化推广应用。截至2009年，全球范围内建成成功投运的光热电站总的装机容量已达73.6MW，随着技术的提高，光热发电将得到一定的发展。中国在光热发电方面的研究进展较为缓慢，不过也取得了一定的成绩，国内首座70kW塔式太阳能光热发电系统于2005年在南京太阳能试验场顺利建成，并成功投入并网发电；单轴跟踪的槽式太阳能聚光器于2004年在通州实验基地开始成功运行。

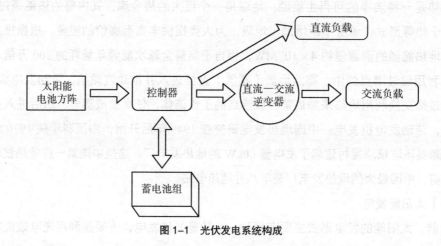

图1-1 光伏发电系统构成

（4）风能发电

是把风能转变为电能的技术。风能是目前受到世界各国最重视可再生能源之一，储量巨大。据报道，全球的风能含量约为 2.74×10^9 MW，全球风能约有 2×10^7 MW 可利用开发，储量非常可观。风力发电机一般由风轮、发电机（包括装置）、调向器（尾翼）、塔架、限速安全机构和储能装置等构件组成。风能发电技术通过风力带动风力机风车叶片旋转，再通过增速机将旋转的速度提升，将风的动能转变成机械动能，与风力机同轴安装的发电机将随着风力机一起转动，把机械能转化为电能。风力发电机通常有 3 种：直流发电机、同步交流发电机和异步交流发电机。

风力发电的优点在于资源无尽、技术成熟和成本低廉。其缺点在于发电具有间歇性、不稳定性和不可控性。风力发电机的输出功率与风速的大小有关。由于自然界的风速是极不稳定的，风力发电机的输出功率也极不稳定，其发出的电能一般不能直接用在用电设备上，要先储存起来。

目前，风力发电技术已经成为新能源中技术最成熟的发电方式，全球都在大力推广风力发电技术的应用。技术的成熟使风力发电效益得到了很大提高，其发电成本与常规发电成本相当。在可以预见的未来，风力发电在电力领域所占的比重将会越来越大。

中国风能资源丰富。根据中国气象局风能资源普查结果，中国大陆陆地可利用风能资源超过 2.5 亿 kW，加上近岸海域可利用风能资源 7.5 亿 kW，共计超过 10 亿 kW。中国也投入了大量人力和物力用于风力发电技术的研究，国家能源局发布的《2023 年全国电力工业统计数据》显示，中国风力发电机组装机容量约 4.4 亿 kW，标志着中国较高的风力发电研究应用水平。

随着风力发电技术的成熟，中国不再局限于陆地的风能的开发，逐渐将风力发电朝着离岸型方向发展，以充分利用中国海域内丰富的风能资源。预测到 2030 年，风力发电量将约占全国总发电量的 10%。

（5）生物质能发电

生物质是指能够当作燃料或者工业原料、活着或刚死去的有机物。生物质的来源最常见于种植植物所制造的生物质燃料或者用来生产纤维、化学制品和热能的动物或植物，也包括除已经变质成为煤炭或石油等有机物外可以生物降解的废弃物制造的燃料。生物质能发电是利用生物质所具有的生物质能进行发电，包括农林废弃物直接燃烧发电、农林废弃物气化发电、垃圾焚烧发电、垃圾填埋气发电、沼气发电。

中国是一个农业大国，生物质资源十分丰富。各种农作物每年产生秸秆 6 亿多吨，其中可以作为能源使用的约 4 亿 t，全国林木总生物量约 190 亿 t，可获得量为 9 亿 t，可作为能源利用的总量约为 3 亿 t，开发潜力十分巨大。因此，生物质能发电行业有着广阔的发展空间。当前，沼气发电以及城市垃圾焚烧发电是生物质能发电技术中最常见，也是中国发展比较成熟的技术手段。

沼气发电技术是近阶段兴起的新型发电技术。主要是利用有机废弃物发酵产生沼气，通过沼气在内燃机中燃烧，产生大量的热量，带动汽轮机和发电机转动发电，即从化学能转换成电能，实现能量转换，常见的沼气发电系统配置如图1-2所示。

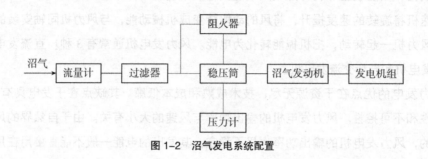

图1-2 沼气发电系统配置

从全球范围来看，沼气发电技术已受到广泛重视和积极推广，美国、德国、日本、荷兰等国家已经取得实际运行成果。中国在沼气发电领域研发已经有了较长的时间，浙江杭州于1998年建成全国首家垃圾沼气发电厂，随后在深圳建成下坪和南山两个沼气发电厂。目前，北京、上海、南京等大中型城市筹备修建垃圾沼气发电厂，充分将资源转换成能源。随着多年对沼气发电技术的研究，中国已经建立了具有高水平、强能力的研发队伍，并通过积累生产基地以及实际投运电站的成功经验，为沼气发电技术的应用研究再上台阶奠定了基础。

垃圾焚烧发电主要是通过对城市垃圾集中处置，在密闭的锅炉内进行高温焚烧，随后将焚烧后产生的热能以及蒸气通过汽轮机发电。一方面实现了城市垃圾的减害、减量化，另一方面实现了城市生活垃圾的资源利用。目前，运用比较广泛的垃圾焚烧发电工艺流程主要是，首先对垃圾进行干燥处理，随后在锅炉内通过850～1100℃的高温进行焚烧，焚烧后产生的高温烟气经过汽轮机的能量转换转化为电能。燃烧过程中对产生的飞灰、尾部烟气，以及垃圾渗滤液进行相应的处置。飞灰可以用来生产各类建筑材料，进行再次资源化利用；尾部烟气通过特定的超洁净处置装置处理后排放到尾部烟囱；垃圾渗滤液进行集中处理。至2016年9月，中国在运营的垃圾焚烧发电厂共207座，总处理能力约为19.9万t/天。从地理位置来看，垃圾焚烧发电厂主要分布于经济比较发达的江苏、浙江、广东等地。上海是中国目前垃圾产出最大的城市，每年产生的垃圾量大约为790万t。其中，通过垃圾焚烧方式的处置量为250万t/年。目前，中国城市垃圾焚烧发电每天大约能产生250～350kWh的发电量，每吨城市垃圾用于焚烧发电节约的标准煤为80～115kg。

2）电源变电站

指配置于城市区域中接受市域外电力系统电能，起到变换电压、交换功率和汇集、分配电能作用的变电站及其配套设施。电源变电站一般建设在城区外围，构成城市供电的主网架，其建设需避开国家重点保护的文化遗址或有重要开采价值的矿藏。电源变电站具备高电压等级，以实现将市域外高压电能进行降压并分配到城市电网中。通常，市域外使用500kV送电网连接城市电力系统，构成城市外围500kV环网。环上设有若干座500、220kV降压变电站通过220kV枢纽变电站向市区送电，其构成了城市电力设施中的电源变电站。电源变电站将以自身为中心建立城市供电网架，实现电源变电站的分片供电模式。正常方式下各供电分区间相对独立，但在线路检修或方式调整情况下各区电源变电站之间具备一定的相互支援能力。下面将分别对500、220kV电源变电站简单介绍。

中国500kV变电站主变压器台数主要采用2~4台，单台容量750~1500MVA；其中，广州、深圳变电站终期采用大规模配置，主变压器台数4~6台，容量1000~1500MVA；500kV出线规模在4~12回以内；220kV出线规模在10~24回以内；枢纽站500kV侧采用3/2主接线，终端站采用桥形接线或线路变压器组单元接线。

中国220kV变电站终期规模以2~4台为主，单台容量18万~24万kVA；220kV出线规模在6~16回以内；110kV出线规模在10~20回以内；枢纽站、中间站220kV侧主接线主要采用双母线分段接线，终端站主要采用单母分段、线路变压器组、桥形接线。110kV变电站终期规模以2~4台为主，单台容量以5万~6.3万kVA为主；110kV出线规模以2~6回为主，单台主变压器10kV出线规模以10~16回为主。深圳110kV变电站主接线模式主要采用单母分段接线，其他城市主要采用环入环出、内桥、线路变压器组接线方式。

2. 城市电网

是城市区域内为城市用户供电的各级电网的总称。城市电网是电力系统的重要组成部分，也是城市现代化建设的重要基础设施，事关社会稳定和经济民生。《标准电压》GB/T 156—2017规定中国配电网可以选择采用的标称电压等级为220kV、110kV、66kV、35kV、20kV、10kV、6kV、380V、220V。其中，66kV目前只在东北电网使用，6kV也早在主网中被淘汰。20世纪90年代后，以深圳等为首的中国特大城市将35kV电压等级弱化，不再新建35kV配电网及变电站。因此中国目前虽然许多城市保留35kV配电网，但新建配电网通常采用110kV直降10kV或220kV直降20kV等技术，将110kV或者220kV配电网深入城市，实现高压电力直接进入负荷中心，形成"高压受电—变压器降压—低压配电"的供电方式。该方式可以减少城市电网配电电压等级，简化城市电网拓扑结构，满足城市越发增长的高负荷密度、高可靠性的电能需求。

城市配电网按电压等级分类，可分为高压配电网、中压配电网，以及低压配电网。高压配电网为电压等级高于35kV的配电网，通常指110、220kV配电网；中压配电网为电压等级范围介于 10～35kV 的配电网，通常指 10、20kV 配电网；低压配电网为 10kV 及以下的配电网，常见的是 380、220V 配电网，以供工业及居民用电。下面将简单介绍各电压等级配电网的网络结构。

城市电网的上级 500kV 送电网均采用双环网结构；220kV 主网架以 500kV 变电站为中心，主要采用双环网、双链结构；110kV 配电网主要采用链式 π 接、链式 T 接结构；20kV 电缆网主要采用环网结构开环运行，架空网主要采用多区段、多连接的开式运行网络结构；10kV 电缆网主要采用双环网、单环网结构，广州、深圳的城市电网采用 N 供一备（N-1）结构，杭州的城市电网采用三双、扩展型三双结构；10kV 架空网主要采用多分段适度联络结构。

1）220kV 配电网

220kV 配电网是城市电网中的"主力"，主要承担输送电能功能，在地区电网中起"构架"作用，兼以接近分区负荷中心为重心。随着城市负荷密度的增大，部分大型城市采用 220kV 直降技术，这意味着 220kV 配电网在城市电网中的重要性将进一步增加。

在城市电网中，通过供电区域划分，一般将 220kV 变电站作为城市中的分区供电中心，各 220kV 变电站之间保持合理距离，并尽量靠近供电区域内负荷密度较大地区。必要情况下可考虑将 220kV 变电站深入城市中心供电，增强高负荷密度区网架结构，提高负荷接入能力，以确保用电负荷集中地区有足够电压支撑。通过提高各个分区供电能力、区间互济能力、接纳电源能力，使 220kV 配电网整体产生容量效益、互为备用效益。原则上，新建 220kV 变电站不考虑单变变电站，至少配置两路独立电源。

220kV 网架结构应充分考虑系统安全稳定性、投资效益，并应满足 110kV 变电站接入。结合地区饱和负荷研究具备较高安全性、可靠性和灵活性的 220kV 目标网架，确定主次分明、拓扑清晰、结构坚强的骨干网架，骨干网架范围应涵盖全系统半数以上的负荷。骨干网架应满足"N-1"原则，对于可靠性要求高的应能满足"N-1-1"原则。依据目标网架，应结合地理位置、通道情况，以及可实施性，以 500kV 变电站、大型电源为依托建设坚强的地区性主体受端网络，满足"N-1"原则，不断提高网架的适用性。根据变电站的座数、位置和大电源的情况，由双链、单环结构，逐步过渡到不完全双环网、C 型环网、双环网。

220kV 网架宜采用双回链式结构或双回路环网结构。电网网架分区应结合电源接入，消除各级电磁环网带来的安全隐患，保障电源电力可靠送出。随着输电网的发展和加强，应逐步简化和改造下级电压等级的网架结构，实现分层、分区运行，各分区间在正常情况下相对独立，在线路检修或方式调整情况下具有一定的相互支援能力。新建 220kV 变电站应能完善区域内 110kV 配电网结构，同时应改善 110kV 配电网转供能力，另外还应充分发挥 220kV 变电站 110kV 间隔的利用率。

2）110kV 配电网

考虑到配电网网架可靠性偏低、联络性不足的现状，应当配合上一级 220kV 变电站的建设时序，逐步完善 110kV 变电站，保证每个站点均有不同方向 220kV 电源进线。完成变压器的 3T 接线，采用直接中性点接地的运行方式。对于 110kV 线路导线截面的选择宜留有余量，以便为配电网改扩建发展留下余地。

传统的 110kV 配电网接线方式有双回链式、双环网式或辐射式，这些接线方式下变电站高压侧一般采用单母线分段方式，这使得设备造价高，潮流控制难，保护的设置相对麻烦。随着 110kV 配电网结构的加强，尤其在大城市，3T 接线被越来越多地采用。3T 接线是指每个 110kV 变电站设 3 台主变压器，每条 110kV 线路上 T 接 3 台主变压器，3T 接线一般采用线路变压器组，在变电站高压侧不设母线。采用 3T 接线具有电网结构简单，所用设备元件少，保护设置容易，调度运行方式灵活，可靠性相对较高等优点。当一条 110kV 线路或 220kV 变电站的一段 110kV 母线出现故障时，相关各站上的用电负荷都不会受影响；当一台 110kV 主变压器出现故障时，该站的用电负荷不受影响；在满足运行要求的前提下（包括"N-1"状态下不损失负荷）能够使用小截面导线；当出现 500kV 变电站停运、220kV 变电站全停或因线路故障导致链式或环式接线上的 220kV 变电站全停时，能够尽可能减少停电范围。然而如果 3T 接线采用的接线方式不当，或将会使电网的带负荷能力大打折扣，建设成本增加，无法保证可靠性。

3）20kV 城市配电网

相比 10kV 城市配电网，20kV 配电网供电范围更大，线路输送容量更多，能够满足更大负荷要求。20kV 配电网的二回线路，一回为常用，一回为全备用运行。

4）10kV 城市配电网

对城市进行分区负荷预测的主要目的是促进城市电压变电站更合理的利用，并保证其建设位置位于负荷中心。以目前城市中的 10kV 电压供电范围为例，进行城市区域电网规划划分，使每一个区域电网规划与城市地理分布向负荷，并最终确定电网总负荷的基本分配比例。然后通过对城市发展的规划分析，确定较大负荷比例以及重点区域的位置。站点规划主要包括配电网配电的变压器选址、开关站、供电线路半径、供电基本范围划分等。上述工作必须要紧密结合城市的基本发展规划，不单要以城市的用地规划以及经济发展状况等进行负荷预测、供电范围预测、供电区域预测、开关站预测等，还要使供电规划和城市基础建设相配合，保证变压器、开关站、线路等位置的正确。城市配网规范和可靠的关键就是要有一个可靠且灵活的网架。在进行网架规划的时候，要符合城市结构要求，基本上达到主次分明、层次区域清晰的要求。一般情况下，在进行电网规划的时候，城市电网供电方式为环网供电，且开环的运行方式满足"N-1"安全原则。也就是说，不同的变电站之间应该采用联络性开关相互链接。

双环供电、多联络多分段、闭环结构开环运行在10kV变电站的多条10kV交流出线和10kV直流出线中，构建双回路、双环网架；同时，依据出线处负荷的分布情况，利用开闭站形成多联络、多分段，从而形成环路网架，实现闭环结构开环运行。在交直流混合的主动配电网中，为解决新型负荷接入配电网的问题，可利用柔性直流技术，构建交直流混合的主动配电网网架，通过电力电子变压器联络中压交流配电网和中压直流配电网两部分。中压直流配电网按照分层分区和负荷均匀分布原则，将大型集中式光伏、中压直流微电网、直流负荷等根据应用不同的典型接线模式，在不同的馈线节点接入；在中压交流配电网中，充分接纳由光伏发电、生物质发电、储能、冷热电三联供、大型工业用户负荷、低压微电网等组成的中低压嵌套式微电网，广泛使用大型集中式光伏发电、风力发电、生物质发电等可再生能源发电，在馈线节点接入相关负荷和电源搭建交流网架；同时，针对配电网的三相不平衡、电能质量治理难题，以消纳高比例分布式电源为目标，将相邻馈线节点通过软开关SNOP进行连接，通过使用SNOP，实现平衡负载，改善系统整体潮流分布。

3. 城市重要电力设施

城市重要电力设施包括配电室、开关站、环网单元、箱式变电站。配电室，主要为低压用户配送电能，设有中压配电进出线（可有少量出线）、配电变压器和低压配电装置，是带有低压负荷的户内配电场所。开关站，指城市电网中设有高、中压配电进出线，对功率进行再分配的供电设施，可用于解决变电站进出线间隔有限或进出线走廊受限的问题，并在区域中起到电源支撑作用。环网单元，是用于10kV电缆线路分段、联络及分接负荷的配电设施，也称环网柜或开闭器。箱式变电站，是由中压开关、配电变压器、低压出线开关、无功补偿装置和计量装置等设备共同安装于一个封闭箱体内的户外配电装置。

在进行开关站选择的时候要遵守以下原则：接线要简化，有利于故障维修以及线路管理；留有发展余地，能满足未来5—10年城市负荷增长；靠近负荷中心，更好地利用开关站；节约投资，避免电缆线路迂回供电；有利于管理和维护。

4. 城市电力线路走廊

城市电力线路分为架空线路和地下电缆线路两类。架空线路主要指高压架空线路走廊，35kV及以上高压架空电力线路两边导线向外侧延伸一定安全距离所形成的两条平行线之间的通道，也称高压线走廊；地下电缆线路包含35kV及以下中、低压电力线路，以及部分因城市道路网规划、电网运行安全、地理环境等原因无法架设架空线路的35kV及以上高压电力线路。

城市电网主网架的线路一般采用架空线路，35kV及以上高压架空电力线路具备规划的专用通道，应根据城市地形、地貌特点和城市道路网规划，避开空气严重污秽区或有爆炸危险品的建筑物、堆场、仓库，在建成区（或建设用地）边缘走线，应沿道路河渠、山体绿地以及绿化带等架设并加以保护。线路架设路径遵循短捷、顺直的原则，减少同道路、河流、铁路等的交叉，并避免跨越建筑物，尽量避免在市中心地区、重要风景名胜区或中心景观区范围内规划架空线路。

在市中心地区、高层建筑群区、市区主干路、人口密集区、繁华街道等范围，重要风景名胜区的核心区，对架空导线有严重腐蚀性的地区，走廊狭窄或架空线路难以通过的地区，以及对电网结构或运行安全有特殊需要的地区，均不适合甚至无法架设架空线路，在该情况下推荐全部采用地下电缆线路。地下电缆敷设根据工程条件、环境特点、电缆类型、数量等因素，以及满足运行可靠、便于维护和技术经济合理的要求有直埋敷设、保护管敷设、电缆沟敷设、隧道敷设、夹层敷设、竖井敷设、水下敷设和其他特殊敷设方式共 8 种敷设方式。电缆敷设一般采用共同沟和电缆综合沟的形式，并根据道路网规划，结合道路走向，在市政规划和电力专项规划预留的相应通道中铺设，保证地下电缆线路与城市其他市政公用工程管线间的安全距离。电缆通道的宽度和深度在设计及铺设时均需满足防洪、抗震要求，同时也会基于电网发展需求考虑预留扩展空间。

1.1.2 城市电力设施分布特征

城市电力设施具有设施密度高、线路走廊广、地下电缆多、地下站多、用户类型多、支撑功能多、电压层次多的特点。城市电网具有用电量大、重要用户密集、负荷密度高、安全可靠性和供电质量要求高等特点，其电力设施建设需要与城市建设紧密配合，同步实施，与环境协调，与景观和谐。随着城市建设的不断深入，在负荷密度较高的城市电网范围内采用大容量、多台数变电站配置已经成为国内外电网发展趋势。同时，城市内大量线路交叉供电、接线复杂等结构性问题，伴随城市建设与发展，也逐渐突显。

因此，城市电力设施规划应根据所在城市的性质、规模、国民经济、社会发展、地区能源资源分布、能源结构和电力供应现状等条件，结合所在地区电力发展规划，及其重大电力设施工程项目近期建设进度安排，由城市规划、电力部门通过协商进行编制。

城市用电负荷按城市建设用地性质分类，应与现行国家标准《城市用地分类与规划建设用地标准》GB 50137 所规定的城市建设用地分类相一致。城市用电负荷按产业和生活用电性质分类，可分为第一产业用电、第二产业用电、第三产业用电、城乡居民生活用电。城市用电负荷按城市负荷分布特点，可分为均布负荷（一般负荷）和点负荷两类。

为更好地贯彻执行国家城市规划、电力、能源的有关法规和方针政策，提高城市电力规划的科学性、合理性和经济性。城市电力规划的主要内容应包括：预测城市电力负荷，确定城市供电电源、城市电网布局框架、城市重要电力设施和走廊位置和用地。城市电力规划应遵循远近结合、适度超前、合理布局、环境友好、资源节约和可持续发展的原则。

1.2 城市电力设施安全工程概述

1.2.1 城市电力设施安全工程特点

随着人们生活水平的不断提升，用电用户对电力的依赖度越来越高，对停电的容忍度也越来越低。电力已经成为保障城市居民正常生活，维持城市经济正常发展，维护社会治安的基础能源。城市电力系统的安全稳定运行直接关系到社会的稳定和谐和人民群众生产生活的平稳有序，这要求构建更加坚强可靠、灵活高效的电力网络。

电力的生产、传输与消费环节之间没有缓冲，故电力系统的崩溃对社会的短期冲击比其他一次能源更严重。此外，电力系统的安全性取决于电力系统的复杂性，电力系统具有子系统种类多、层次结构繁多、相互关系复杂，以及对外开放等特征，这使得城市电力系统的安全运行具有混沌性、不确定性、突变性和开放性。如今，为2030年前中国实现碳达峰，2060年前实现碳中和的目标，大量新能源并入城市电网，以构建新型电力系统，致使电源供应趋于不稳定，电网形态趋于复杂化，系统稳定性问题凸显。因此，建设城市电力设施安全工程，应以确保能源电力安全为基本前提，满足经济社会发展电力需求为首要目标，保障国民经济正常发展与城市电力安全稳定运行，维护城市社会稳定。

随着市场经济的快速发展与城市化建设的不断推进，城市用电与用户出行不断增加，城市能源消耗不断提升。城市电力设施安全工程需依据城市电力设施的发展形态，在做好当前安全保障工作的同时，合理规划，布局未来。目前，城市电力设施的发展形态主要在以下3方面初步体现，并且处于快速发展之中。

1. 分布式电源不断向城市电网渗透

这导致城市电力系统的源/网/荷结构发生显著变化，对城市电力设施韧性提出了挑战。目前，中国风电累计装机2.1亿kW，光伏累计装机2亿kW，分布式电源装机占全部发电装机的比例超过20%。预计至2050年，以光伏发电、风力发电为代表的分布式电源将占中国发电总量的50%以上。伴随分布式电源并入城市电网的比例不断提升，可以预计其将在城市供电中占据不可替代的地位。这对城市电力设施安全工程提出了新的要求。

2. 交通电气化不断发展

伴随储能设备不断渗透，具有源/荷二象性的负荷将对城市电力系统带来重要影响。目前，中国超大城市（北京、上海、广州等）中，城市轨道交通用电量已占到整个城市用电量的2.5%左右；预计至2050年，中国各城市中电动汽车保有量将超过汽车总量的50%，储能装机容量超过200GW。此外，城市轨道交通再生制动能量回馈方式与电动汽车、储能设备放电模式将在负荷端对城市电力系统产生严重冲击，并进一步提升城市电力设施的设备复杂度。因此，面对未来具有源/荷二象性的荷储结构，城市电力设施安全工程将更加复杂，需全面考虑负荷端储能及放电的安全性，并对可能受到影响的城市电力设施进行充分保护。

3. 城市电网智能化发展

大规模分布式电源并网、柔性交/直流输配电、交流变频传动，以及储能应用等技术的快速发展，直接带动电力变换装备逐渐朝着高技术、多样化、强非线性等方向发展，使城市电力设施电力电子化和直流化程度不断加深。城市电力系统各环节、各部分智能化程度与可控程度不断提升，城市电网智能可控的局面逐渐形成。据此，融合传统负荷、电动汽车、城市轨道交通、分布式电源、储能设备，以及电力电子化设备为一体的新形态城市电力系统已经初具规模。因此，需要对城市电力设施的发展形态重新认识，梳理城市电力设施安全工程面临的新问题，建立保障城市电力设施安全稳定运行的技术体系。

综上，城市电力系统逐渐呈现出分布式电源占比高、密集型电动汽车、大功率城市轨道交通及大量储能设备广泛接入的新形态，其中分布式电源、城市轨道交通、电动汽车、储能设备等通过若干电力电子设备接入城市电网，极大提升了城市电力系统的复杂程度，如图1-3所示。

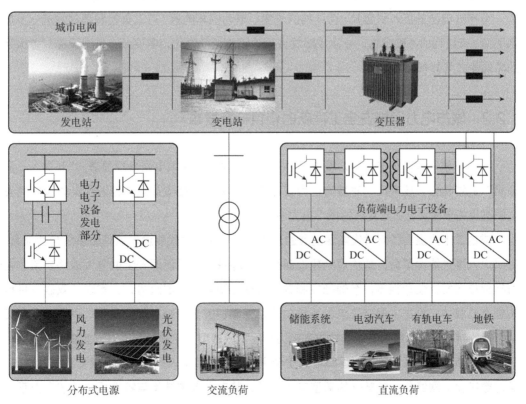

图1-3 城市电力系统形态

城市电力系统在多源、结构复杂的新形态下，其运行模式需要实现优势互补及协调配合。随着电力电子化程度不断增加，传统城市电力系统的运行模式已逐渐被替代。新形态城市电力系统的运行特性如下：新形态城市电力系统供电可靠性要求更高，在供电稳定的基础上，需保障用户更高的供电质量，能进一步减少故障停电时间，提高供电恢复能力；新形态城市电力系统能源和资产利用率要求更高，需要进一步提高分布式电源的消纳能力，提高具有源/荷二象性的电动汽车与储能设备的调度能力，有效保障城市电网更优化运行；新形态城市电力系统有较高的自动化水平，大量的电力电子设备将主动参与到城市电网的运行中。随着人工智能与信息技术不断应用，未来城市电力系统将向着智能决策、智能运行的方向不断发展。

通过对城市电力设施发展形态的分析，结合对新形态城市电力系统运行特性的概括，充分发掘新形态城市电力系统可预见的故障隐患，对今后城市电力设施安全工程特点进行展望，得出以下结论：

新形态城市电力设施中电力电子设备与柔性交/直流输配电结构的出现，导致设备故障与交/直流故障混杂，城市电力设施故障类型更加复杂多样；

具有源/荷二象性的负荷在源荷转换过程中呈现随机性特征。例如分布式电源和放电工况下的电动汽车在时间上均具有较强的随机性，当其出现故障时，将导致城市电力系统的故障特征也呈现随机性，这对城市电力设施安全工程的韧性与反应速度均提出了极高要求；

分布式电源的接入引起源/荷结构的改变。电动汽车的源/荷二象性和移动性进一步加剧了源/荷结构的不确定性，导致故障发生后故障路径模糊化，需要城市电力设施具备极强的感知能力与分析能力。

1.2.2 城市电力设施安全工程新时代目标及要求

随着近年来城市高速发展，城市电力设施负荷激增，受端电网表现显著，"强馈入、弱开机"的结构性矛盾突出，对城市电力设施安全的要求也相应提高。但城市电力设施的安全防御措施未能满足日趋复杂的城市电力系统对安全的需求。

党的二十大提出了新时代能源发展的总体目标。对新时代能源发展作出系统全面部署，提出深入推进能源革命，加快规划建设新型能源体系，确保能源安全的重大战略决策。电力行业应当发挥使命担当，准确把握和深刻洞察能源电力发展趋势，为实现"双碳"目标构建有效载体，推进中国传统电力系统向清洁低碳、安全充裕、经济高效、供需协同、灵活智能的新型电力系统演进，加快推进电力行业低碳转型，促进能源电力行业高质量发展。

建设新型电力系统，应以保障电力安全平稳运行，满足人民美好生活需要为基本前提。面对数字化、网络化、智慧化的新型电力系统，其电力系统结构与特性相比传统电力系统已经发生重大转变：电源构成向大规模可再生能源发电为主转变；电网形态向多元双向混合层次结构网络转变；负荷特性向柔性、产消型转变；技术基础向支撑机电、半导体混合系统转变；运行特性向源/网/荷/储多元协同互动转变。这些转变也对城市电力设施安全工程提出了更高要求。

分布式电源、电动汽车、微电网等用户侧新兴负荷大规模接入城市配电网已成为一种趋势，电力用户对供电可靠性、电能质量、服务水平等方面的诉求更加多样，云计算、大数据、物联网、移动互联网等技术在配电网的应用越来越广泛，分布式能源消纳、配电设备互联互通、配电自动化升级改造和新型用户服务基础设施建设等也对城市电力设施安全工程提出了新的发展要求。

1. 更强的韧性

城市电力设施安全工程要求城市电力设施应具有抵御自然灾害和人为破坏的能力，并能够对故障进行智能处理，以此最大限度地减少城市电网故障对用户的影响。在主网停电时，城市电力设施安全工程应能够依托分布式电源、微电网等继续保障重要用户的供电，并具备故障自愈功能。

2. 更好的兼容性

分布式光伏发电设备、小型风力发电机、微燃机等清洁能源发电设备正在逐步接入城市电网，清洁能源在城市电力系统中的渗透率提高已成为未来的重要趋势。此外，具备功率灵活吞吐特性的各类储能装置也会被广泛应用于城市电力系统的配用电环节中，并且随着储能技术进步和经济成本的降低，未来城市电网中储能装置的接入比例还将逐步上升。随着电动汽车开始在城市中逐步普及，电动汽车充换电已成为现代城市电力设施中一类不可忽略的负荷需求。结合上述具体情况，城市电力设施安全工程应保障城市电力系统支持大量分布式电源、储能装置等灵活可靠接入，实现分布式电源的"即插即用"，支持微电网可靠运行，方便电动汽车充放电，对电力用户更具兼容性。

3. 更高的电网资产利用率

城市电力设施安全工程应当实时、在线监测电网设备状态，通过实施标准化设备评价和状态检修等，保障设备健康状态，降低安全风险；支持城市电网快速仿真和模拟，合理控制潮流，降低损耗，充分利用系统容量；增加投资，对存在风险的老旧设备进行更新，实现城市电力设施全面现代化、智能化建设；采用有效的"移峰填谷"措施，调整城市电网负荷，使城市电力系统能够平衡大量分布式电源、储能装置等灵活接入。

4. 更集成的可视化信息系统

通过实时采集城市电网及其设备运行数据，实现实时运行数据与离线管理数据的高度融合与深度集成，以及设备管理、检修管理、停电管理、用电管理等的信息化集成，从而确保城市电力系统调度与运行管理安全一体化。

随着受端电网新能源和外来电力的不确定性问题逐渐凸显，城市电力系统正在面临

"电源性缺电"与"电网性缺电"的双重压力，供配电过程安全可靠、发电能源清洁低碳、电力经济高效发展的"三元矛盾"日益突出，城市电网亟需推进建设新型电力系统。同时，伴随大规模新能源和高比例电力电子设备接入城市电网，新型城市电力系统运行同样面临了许多新型风险。当今，部分特大城市电网已成为大容量远距离交直流混流输电系统的受端电网，随着受电比例的增大以及间歇性电源渗透率的升高，城市电力设施故障呈现类型复杂化、路径模糊化、故障级联加深等趋势，这对城市电力设施安全工程提出了兼容可靠、高效集成的高质量发展要求。为此，城市电力设施安全工程制定了以下发展目标。

1. 建立城市电力设施安全监测系统

城市电力设施状态监测的准确性、实时性和广泛性是实现城市电力设施保护与控制功能的重要支撑。因此，应提升城市电力设施状态监测覆盖范围，确保城市电力设施状态监测的实时性，实现城市电力系统对实时状态的有效同步监控，加强城市电力设施判断与控制的精确性。此外，新型电力系统中，城市电力设施运行与故障数据具有多维性、复杂度高、体量庞大等特点，且受到安全监测对于实时性、快速性、准确性等要求的限制。因此，对于城市电力设施海量运行与故障数据的处理、提取和融合仍然存在严峻的挑战，是城市电力设施安全工程亟需解决的技术问题。

2. 实现城市电力设施安全故障特性分析

故障特性分析是城市电力设施故障识别与故障机理的重要依据。新形态城市电网中高比例的分布式电源、放电工况下的电动汽车与储能设备、电力电子设备均可能参与城市电力系统故障过程。分布式电源的随机性与波动性、电动汽车的源/荷二象性与移动性、储能的源/荷二象性与受控特性、电力电子设备的结构与受控特性等均对故障特性分析产生不同程度的影响和困难。据此，为解析新形态城市电力系统的故障机理，需克服上述因素给新形态城市电网故障特性分析带来的新困难，给城市电力设施故障识别与保护控制提供重要依据。

3. 关键设备重点监测

变压器、电力电子装置等关键设备是保障城市电力系统安全稳定运行的重要环节，同时也是城市电力设施故障的高发设备。关键设备一旦发生故障，将导致停电时间长、损失严重、修复困难等严重后果。传统的保护措施往往只在关键设备发生故障时，通过将故障设备脱网处置实现有效的故障切除，并未提升关键设备的抗灾变能力，对于关键设备故障前后的管控等主动保护措施尚未得到有效的重视。对关键设备的有效干预是保障城市电力系统安全供电的重要手段，将有效减少故障发生。此外，城市电力系统从单电源辐射供电转变到多电源供电的新形态，源/荷结构与系统供电能力也发生改变，使得系统间耦合更加复杂、关联更加密切。即使故障设备能够被准确切除，故障发生后引发的潮流大规模转移也有可能导致城市电网进一步过载或越限，引发故障连锁反应，扩大故障范围。现有保护方案未充分考虑故障后的系统广域安全问题，因此城市电力设施安全工程应针对城市电力系统中的关键设备开展重点监测。

新时期互感器的健全和完善、通信网络技术的发展等都为城市电力设施安全工程自动化、智能化发展提供了基础。当前,中国城市电力设施安全还存在一系列问题,想要日益完善和健全中国城市电力设施安全工程,就要不断优化中国城市电网的结构,健全完善中国城市电力系统基础设施,推进中国城市化配电网智能化的发展和运用。实现从看不见到看得见,从事后调查处理向事前事中预警,从被动应对向主动防控的转变;实现由过去的节点安全转变为总体安全,由基础安全转变为多维安全。

1.3 城市电力设施安全工程技术现状

1.3.1 城市电力设施风险评估技术现状

风险评估是运用科学的方法评估风险发生的可能性和危害程度,从而确定是否采取必要的风险应对措施。一般来讲,城市电力设施风险评估指其在不中断用户服务的情况下承受扰动(例如突然失去电力系统的元件或短路故障等)的能力,与系统受扰后的鲁棒性有关,取决于系统的运行状况,以及受到扰动的概率。风险可接受的电网能承受住扰动引起的暂态过程并过渡到一个可接受的运行工况,在新的工况下满足各种约束条件。城市电力设施风险评估方法一般可分为4类:确定性风险评估,基于概率暂态稳定的风险评估,基于风险管理的安全性评估,以及基于人工智能的风险评估。

1. 确定性风险评估

确定性风险评估主要针对"N-1"事故进行分析研究。在评估时,多用极端运行点行计算,通常是为了确保系统在一些极端情况或者很严重的故障情况下可以正常运行。但确定性风险评估存在很多局限性,如在分析过程中,只能针对单一线路或设备故障进行评估,针对极端运行点进行计算,但一些严重扰动发生的概率并不高。这种分析方法未与实际情况相结合,结果过于保守,对一些故障和运行情况不能做出客观反映。定性评估的风险都是人为选择,而且只在少数人为确定的条件下进行计算,真正的风险发生往往具有随机性、及时性,因此容易产生疏漏,对整个系统安全的信息量较少。

2. 基于概率暂态稳定的风险评估

根据确定性风险评估方法的明显不足,专家学者又提出了基于概率暂态稳定的风险评估方法。这种方法所适用的对象主要是发生事故时所对应的故障元件,将这些元件识别出来之后,对它们进行有关失效模型的建立,还需要用到条件概率的知识对其进行求解。然后对发生问题可能导致的损失情况进行估计,再与故障情况所发生的概率进行综合,就能够得到系统的风险值。对于这一评估方法,最主要的在于建立适当的故障模型,以及正确选取系统的故障状态。当下,对于系统故障状态的选取,有以下几种方法:故障枚举法、蒙特卡罗模拟法分析法,以及后续发展出的将两者进行结合的方法。

故障枚举法需要对各种故障情况进行充分的分析和研究,并将所有可能发生的情况列举出来,按照事件发生的逻辑顺序依次选择并进行分析和评估,之后再对整个系统的风险指标进行详细的计算。该方法建立的失效模型精度较高,对分析小规模电网有相对明显的优势。但是针对当前存在许多较大规模的电网系统,电网运行情况往往较为复杂,而且出现故障时可能并不是由某个单一的问题所导致,当出现以上情况时,该方法的运算量呈现指数倍增长,产生"维数灾"。所以面对复杂的大电网系统评估时,这种方法并不适用。

蒙特卡罗模拟法解决了"维数灾"这一问题,对于上述方法存在的缺陷进行了弥补。蒙特卡罗模拟法通过随机抽样的方法,选定故障前状态和发生故障后的随机事件,这样其范围就能够不仅仅局限于小系统,也可以对大型系统可能发生的故障情况进行多重模拟。但同样的,蒙特卡罗模拟法的计算时间会随着计算精度的增加而增加,收敛速度慢,增加样本数对降低误差没有影响。

两种方法各有利弊,目前的概率暂态稳定研究多以两者相结合的方式。有学者将故障枚举法和蒙特卡罗模拟法的优势相结合,对系统的故障序列进行定义,不仅提高了计算精度,而且大大减少了计算时间。

基于概率暂态稳定的风险评估方法,其优势在于可以对故障元件产生直观、易辨别的概率模型,对问题发生后可能导致的结果可以通过对功率分布进行计算得到。缺点是主要针对确定因素进行分析,忽略了不确定因素;另外,电网系统作为一个复杂的整体,是一个动态变化的系统,所以就会导致最后的评价结果达不到客观性的要求,不适用于针对电网动态特性的整体评估。

3. 基于风险管理的安全性评估

基于风险管理的安全性评估是确定性风险评估和基于概率暂态稳定的风险评估两种评估方法的改进与发展。该方法通过对系统构建评估模型,采用定性分析与定量分析相结合的计算方式将事故发生的概率和严重程度相结合。这项评估方法广泛应用于煤矿、电力、航天等领域。基于风险管理的安全性评估,以风险理论为基础,将系统的不确定性、随机性,以及系统失稳的后果相结合将系统的风险量化,同时可以与各种指标相结合从而针对不同的需求反映不同的风险类型。针对电力设施风险管理的安全评估方法有很多,例如:层次分析法、灰色关联综合评价法、模糊综合评价法、逼近理想解(TOPSIS)法、数据包络分析法等。

层次分析法包括计划、分析、评价和管理复杂问题等步骤,采用结构化的方式对复杂问题分析,通过比较不同层次的因素,从而选择最优的解决方案。该方法可以实现对复杂问题的有效分析，通过定量的手段对不同决策进行比较，并根据不同的环境变化进行快速反应。然而该方法忽略了其他因素，如可能会受到研究者的主观影响，也可能会受到外界环境的影响。比如有学者利用几何平均法、算术平均法、特征向量法，以及最小二乘法分别计算权重并取平均值代替单一方法计算所得权重，从而解决赋权差异较大的问题。

灰色关联综合评价法指基于灰色理论，通过计算多个评价因素之间的关联度来综合评价系统性能的方法。该方法的优点是可以考虑多个评价因素，综合考虑各个因素之间的相互影响，准确地反映系统的综合水平。然而该方法分析过程复杂，且与层次分析法相似，容易受到经验偏差的影响。为克服不同影响因素权重对评价结果的影响，学者们在灰色关联综合评价法的基础上，结合熵权算法、K近邻（KNN）算法、聚类分析法等方法，提高风险评价的有效性和合理性。

模糊综合评价法利用模糊数学中的模糊集合理论，将多个评价因素的评价结果转换成模糊数，从而综合评价出某一个系统的综合水平。例如建立层次模糊推理结合罕见关联规则学习模型，采用概率模糊风险代替直接模糊风险，计算出所有元素对应的风险指数。该方法考虑多个评价因素，可以计算出更准确的综合评价结果。缺点是复杂度比较高，且数据的采集和计算会耗费大量的时间。

逼近理想解（TOPSIS）法和数据包络分析法都是使用距离度量来确定最优和最劣的指标，从而得出评价结果。数据包络分析法较逼近理想解（TOPSIS）法，可以通过调整指标变量的权重，从而得出最优的综合评价结果。逼近理想解（TOPSIS）法的优点是简单易行，容易计算，可以考虑多个指标的影响；缺点是不能准确反映指标之间的相互关系，受到评价者主观影响较大。数据包络分析法则可以考虑多个指标的影响，准确反映指标之间的相互关系，对系统性能进行准确的评价；缺点是分析过程复杂，耗费时间较多，并且容易受到评价者主观影响。数据包络分析法常用于安全投入效率评价，一般用于电力设施规划阶段的风险分析。

基于风险管理的安全性评估方法是目前研究最多，对整体评估应用最广泛的评估方法，很多理论还需要不断发展和完善，值得进行更深层次的研究。

4. 基于人工智能的风险评估

近年来，人工智能技术广泛应用于很多领域，包括电力系统的风险评估，提出了电网安全稳定评估的人工智能范式。这些方法学习从仿真数据到安全稳定性的映射关系后，可基于数据直接做出关于电力设施风险的评估。还有一些研究通过对电网专家经验的知识建模，建立起知识图谱，通过知识驱动的方式对电力设施风险评估工作做出指导。

城市电力设施风险评估由静态安全评估和动态安全评估两部分组成，两者区别在于是否考虑扰动后的动态过程。静态安全评估是指对扰动后的系统进行稳态分析，假设系统从扰动前的静态直接转移到扰动后的另一个静态，不考虑中间的暂态过程，以检验扰动后各种约束条件是否满足，例如电压越限、潮流过载，以及设备运行状态超过额定值等。传统静态安全评估方法（如确定性风险评估、基于概率暂态稳定的风险评估等）对各种"N-1"工况进行潮流计算，能给出详尽的结果信息，但如果工况过多，则逐一进行评估耗时较多。基于以上原因，有学者构建LSTM-SVM长短期记忆神经网络–支持向量机概率模型，首先对系统关键变量进行预测，基于预测变量输出关键元件的越限概率，进而集成为系统量化风险值，用以指导主动调控。还有学者通过若干SVM组成自适应增强（Adaboost）集成模型，不仅能判断是否静态安全，还能评估不安全的原因，即线路过载或电压越限。相比静态安全，动态安全评估还考虑到系统受扰后的动态过程，研究从扰动前的静态过渡到扰动后另一静态的暂态过程中保持稳定的能力。动态安全的系统不仅要满足稳态和暂态过程中的各种约束（如热稳定极限、稳态电压和频率偏差等），还要满足稳定性要求（如暂态稳定、小干扰稳定、电压稳定、频率稳定等）。传统动态安全评估需要通过潮流计算检验各种静态约束是否满足，通过暂稳仿真检验暂态稳定、电压稳定和频率稳定性，通过特征值分析检验小干扰稳定性，这是一个非常耗时的过程。人工智能方法可直接从数据中学习动态安全评估相关的信息，挖掘从数据到安全性的映射关系，实现高效的动态安全评估。

神经网络算法是人工智能算法中最常用的算法，其自身拥有较强的学习能力，可学习输入与输出之间的规律。比如学者们建立基于卷积神经网络的系统安全风险监测预测方法、基于图神经网络的暂态安全风险评估模型、基于小波特征排列和卷积神经网络的短期风电功率风险预测模型、基于密度聚类和概率分类的高精度预测综合输配网络安全性的方法、基于随机森林的数据驱动的中低压电网风险量化指标、基于溶解气相色谱数据的电力变压器风险预测方法、思维进化算法配电网可靠性预测模型、粒子群算法优化最小二乘支持向量机的配电网可靠性预测模型、基于主成分分析法和粒子群算法优化极限学习机的配电网供电可靠性预测模型、由物理机制赋能的神经网络设计方法、利用电网拓扑信息的基于图卷积神经网络（GCN）的安全约束机组组合（SCUC）方法等，并最后通过实例证明以上模型具有一定的风险评估精度。但是以上采用的优化算法都有各自的局限性，存在收敛速度慢和易陷入局部极值的问题。有学者将麻雀搜索算法、最小二乘支持向量机的机器学习算法引入到小样本配电网可靠性预测问题中，在一定程度上解决了神经网络过拟合、收敛速度慢和易陷入局部极值的问题。有学者提出了一种基于时空卷积网络—长短期记忆（STGCN—LSTM）方法的滚动频率预测模型，该方法采用嵌入拓扑信息的改进图卷积神经网络（GCN）提取空间特征，采用长短期记忆（LSTM）网络提取时间特征，进一步训练时空网络回归模型，利用测量信息的滚动更新实现异步频率序列预测，实现较为准确的电力设备风险评估与预测。有学者提出了一种基于长短期记忆（LSTM）网络和注意力机制（Attention Mechanism，AM）的安全域概念下的风险预测方法。其中，长短期记忆（LSTM）层缩小了历史稳态潮流数据的维数，并从数据中提取时间特征。引入注意力机制（AM）来区分模型的特征和历史瞬态稳定性裕度数据，以识别与稳定性相关联的信息。最后，利用长短期记忆（LSTM）和完全连接层来预测暂态稳定裕度。该方法能够实现对暂态稳定的快速、准确的安全风险评价。

知识图谱作为人工智能领域表述结构化知识的一种形式，受到学术界和产业界的广泛关注，成为大数据智能的前沿热点。随着新型电力系统的建设，电网动态特性及故障形态越加复杂，电网控制难度高、运行风险大、故障处理任务艰巨。传统的电网风险评价模式主要依靠人工经验，相关人员知识储备的差异性、匮乏性制约了风险评价工作的精准度、时效性，已不适应新形势的要求。学者将知识图谱引入电力设施风险评价工作中，对采集的多源异构信息开展风险知识提取和融合，实现对电力设施风险的知识推理。

1.3.2　城市电力设施监测预警技术现状

现阶段主流的城市电力设施监测预警技术主要根据电网自身的设备参数及运行数据等信息，对电网故障进行预测设备元件主要通过对隔离开关、断路器的开断信号以及保护动作信息、电网电压电流等信息的分析处理，确定故障区域，对设备的故障进行预判。目前，研究故障预测方法有专家系统、解析模型和神经网络等方法。

基于专家系统的预测方法多是建立知识库。知识库根据断路器和继电保护装置的动作状况，利用系统警报信息激活动作规则，进而判断出电网的故障元件，该方法在一些实际的电力系统中已得到应用。比如可通过利用设备运行状况、系统历史大数据和外部干扰信息，结合模糊理论对系统状态进行评价，对电网整体运行状况进行预测。基于专家系统的预测方法依靠历史经验进行故障判断，但随着信息的不断增加，这种方法会在专家知识库的维护方面存在很大的困难，并且还会出现学习能力不高级、不具备较高的容错能力等问题。

基于解析模型的预测方法，是通过系统实际行为与其行为的差异分析与比较，将预测问题表示为数学模型优化问题。根据故障发生前后通电区域的对比确定故障范围，分析可能出现故障的元件，通过建立故障元件的故障假说，计算继电保护与断路器实际状态和期望状态的差异，采用优化算法使差异最小化，从而判断最优可能的故障信息。然而解析模型依赖的数学模型不能满足故障情况的复杂性，所以在对系统进行各方面故障分析时，这种模型还不够全面。

基于神经网络的预测方法是建立有识别信息，并能对其进行分类处理能力的神经网络。此类方法主要通过对历史故障数据信息进行训练、处理，它的精确度往往随着据样本的增多而提高。神经网络具有学习能力强、数据挖掘能力强和可靠性高等优点，但其对数据样本的要求较高，只能对完整的样本集进行处理。当数据样本较少，或者设备信息发生改变时，神经网络就需要重新训练，并且对数据内部的关联特征，也难以实现正确的解读。

近年来，深度学习方法由于其较高的准确分类能力和复杂问题的处理能力在众多领域得到广泛应用，其强大的特征提取和分类能力，在故障预测方面也具有一定优势。

1.3.3 城市电力设施应急处置技术现状

城市电力设施应急处置技术是在突发事件发生后，为控制事态、减少生命财产损失而开展的各项分析与决策工作，包括信息接报、现场信息获取与展示、查询与分析、态势标绘、智能辅助方案制作、资源调度与跟踪等。基于收集到的信息，为指挥人员提供全面、准确的情报，帮助他们做出决策，并协调各部门进行应急处置。该技术的目的是提高应急响应的效率和协调性，确保突发事件得到及时应对和控制，最大限度地减少损失，并保障人员安全和社会稳定。

在应急指挥决策过程中，如何组织跨领域、跨层级、跨部门的会商决策，开展协同处置，是突发事件应急管理工作所面对的关键环节和关键问题。在计算机技术现代通信技术、地理信息系统等现代科技的基础上，通过综合文字、语音、视频等手段，以及"应急一张图"理论和技术研究成果，即可实现多方、异地之间的在线协同会商。

应急决策技术包括模型链方法、数字预案方法、基于知识规则的推理、基于案例的推理、多类型知识耦合方法、情景演化方法等。基于人机交互技术的应急决策模型为应急管理工作的科学决策和高效处置提供了重要的支持。决策支持系统是辅助决策者通过数据、模型和知识，以人机交互方式进行半结构化或非结构化决策的计算机应用系统。它是管理信息系统向更高一级发展而产生的先进信息管理系统，为决策者提供分析问题、建立模型、模拟决策过程和方案的环境，调用各种信息资源和分析工具，帮助决策者提高决策水平和质量。

1. 在线会商技术

在突发事件应急处置中，往往需要跨地区、跨部门的协同应急指挥和会商，对于重、特大突发事件还会成立现场应急指挥部。此时，需要将现场信息（如事故地点经纬度、灾害类型、人员伤亡统计、事件波及范围、资源需求等）及时地传回后方，后方凭借数据库和专业分析系统支撑，在综合分析后，将灾害预测预警结果、应急资源分布与调度信息等及时反馈回前方，辅助现场的应急处置。利用"应急一张图"的在线会商技术，可以解决多方信息不对称和单方信息不完整的问题。

传统的多方在线会商多是基于视频会议技术，通过计算机网络，以语音、文字和视频的形式进行会商。视频会议因其缺乏对空间地理信息的处理与支持，往往让参与者很难了解事件发生的地点、周边地理环境、现场路网分布及损毁情况、应急资源空间分布，以及应急救援力量部署位置等信息，难以准确形象地描述对象之间的空间关系。基于地理信息系统（GIS）技术、通信技术和计算机技术，构建突发事件应对的多方在线会商系统，可以支持参与者在同一张地图上进行地图标绘，图文并茂地交换信息，并能够叠加各部门对灾害的专业预测预警结果，在专业数据库支撑下，共同商讨分析应对灾害的处置措施。

"应急一张图"是指由在线会商发起者或参与者会商的其他数据拥有方提供基础地图数据，会商参与者基于基础地图进行标绘，通过文字、地图标绘符号、语音、视频等信息的交互，共同商讨灾害应对措施。"应急一张图"的数据来源、数据精度、空间参考、地图符号表达的一致性，保证了在线会商时各参与者能够在同一语义环境下进行会商决策，确保了信息传递与表达的准确性。"应急一张图"需要解决3个关键技术问题：如何快速构建在线会商"底图"，该"底图"由数字地图、现场影像（遥感影像、航空影像、照片等）、危险源、重点防护目标和应急资源等信息组成；如何将"底图"快速分发给参与在线会商的各方；如何消除多方会商时各方使用的地理标识符号之间的语义差异，创建统一的图形化语言。

2. 应急决策技术

应急决策技术是为了迅速、有效地开展预防、处置和救援工作，对应急处置流程和行动方案进行研究和选择的过程。电力部门应急指挥决策主要为突发事件处理过程中提供全面、准确的辅助决策分析能力，通过对信息的分析、数据的推理，在最短时间内对突发事件做出最快的反应并提供适合的辅助措施方案，及时传达决策信息，并利用先进的展现技术将决策信息更好地表现出来。

对应急决策技术的研究一方面是基于传统运筹学和人工智能技术，考虑应急决策的特殊需求和约束条件，对传统技术进行扩展和改进，使之适应突发事件环境下决策活动的需要。如传统的模型库系统、基于案例的推理、基于规则的推理等方法和理论均可引入应急决策的体系建设中，建立相应的应急决策支持模型；近年来，一些研究人员将情景规划、情景演变等理论引入各类重特大突发事件的应急决策体系中，提出了基于情景再现与态势推演的"情景—应对"的应急决策模式。

突发事件具有突发性、复杂性、多样性、关联性、时效性和不确定性等特点，对应急决策来说，需要解决两个问题：一是原生事件及其次生、衍生事件的应对；二是跨部门、跨地域的多方协同应对。针对这两个问题，可以利用传统的"预测—应对"模式，根据人们对突发事件规律的认知程度，最大限度地发挥多事件预测预警能力解决部分问题。同时可借助多方协同会商模式来对难以认知的部分进行决策。还应建立合理的"人机"关系，提出有效的集成各种应急技术的方法。

基于人机交互的应急决策技术是一种针对突发事件的确定性和随机性双重规律，将"预测—应对"与"情景—应对"两种模式相结合，通过建立合理的"人机"关系，将各种应急技术方法进行有效集成的技术。这种技术以应急平台体系为基础，能较好地解决"预测—应对"和"情景—应对"两种模式在应急平台体系中的集成和平衡，更好地服务于突发事件的处置。

第 2 章 城市电力设施安全体系

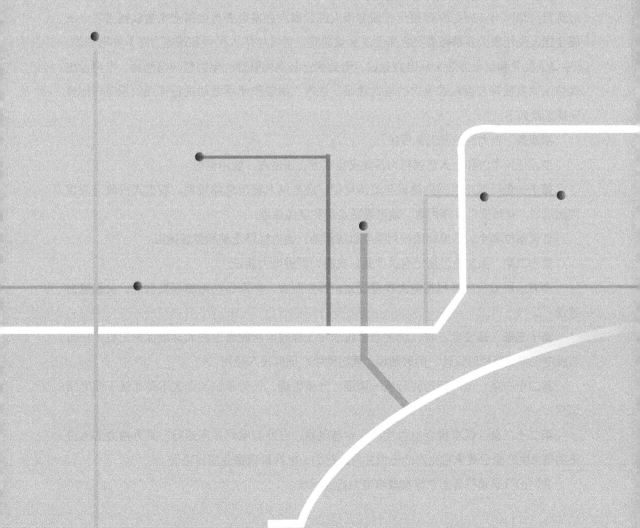

2.1 城市电力重要法律法规

2.1.1 《中华人民共和国电力法》

为保障和促进电力事业的发展，维护电力投资者、经营者和使用者的合法权益，保障电力安全运行，《中华人民共和国电力法》应运而生。《中华人民共和国电力法》由第八届全国人民代表大会常务委员会第十七次会议于1995年12月28日通过，自1996年4月1日起施行。2018年12月29日第十三届全国人民代表大会常务委员会第七次会议通过第十三届全国人民代表大会常务委员会第七次会议决定，对《中华人民共和国电力法》作出修改。《中华人民共和国电力法》从电力建设、电力生产与电网管理、电力供应与适用、电力设施保护法律责任等方面对国境内的电力建设、生产、供应和使用活动进行详细的规范。部分法律条款如下。

第四条 电力设施受国家保护。

禁止任何单位和个人危害电力设施安全或者非法侵占、使用电能。

第十一条 城市电网的建设与改造规划，应当纳入城市总体规划。城市人民政府应当按照规划，安排变电设施用地、输电线路走廊和电缆通道。

任何单位和个人不得非法占用变电设施用地、输电线路走廊和电缆通道。

第十二条 国家通过制定有关政策，支持、促进电力建设。

地方人民政府应当根据电力发展规划，因地制宜，采取多种措施开发电源，发展电力建设。

第十五条 输变电工程、调度通信自动化工程等电网配套工程和环境保护工程，应当与发电工程项目同时设计、同时建设、同时验收、同时投入使用。

第二十一条 电网运行实行统一调度、分级管理。任何单位和个人不得非法干预电网调度。

第二十二条 国家提倡电力生产企业与电网、电网与电网并网运行。具有独立法人资格的电力生产企业要求将生产的电力并网运行的，电网经营企业应当接受。

并网运行必须符合国家标准或者电力行业标准。

并网双方应当按照统一调度、分级管理和平等互利、协商一致的原则，签订并网协议，确定双方的权利和义务；并网双方达不成协议的，由省级以上电力管理部门协调决定。

第二十四条 国家对电力供应和使用，实行安全用电、节约用电、计划用电的管理原则。

电力供应与使用办法由国务院依照本法的规定制定。

第二十九条 供电企业在发电、供电系统正常的情况下，应当连续向用户供电，不得中断。因供电设施检修、依法限电或者用户违法用电等原因，需要中断供电时，供电企业应当按照国家有关规定事先通知用户。

用户对供电企业中断供电有异议的，可以向电力管理部门投诉；受理投诉的电力管理部门应当依法处理。

第三十条 因抢险救灾需要紧急供电时，供电企业必须尽速安排供电，所需供电工程费用和应付电费依照国家有关规定执行。

第三十二条 用户用电不得危害供电、用电安全和扰乱供电、用电秩序。

对危害供电、用电安全和扰乱供电、用电秩序的，供电企业有权制止。

第五十二条 任何单位和个人不得危害发电设施、变电设施和电力线路设施及其有关辅助设施。

在电力设施周围进行爆破及其他可能危及电力设施安全的作业的，应当按照国务院有关电力设施保护的规定，经批准并采取确保电力设施安全的措施后，方可进行作业。

第五十三条 电力管理部门应当按照国务院有关电力设施保护的规定，对电力设施保护区设立标志。

任何单位和个人不得在依法划定的电力设施保护区内修建可能危及电力设施安全的建筑物、构筑物，不得种植可能危及电力设施安全的植物，不得堆放可能危及电力设施安全的物品。

在依法划定电力设施保护区前已经种植的植物妨碍电力设施安全的，应当修剪或者砍伐。

第五十四条 任何单位和个人需要在依法划定的电力设施保护区内进行可能危及电力设施安全的作业时，应当经电力管理部门批准并采取安全措施后，方可进行作业。

第五十五条 电力设施与公用工程、绿化工程和其他工程在新建、改建或者扩建中相互妨碍时，有关单位应当按照国家有关规定协商，达成协议后方可施工。

第六十一条 违反本法第十一条第二款的规定，非法占用变电设施用地、输电线路走廊或者电缆通道的，由县级以上地方人民政府责令限期改正；逾期不改正的，强制清除障碍。

第六十五条 违反本法第三十二条规定，危害供电、用电安全或者扰乱供电、用电秩序的，由电力管理部门责令改正，给予警告；情节严重或者拒绝改正的，可以中止供电，可以并处五万元以下的罚款。

第七十条 有下列行为之一，应当给予治安管理处罚的，由公安机关依照治安管理处罚法的有关规定予以处罚；构成犯罪的，依法追究刑事责任：

（一）阻碍电力建设或者电力设施抢修，致使电力建设或者电力设施抢修不能正常进行的；

（二）扰乱电力生产企业、变电所、电力调度机构和供电企业的秩序，致使生产、工作和营业不能正常进行的；

（三）殴打、公然侮辱履行职务的查电人员或者抄表收费人员的；

（四）拒绝、阻碍电力监督检查人员依法执行职务的。

第七十二条 盗窃电力设施或者以其他方法破坏电力设施，危害公共安全的，依照刑法有关规定追究刑事责任。

2.1.2 《中华人民共和国突发事件应对法》

《中华人民共和国突发事件应对法》由第十届全国人民代表大会常务委员会第二十九次会议于 2007 年 8 月 30 日通过，自 2007 年 11 月 1 日起施行。该法律共 7 章 70 条。《中华人民共和国突发事件应对法》自 2007 年公布施行以来，为抗击地震、洪水、雨雪冰冻等提供了重要法律制度保障，发挥了重要作用。部分适用条款如下。

第三条 本法所称突发事件，是指突然发生，造成或者可能造成严重社会危害，需要采取应急处置措施予以应对的自然灾害、事故灾难、公共卫生事件和社会安全事件。

按照社会危害程度、影响范围等因素，自然灾害、事故灾难、公共卫生事件分为特别重大、重大、较大和一般四级。法律、行政法规或者国务院另有规定的，从其规定。

突发事件的分级标准由国务院或者国务院确定的部门制定。

第四条 国家建立统一领导、综合协调、分类管理、分级负责、属地管理为主的应急管理体制。

第五条 突发事件应对工作实行预防为主、预防与应急相结合的原则。国家建立重大突发事件风险评估体系，对可能发生的突发事件进行综合性评估，减少重大突发事件的发生，最大限度地减轻重大突发事件的影响。

第六条 国家建立有效的社会动员机制，增强全民的公共安全和防范风险的意识，提高全社会的避险救助能力。

第十一条 有关人民政府及其部门采取的应对突发事件的措施，应当与突发事件可能造成的社会危害的性质、程度和范围相适应；有多种措施可供选择的，应当选择有利于最大程度地保护公民、法人和其他组织权益的措施。

公民、法人和其他组织有义务参与突发事件应对工作。

第十二条 有关人民政府及其部门为应对突发事件，可以征用单位和个人的财产。被征用的财产在使用完毕或者突发事件应急处置工作结束后，应当及时返还。财产被征用或者征用后毁损、灭失的，应当给予补偿。

第十七条 国家建立健全突发事件应急预案体系。

国务院制定国家突发事件总体应急预案，组织制定国家突发事件专项应急预案；国务院有关部门根据各自的职责和国务院相关应急预案，制定国家突发事件部门应急预案。

地方各级人民政府和县级以上地方各级人民政府有关部门根据有关法律、法规、规章、上级人民政府及其有关部门的应急预案以及本地区的实际情况，制定相应的突发事件应急预案。

应急预案制定机关应当根据实际需要和情势变化，适时修订应急预案。应急预案的制定、修订程序由国务院规定。

第十八条 应急预案应当根据本法和其他有关法律、法规的规定，针对突发事件的性质、特点和可能造成的社会危害，具体规定突发事件应急管理工作的组织指挥体系与职责和突发事件的预防与预警机制、处置程序、应急保障措施以及事后恢复与重建措施等内容。

第十九条 城乡规划应当符合预防、处置突发事件的需要，统筹安排应对突发事件所必需的设备和基础设施建设，合理确定应急避难场所。

第二十条 县级人民政府应当对本行政区域内容易引发自然灾害、事故灾难和公共卫生事件的危险源、危险区域进行调查、登记、风险评估，定期进行检查、监控，并责令有关单位采取安全防范措施。

省级和设区的市级人民政府应当对本行政区域内容易引发特别重大、重大突发事件的危险源、危险区域进行调查、登记、风险评估，组织进行检查、监控，并责令有关单位采取安全防范措施。

县级以上地方各级人民政府按照本法规定登记的危险源、危险区域，应当按照国家规定及时向社会公布。

第三十一条 国务院和县级以上地方各级人民政府应当采取财政措施，保障突发事件应对工作所需经费。

第三十二条 国家建立健全应急物资储备保障制度，完善重要应急物资的监管、生产、储备、调拨和紧急配送体系。

设区的市级以上人民政府和突发事件易发、多发地区的县级人民政府应当建立应急救援物资、生活必需品和应急处置装备的储备制度。

县级以上地方各级人民政府应当根据本地区的实际情况，与有关企业签订协议，保障应急救援物资、生活必需品和应急处置装备的生产、供给。

第三十三条 国家建立健全应急通信保障体系，完善公用通信网，建立有线与无线相结合、基础电信网络与机动通信系统相配套的应急通信系统，确保突发事件应对工作的通信畅通。

第四十一条 国家建立健全突发事件监测制度。

县级以上人民政府及其有关部门应当根据自然灾害、事故灾难和公共卫生事件的种类和特点，建立健全基础信息数据库，完善监测网络，划分监测区域，确定监测点，明确监测项目，提供必要的设备、设施，配备专职或者兼职人员，对可能发生的突发事件进行监测。

第四十二条 国家建立健全突发事件预警制度。

可以预警的自然灾害、事故灾难和公共卫生事件的预警级别，按照突发事件发生的紧急程度、发展势态和可能造成的危害程度分为一级、二级、三级和四级，分别用红色、橙色、黄色和蓝色标示，一级为最高级别。

预警级别的划分标准由国务院或者国务院确定的部门制定。

第四十三条 可以预警的自然灾害、事故灾难或者公共卫生事件即将发生或者发生的可能性增大时，县级以上地方各级人民政府应当根据有关法律、行政法规和国务院规定的权限和程序，发布相应级别的警报，决定并宣布有关地区进入预警期，同时向上一级人民政府报告，必要时可以越级上报，并向当地驻军和可能受到危害的毗邻或者相关地区的人民政府通报。

第四十四条 发布三级、四级警报，宣布进入预警期后，县级以上地方各级人民政府应当根据即将发生的突发事件的特点和可能造成的危害，采取下列措施：

（一）启动应急预案；

（二）责令有关部门、专业机构、监测网点和负有特定职责的人员及时收集、报告有关信息，向社会公布反映突发事件信息的渠道，加强对突发事件发生、发展情况的监测、预报和预警工作；

（三）组织有关部门和机构、专业技术人员、有关专家学者，随时对突发事件信息进行分析评估，预测发生突发事件可能性的大小、影响范围和强度以及可能发生的突发事件的级别；

（四）定时向社会发布与公众有关的突发事件预测信息和分析评估结果，并对相关信息的报道工作进行管理；

（五）及时按照有关规定向社会发布可能受到突发事件危害的警告，宣传避免、减轻危害的常识，公布咨询电话。

第四十五条 发布一级、二级警报，宣布进入预警期后，县级以上地方各级人民政府除采取本法第四十四条规定的措施外，还应当针对即将发生的突发事件的特点和可能造成的危害，采取下列一项或者多项措施：

（一）责令应急救援队伍、负有特定职责的人员进入待命状态，并动员后备人员做好参加应急救援和处置工作的准备；

（二）调集应急救援所需物资、设备、工具，准备应急设施和避难场所，并确保其处于良好状态、随时可以投入正常使用；

（三）加强对重点单位、重要部位和重要基础设施的安全保卫，维护社会治安秩序；

（四）采取必要措施，确保交通、通信、供水、排水、供电、供气、供热等公共设施的安全和正常运行；

（五）及时向社会发布有关采取特定措施避免或者减轻危害的建议、劝告；

（六）转移、疏散或者撤离易受突发事件危害的人员并予以妥善安置，转移重要财产；

（七）关闭或者限制使用易受突发事件危害的场所，控制或者限制容易导致危害扩大的公共场所的活动；

（八）法律、法规、规章规定的其他必要的防范性、保护性措施。

第四十八条　突发事件发生后，履行统一领导职责或者组织处置突发事件的人民政府应当针对其性质、特点和危害程度，立即组织有关部门，调动应急救援队伍和社会力量，依照本章的规定和有关法律、法规、规章的规定采取应急处置措施。

第四十九条　自然灾害、事故灾难或者公共卫生事件发生后，履行统一领导职责的人民政府可以采取下列一项或者多项应急处置措施：

（一）组织营救和救治受害人员，疏散、撤离并妥善安置受到威胁的人员以及采取其他救助措施；

（二）迅速控制危险源，标明危险区域，封锁危险场所，划定警戒区，实行交通管制以及其他控制措施；

（三）立即抢修被损坏的交通、通信、供水、排水、供电、供气、供热等公共设施，向受到危害的人员提供避难场所和生活必需品，实施医疗救护和卫生防疫以及其他保障措施；

（四）禁止或者限制使用有关设备、设施，关闭或者限制使用有关场所，中止人员密集的活动或者可能导致危害扩大的生产经营活动以及采取其他保护措施；

（五）启用本级人民政府设置的财政预备费和储备的应急救援物资，必要时调用其他急需物资、设备、设施、工具；

（六）组织公民参加应急救援和处置工作，要求具有特定专长的人员提供服务；

（七）保障食品、饮用水、燃料等基本生活必需品的供应；

（八）依法从严惩处囤积居奇、哄抬物价、制假售假等扰乱市场秩序的行为，稳定市场价格，维护市场秩序；

（九）依法从严惩处哄抢财物、干扰破坏应急处置工作等扰乱社会秩序的行为，维护社会治安；

（十）采取防止发生次生、衍生事件的必要措施。

第五十条　社会安全事件发生后，组织处置工作的人民政府应当立即组织有关部门并由公安机关针对事件的性质和特点，依照有关法律、行政法规和国家其他有关规定，采取下列一项或者多项应急处置措施：

（一）强制隔离使用器械相互对抗或者以暴力行为参与冲突的当事人，妥善解决现场纠纷和争端，控制事态发展；

（二）对特定区域内的建筑物、交通工具、设备、设施以及燃料、燃气、电力、水的供应进行控制；

（三）封锁有关场所、道路，查验现场人员的身份证件，限制有关公共场所内的活动；

（四）加强对易受冲击的核心机关和单位的警卫，在国家机关、军事机关、国家通讯社、广播电台、电视台、外国驻华使领馆等单位附近设置临时警戒线；

（五）法律、行政法规和国务院规定的其他必要措施。

严重危害社会治安秩序的事件发生时，公安机关应当立即依法出动警力，根据现场情况依法采取相应的强制性措施，尽快使社会秩序恢复正常。

2.1.3 《电力安全事故应急处置和调查处理条例》

为加强电力安全事故的应急处置工作，规范电力安全事故的调查处理，控制、减轻和消除电力安全事故损害制定，2011年7月7日签发《电力安全事故应急处置和调查处理条例》[中华人民共和国国务院令（第599号）]。《电力安全事故应急处置和调查处理条例》适用条款如下。

第三条　根据电力安全事故（以下简称事故）影响电力系统安全稳定运行或者影响电力（热力）正常供应的程度，事故分为特别重大事故、重大事故、较大事故和一般事故。事故等级划分标准由本条例附表列示。事故等级划分标准的部分项目需要调整的，由国务院电力监管机构提出方案，报国务院批准。

由独立的或者通过单一输电线路与外省连接的省级电网供电的省级人民政府所在地城市，以及由单一输电线路或者单一变电站供电的其他设区的市、县级市，其电网减供负荷或者造成供电用户停电的事故等级划分标准，由国务院电力监管机构另行制定，报国务院批准。

第五条　电力企业、电力用户以及其他有关单位和个人，应当遵守电力安全管理规定，落实事故预防措施，防止和避免事故发生。

县级以上地方人民政府有关部门确定的重要电力用户，应当按照国务院电力监管机构的规定配置自备应急电源，并加强安全使用管理。

第六条 事故发生后，电力企业和其他有关单位应当按照规定及时、准确报告事故情况，开展应急处置工作，防止事故扩大，减轻事故损害。电力企业应当尽快恢复电力生产、电网运行和电力（热力）正常供应。

第七条 任何单位和个人不得阻挠和干涉对事故的报告、应急处置和依法调查处理。

第八条 事故发生后，事故现场有关人员应当立即向发电厂、变电站运行值班人员、电力调度机构值班人员或者本企业现场负责人报告。有关人员接到报告后，应当立即向上一级电力调度机构和本企业负责人报告。本企业负责人接到报告后，应当立即向国务院电力监管机构设在当地的派出机构（以下称事故发生地电力监管机构）、县级以上人民政府安全生产监督管理部门报告；热电厂事故影响热力正常供应的，还应当向供热管理部门报告；事故涉及水电厂（站）大坝安全的，还应当同时向有管辖权的水行政主管部门或者流域管理机构报告。

电力企业及其有关人员不得迟报、漏报或者瞒报、谎报事故情况。

第九条 事故发生地电力监管机构接到事故报告后，应当立即核实有关情况，向国务院电力监管机构报告；事故造成供电用户停电的，应当同时通报事故发生地县级以上地方人民政府。

对特别重大事故、重大事故，国务院电力监管机构接到事故报告后应当立即报告国务院，并通报国务院安全生产监督管理部门、国务院能源主管部门等有关部门。

第十条 事故报告应当包括下列内容：

（一）事故发生的时间、地点（区域）以及事故发生单位；

（二）已知的电力设备、设施损坏情况，停运的发电（供热）机组数量、电网减供负荷或者发电厂减少出力的数值、停电（停热）范围；

（三）事故原因的初步判断；

（四）事故发生后采取的措施、电网运行方式、发电机组运行状况以及事故控制情况；

（五）其他应当报告的情况。

事故报告后出现新情况的，应当及时补报。

第十一条 事故发生后，有关单位和人员应当妥善保护事故现场以及工作日志、工作票、操作票等相关材料，及时保存故障录波图、电力调度数据、发电机组运行数据和输变电设备运行数据等相关资料，并在事故调查组成立后将相关材料、资料移交事故调查组。

因抢救人员或者采取恢复电力生产、电网运行和电力供应等紧急措施，需要改变事故现场、移动电力设备的，应当作出标记、绘制现场简图，妥善保存重要痕迹、物证，并作出书面记录。

任何单位和个人不得故意破坏事故现场，不得伪造、隐匿或者毁灭相关证据。

第十二条 国务院电力监管机构依照《中华人民共和国突发事件应对法》和《国家突发公共事件总体应急预案》，组织编制国家处置电网大面积停电事件应急预案，报国务院批准。

有关地方人民政府应当依照法律、行政法规和国家处置电网大面积停电事件应急预案，组织制定本行政区域处置电网大面积停电事件应急预案。

处置电网大面积停电事件应急预案应当对应急组织指挥体系及职责，应急处置的各项措施，以及人员、资金、物资、技术等应急保障作出具体规定。

第十三条 电力企业应当按照国家有关规定，制定本企业事故应急预案。

电力监管机构应当指导电力企业加强电力应急救援队伍建设，完善应急物资储备制度。

第十五条 根据事故的具体情况，电力调度机构可以发布开启或者关停发电机组、调整发电机组有功和无功负荷、调整电网运行方式、调整供电调度计划等电力调度命令，发电企业、电力用户应当执行。

事故可能导致破坏电力系统稳定和电网大面积停电的，电力调度机构有权决定采取拉限负荷、解列电网、解列发电机组等必要措施。

第十六条 事故造成电网大面积停电的，国务院电力监管机构和国务院其他有关部门、有关地方人民政府、电力企业应当按照国家有关规定，启动相应的应急预案，成立应急指挥机构，尽快恢复电网运行和电力供应，防止各种次生灾害的发生。

第十七条 事故造成电网大面积停电的，有关地方人民政府及有关部门应当立即组织开展下列应急处置工作：

（一）加强对停电地区关系国计民生、国家安全和公共安全的重点单位的安全保卫，防范破坏社会秩序的行为，维护社会稳定；

（二）及时排除因停电发生的各种险情；

（三）事故造成重大人员伤亡或者需要紧急转移、安置受困人员的，及时组织实施救治、转移、安置工作；

（四）加强停电地区道路交通指挥和疏导，做好铁路、民航运输以及通信保障工作；

（五）组织应急物资的紧急生产和调用，保证电网恢复运行所需物资和居民基本生活资料的供给。

第十八条 事故造成重要电力用户供电中断的，重要电力用户应当按照有关技术要求迅速启动自备应急电源；启动自备应急电源无效的，电网企业应当提供必要的支援。

事故造成地铁、机场、高层建筑、商场、影剧院、体育场馆等人员聚集场所停电的，应当迅速启用应急照明，组织人员有序疏散。

第十九条 恢复电网运行和电力供应，应当优先保证重要电厂厂用电源、重要输变设备、电力主干网架的恢复,优先恢复重要电力用户、重要城市、重点地区的电力供应。

第二十条 事故应急指挥机构或者电力监管机构应当按照有关规定,统一、准确、及时发布有关事故影响范围、处置工作进度、预计恢复供电时间等信息。

2.1.4 《电力设施保护条例》

《电力设施保护条例》由国务院于 1987 年 9 月 15 日发布,自发布之日起施行。根据 1998 年 1 月 7 日《国务院关于修改〈电力设施保护条例〉的决定》第一次修订;根据 2011 年 1 月 8 日《国务院关于废止和修改部分行政法规的决定》第二次修订。《电力设施保护条例》全文共 6 章 32 条,是供电企业开展电力基础建设、加强电力设施保护、规范供用电管理、维护供用电秩序等工作的重要法律法规。该条例详细规定了电力设施的范围和分类,包括输变电设施、配电设施、电力线路、电力杆塔等。条例要求电力设施的建设、改造、维护和运行必须符合相关的技术标准和规范,并对电力设施的保护责任进行了明确。此外,条例还对电力设施的保护措施进行了规定,包括设立防护区域、设置警示标志、加强巡视检查等。对于违反电力设施保护条例的行为,条例也明确了相应的处罚措施和责任追究。《电力设施保护条例》适用条款如下。

第三条 电力设施的保护,实行电力管理部门、公安部门、电力企业和人民群众相结合的原则。

第四条 电力设施受国家法律保护,禁止任何单位或个人从事危害电力设施的行为。任何单位和个人都有保护电力设施的义务,对危害电力设施的行为,有权制止并向电力管理部门、公安部门报告。

电力企业应加强对电力设施的保护工作,对危害电力设施安全的行为,应采取适当措施,予以制止。

第八条 发电设施、变电设施的保护范围:

(一)发电厂、变电站、换流站、开关站等厂、站内的设施;

(二)发电厂、变电站外各种专用的管道(沟)、储灰场、水井、泵站、冷却水塔、油库、堤坝、铁路、道路、桥梁、码头、燃料装卸设施、避雷装置、消防设施及其有关辅助设施;

(三)水力发电厂使用的水库、大坝、取水口、引水隧洞(含支洞口)、引水渠道、调压井(塔)、露天高压管道、厂房、尾水渠、厂房与大坝间的通信设施及其有关辅助设施。

第九条 电力线路设施的保护范围:

(一)架空电力线路:杆塔、基础、拉线、接地装置、导线、避雷线、金具、绝缘子、登杆塔的爬梯和脚钉,导线跨越航道的保护设施,巡(保)线站,巡视检修专用道路、船舶和桥梁，标志牌及其有关辅助设施；

（二）电力电缆线路：架空、地下、水底电力电缆和电缆联结装置，电缆管道、电缆隧道、电缆沟、电缆桥，电缆井、盖板、人孔、标石、水线标志牌及其有关辅助设施；

（三）电力线路上的变压器、电容器、电抗器、断路器、隔离开关、避雷器、互感器、熔断器、计量仪表装置、配电室、箱式变电站及其有关辅助设施；

（四）电力调度设施：电力调度场所、电力调度通信设施、电网调度自动化设施、电网运行控制设施。

第十条 电力线路保护区：

（一）架空电力线路保护区：导线边线向外侧水平延伸并垂直于地面所形成的两平行面内的区域，在一般地区各级电压导线的边线延伸距离如下：

1—10 千伏　　　　5 米
35—110 千伏　　　10 米
154—330 千伏　　　15 米
500 千伏　　　　　20 米

在厂矿、城镇等人口密集地区，架空电力线路保护区的区域可略小于上述规定。但各级电压导线边线延伸的距离，不应小于导线边线在最大计算弧垂及最大计算风偏后的水平距离和风偏后距建筑物的安全距离之和。

（二）电力电缆线路保护区：地下电缆为电缆线路地面标桩两侧各 0.75 米所形成的两平行线内的区域；海底电缆一般为线路两侧各 2 海里（港内为两侧各 100 米），江河电缆一般不小于线路两侧各 100 米（中、小河流一般不小于各 50 米）所形成的两平行线内的水域。

第十一条 县以上地方各级电力管理部门应采取以下措施，保护电力设施：

（一）在必要的架空电力线路保护区的区界上，应设立标志，并标明保护区的宽度和保护规定；

（二）在架空电力线路导线跨越重要公路和航道的区段，应设立标志，并标明导线距穿越物体之间的安全距离；

（三）地下电缆铺设后，应设立永久性标志，并将地下电缆所在位置书面通知有关部门；

（四）水底电缆敷设后，应设立永久性标志，并将水底电缆所在位置书面通知有关部门。

第十二条 任何单位或个人在电力设施周围进行爆破作业，必须按照国家有关规定，确保电力设施的安全。

第十三条 任何单位或个人不得从事下列危害发电设施、变电设施的行为：

（一）闯入发电厂、变电站内扰乱生产和工作秩序，移动、损害标志物；

（二）危及输水、输油、供热、排灰等管道（沟）的安全运行；

（三）影响专用铁路、公路、桥梁、码头的使用；

（四）在用于水力发电的水库内，进入距水工建筑物300米区域内炸鱼、捕鱼、游泳、划船及其他可能危及水工建筑物安全的行为；

（五）其他危害发电、变电设施的行为。

第十四条 任何单位或个人，不得从事下列危害电力线路设施的行为：

（一）向电力线路设施射击；

（二）向导线抛掷物体；

（三）在架空电力线路导线两侧各300米的区域内放风筝；

（四）擅自在导线上接用电器设备；

（五）擅自攀登杆塔或在杆塔上架设电力线、通信线、广播线，安装广播喇叭；

（六）利用杆塔、拉线作起重牵引地锚；

（七）在杆塔、拉线上拴牲畜、悬挂物体、攀附农作物；

（八）在杆塔、拉线基础的规定范围内取土、打桩、钻探、开挖或倾倒酸、碱、盐及其他有害化学物品；

（九）在杆塔内（不含杆塔与杆塔之间）或杆塔与拉线之间修筑道路；

（十）拆卸杆塔或拉线上的器材，移动、损坏永久性标志或标志牌；

（十一）其他危害电力线路设施的行为。

第十五条 任何单位或个人在架空电力线路保护区内，必须遵守下列规定：

（一）不得堆放谷物、草料、垃圾、矿渣、易燃物、易爆物及其他影响安全供电的物品；

（二）不得烧窑、烧荒；

（三）不得兴建建筑物、构筑物；

（四）不得种植可能危及电力设施安全的植物。

第十六条 任何单位或个人在电力电缆线路保护区内，必须遵守下列规定：

（一）不得在地下电缆保护区内堆放垃圾、矿渣、易燃物、易爆物，倾倒酸、碱、盐及其他有害化学物品，兴建建筑物、构筑物或种植树木、竹子；

（二）不得在海底电缆保护区内抛锚、拖锚；

（三）不得在江河电缆保护区内抛锚、拖锚、炸鱼、挖沙。

第十七条 任何单位或个人必须经县级以上地方电力管理部门批准，并采取安全措施后，方可进行下列作业或活动：

（一）在架空电力线路保护区内进行农田水利基本建设工程及打桩、钻探、开挖等作业；

（二）起重机械的任何部位进入架空电力线路保护区进行施工；

（三）小于导线距穿越物体之间的安全距离，通过架空电力线路保护区；

（四）在电力电缆线路保护区内进行作业。

第十八条 任何单位或个人不得从事下列危害电力设施建设的行为：

（一）非法侵占电力设施建设项目依法征收的土地；

（二）涂改、移动、损害、拔除电力设施建设的测量标桩和标记；

（三）破坏、封堵施工道路，截断施工水源或电源。

第十九条 未经有关部门依照国家有关规定批准，任何单位和个人不得收购电力设施器材。

第二十一条 新建架空电力线路不得跨越储存易燃、易爆物品仓库的区域；一般不得跨越房屋，特殊情况需要跨越房屋时，电力建设企业应采取安全措施，并与有关单位达成协议。

第二十二条 公用工程、城市绿化和其他工程在新建、改建或扩建中妨碍电力设施时，或电力设施在新建、改建或扩建中妨碍公用工程、城市绿化和其他工程时，双方有关单位必须按照本条例和国家有关规定协商，就迁移、采取必要的防护措施和补偿等问题达成协议后方可施工。

第二十三条 电力管理部门应将经批准的电力设施新建、改建或扩建的规划和计划通知城乡建设规划主管部门，并划定保护区域。

城乡建设规划主管部门应将电力设施的新建、改建或扩建的规划和计划纳入城乡建设规划。

第二十五条 任何单位或个人有下列行为之一，电力管理部门应给予表彰或一次性物质奖励：

（一）对破坏电力设施或哄抢、盗窃电力设施器材的行为检举、揭发有功；

（二）对破坏电力设施或哄抢、盗窃电力设施器材的行为进行斗争，有效地防止事故发生；

（三）为保护电力设施而同自然灾害作斗争，成绩突出；

（四）为维护电力设施安全，做出显著成绩。

第二十六条 违反本条例规定，未经批准或未采取安全措施，在电力设施周围或在依法划定的电力设施保护区内进行爆破或其他作业，危及电力设施安全的，由电力管理部门责令停止作业、恢复原状并赔偿损失。

第二十七条 违反本条例规定，危害发电设施、变电设施和电力线路设施的，由电力管理部门责令改正；拒不改正的，处1万元以下的罚款。

2.1.5 其他相关法律法规

1.《中华人民共和国治安管理处罚法》

破坏电力设施不仅仅是个人行为,在特殊情况下有可能已经达到治安处罚的情形。根据《中华人民共和国治安管理处罚法》第三十三条:"盗窃、损毁油气管道设施、电力电信设施、广播电视设施、水利防汛工程设施或者水文监测、测量、气象测报、环境监测、地质监测、地震监测等公共设施的将处十日以上十五日以下拘留。"

2.《中华人民共和国刑法》

除行政拘留以外,破坏电力设施还可能构成犯罪。《中华人民共和国刑法修正案(十一)》第一百一十八条:"破坏电力、燃气或者其他易燃易爆设备,危害公共安全,尚未造成严重后果的,处三年以上十年以下有期徒刑"。第一百一十九条:"破坏交通工具、交通设施、电力设备、燃气设备、易燃易爆设备,造成严重后果的,处十年以上有期徒刑、无期徒刑或者死刑"。

3.《突发事件应急预案管理办法》

2013年10月25日,国务院办公厅以国办发〔2013〕101号印发《突发事件应急预案管理办法》。《突发事件应急预案管理办法》分总则,分类和内容,预案编制、审批、备案和公布,应急演练,评估和修订,培训和宣传教育,组织保障,附则9章34条,自印发之日起施行。

4.《中央企业应急管理暂行办法》

为进一步加强和规范中央企业应急管理工作,提高中央企业防范和处置各类突发事件的能力,最大程度地预防和减少突发事件及其造成的损害和影响,保障人民群众生命财产安全,维护国家安全和社会稳定,根据《中华人民共和国突发事件应对法》《中华人民共和国企业国有资产法》《国家突发公共事件总体应急预案》《国务院关于全面加强应急管理工作的意见》,制定《中央企业应急管理暂行办法》。《中央企业应急管理暂行办法》经国务院国有资产监督管理委员会第128次主任办公会议审议通过,2013年2月28日国务院国有资产监督管理委员会令第31号公布。《中央企业应急管理暂行办法》分总则、工作责任和组织体系、工作要求、社会救援、监督与奖惩、附则6章42条,自印发之日起施行。

5.《生产安全事故应急条例》

《生产安全事故应急条例》是2019年2月17日国务院发布的行政法规,自2019年4月1日起施行。2016年5月6日,国务院法制办公室发布关于《生产安全事故应急条例(征求意见稿)》公开征求意见的通知。2018年12月5日,《生产安全事故应急条例》经国务院第33次常务会议通过。2019年2月17日,公布《生产安全事故应急条例》,自2019年4月1日起施行。

2.2 "政企联合"防控机制

2.2.1 安全责任体系

安全责任体系主要包括"五落实、五到位"的内容，建立健全"党政同责、一岗双责、齐抓共管"的安全生产责任体系。把安全责任落实到岗位、落实到人，坚持"管行业必须管安全，管业务必须管安全，管生产经营必须管安全"。根据《中华人民共和国安全生产法》生产经营单位的安全生产管理责任主要包括制度管理责任、人员管理责任、现场管理责任、事故报告责任和法律法规规定的其他安全生产责任。

电力方面，应通过建立健全电力企业与政府的联合防控机制，提升电网运行的可靠性，为社会发展提供更加可靠的电能。一般情况下，电力设施政企合作是指政府和企业之间在电力设施建设、运营和管理等方面展开的合作关系，这种合作模式可以提高电力设施的建设效率、优化电力供应服务、降低电力成本和促进电力行业的可持续发展。

根据《中华人民共和国电力法》，电力企业负有提供安全、可靠、高质量的电力供应的责任。电力企业需要建设、运营和维护电力设施，确保电力供应的稳定和可靠。同时，电力企业还需要保证电力价格的合理和透明，保障用户的合法权益。政府主管部门方面，电力监管机构负责对电力企业进行监督和管理，确保电力市场的公平竞争，维护市场秩序。其需要执行法律法规，制定和实施相关政策和措施，保障电力行业的健康发展。

2.2.2 政企联动模式

影响电力系统的突发事件具有"涉及环节多、灾害源多、损失巨大、影响面广"的特点，对于复杂的突发事件，在依靠电力企业自身的力量的同时，还应与政府相关部门开展联动处置，形成应对合力，高效处置各类突发事件。

发达国家联动机制建立较早。对美国、日本、英国、澳大利亚等国家联动现状进行分析：在美国，相关部门签订应急契约是联动的主要内容；在日本，政府、企业、非营利组织等各主体在联动中发挥了相应作用；在英国，建立了"金、银、铜"三级指挥机制，有效解决了责任分工问题；在澳大利亚，多层级的联动模式为突发事件处置提供物质和财政支持。

在中国，民航、地铁等行业在联动建设方面进行了很多探索，建立了符合行业特点的联动机制，有效地整合内外部资源，形成相应的联动流程、方法和技术，明确联动的内容与途径，将联动与管理流程相结合。对于电力行业，应从以下方面建立健全联动机制。

1. 多主体参与安全事故与突发事件处置

在安全与应急管理中，各类主体共同参与，使各主体的能力得到调动，发挥各自的优势和能动性。在突发事件的处置中涉及很多联动主体，为了使应急联动有序进行，将应急联动主体分为内部主体、外部主体两大类，内部主体包括电力企业相关职能部门，外部主体可以按照职能分为管理部门、救援部门、监测部门、新闻媒体、电力用户 5 类。

2. 联动内容明晰

在处置中均应明确规定联动的程序、内容和方法，固化联动的内容，并使联动贯穿于安全事故与突发事件处置全过程。根据 PPRR 理论，应急管理包括预防（Prevention）、准备（Preparedness）、响应（Response）、恢复（Recovery）4 个阶段。联动内容作为开展联动工作的重要依据，应贯穿 4 个阶段全过程。

3. 联动科学分级

为针对性处置安全事故与突发事件，将有限的资源针对性地运用于事故与事件处置，使联动级别与事件级别相匹配。在对外应急联动中，企业需要与管理、救援、监测、媒体、用户等相关外部主体进行联动，为了保证突发事件的全过程管理，对外联动活动同样贯穿了应急管理的 4 个环节，电力企业政企联动模式示意见图 2-1。

政企合作在电力领域的形式和方式多种多样，以下是一些常见的合作模式。

1. 公私合作伙伴关系（PPP）

政府与民营企业或外资企业合作，共同投资、建设和运营电力设施。这种模式可以提高资金投入效率，加快项目进度，并通过风险共担的方式降低企业的投资风险。

2. 特许经营

政府授予特许企业或合作企业电力设施的经营权，由其负责设施的建设、运营和维护。特许企业通常在一定时期内享有独家经营权，并按照约定的方式向政府支付特许费用。

3. 政府购买服务

政府向电力企业购买电力设施的建设、运营和维护等服务。电力企业根据政府的需求提供相应的服务，并按约定的方式收取费用。

4. 政府引导型合作

政府通过政策引导和监管，促使电力企业在设施建设、运营和管理方面与政府开展合作。政府提供相应的支持和优惠政策，将企业参与电力行业的发展。

5. 共同投资合作

政府与电力企业共同投资电力设施的建设和运营，共享风险和收益。双方按照约定的比例出资，共同承担设施建设、运营和维护的责任。

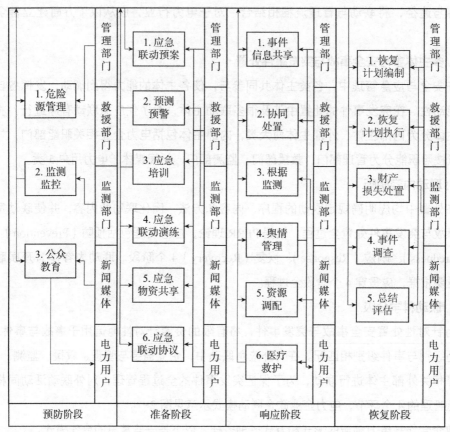

图 2-1 电力企业政企联动模式示意

6. 建设运营转让（BOT）

政府与电力企业签订合同，由企业负责电力设施的建设、运营和维护，一定时期后将设施的所有权转让给政府。企业在合同期内通过设施的运营收取费用，并承担相应的风险。

7. 能源服务公司（ESCO）

政府委托能源服务公司负责电力设施的能源管理和节能改造。能源服务公司根据约定的目标，通过提供节能措施和能源管理服务，帮助政府降低能源消耗和成本。

8. 共享经济合作

政府鼓励电力企业与其他行业的企业展开合作，共享电力设施和资源。例如与物流企业合作共享充电桩设施，与建筑企业合作共享能源管理系统等。

这些合作模式有助于提高电力设施的建设效率、优化电力供应服务，同时降低政府负担和企业风险。政企合作在电力行业的发展中具有重要的意义，其可以加快电力设施的建设和更新，提升电力供应的质量和可靠性，推动电力行业向可持续发展的方向迈进。

2.2.3 城市电力设施公共安全培训

电力不同于其他的危险因素,其物理特性奠定了培训的重要性。城市电力设施的公共安全培训可以帮助提高人们对电力设施的安全意识,有效预防潜在的事故和灾害。城市电力设施公共安全培训内容主要包括:

1. 安全意识培训

培训电力设备操作人员和公众如何识别电力设施的危险和潜在风险,并学习正确的应对措施。

2. 电力设备操作培训

确保他们具备正确的操作技能和安全意识,避免设备故障和意外事故。

3. 紧急救援培训

培训电力设备操作人员和公众如何应对电力设施事故和紧急情况,包括火灾、电击等,提供基本的急救知识和应急逃生技能。

4. 安全设备和装备培训

培训电力设备操作人员和公众如何正确使用和维护安全设备和装备,如灭火器、安全帽、绝缘手套等。

5. 安全演习和模拟训练

定期组织安全演习和模拟训练,检验和提高员工和公众在紧急情况下的应对能力和反应速度。

6. 电力设施安全基础知识

包括电力设施的构成、功能和特点,以及电力设施的防护措施和应急处置方法等。

7. 电力设施安全意识和法律法规

让公众了解电力设施的重要性,提高安全意识,明确电力设施保护的法律责任和义务。

8. 电力设施故障排除和应急处理

教电力设备操作人员如何快速有效地排除电力设施故障,以及如何在紧急情况下采取适当的措施,防止事故扩大。

9. 电力设施的维护和保养

介绍电力设施的日常维护和保养方法,以及如何进行定期的检查和维护,确保电力设施的正常运行。

10. 防止电力设施被破坏和恶意攻击

强调如何防止电力设施被破坏和恶意攻击,例如加强巡查和监控,设置安全警示标志等。

11. 事故案例分析和经验分享

通过分析典型的事故案例，总结经验教训，让电力设备操作人员和公众更加深入地了解电力设施安全的重要性，并掌握应对各种突发情况的方法和技巧。

培训是一个持续的过程，通过培训和宣传活动，可以增强专业人员与公众对城市电力设施的安全意识，降低事故风险，保障公共安全。城市电力设施公共安全培训应该注重理论与实践相结合，通过系统全面的培训，提高专业人员与公众对电力设施的认识和保护意识。

2.3　城市电力设施安全运行与隐患排查

2.3.1　安全运行模式

城市电力设施的安全运行模式指为了保障城市电力设施的安全运行而采取的一种管理模式或方法。以下是常见的6种城市电力设施安全运行模式。

1. 预防为主模式

该模式注重预防安全风险的发生，通过制定严格的安全管理制度和规范，加强设施的维护与检修，提高设施的安全性能，减少事故隐患。同时，加强安全培训教育，提升员工的安全意识和技能，保障设施的安全运行。

2. 应急响应模式

该模式注重应急响应能力的建设，通过建立健全的应急预案和应急演练机制，培训人员熟悉应急处理流程和应对措施，确保在突发安全事件发生时能够快速、有效地应对，最大限度地减少事故损失。

3. 安全监测模式

该模式建立的设施安全监测系统，通过监测设备和技术手段对设施运行状态进行实时监测，及时发现异常情况，并通过预警机制采取相应的措施进行处置。同时，建立安全信息管理系统，收集和分析设施运行过程中的安全数据，为指导安全管理提供科学依据。

4. 合作共享模式

该模式强调电力设施管理部门与相关部门、企业和社会各界的合作与共享。通过建立信息共享机制、资源共享平台等，加强各方之间的沟通与协同，共同推动城市电力设施的安全运行。例如与消防部门合作，加强火灾防控工作；与公安部门合作，加强设施的安全监控和防范；与社区居民合作，提高居民对电力设施安全的关注和参与度。

5. 智能化管理模式

该模式利用先进的信息技术和物联网技术，建立智能化设施管理系统。通过远程监控、数据分析和预警功能，实现对设施状态的实时监测和管理，及时发现和解决安全隐患，并提高设施的运行效率和安全性能。

6. 制度化管理模式

该模式通过建立健全的管理制度和规范，明确安全责任人和管理流程，加强对设施运行过程中存在的安全隐患的监督和管理。例如：建立安全管理责任制，明确各级责任人的职责和权限；建立安全检查和评估制度，定期对设施进行安全检查和评估。

以上 6 种为常见的城市电力设施安全运行模式，不同的城市根据实际情况和需求可以选择适合的模式或综合运用多种模式，确保城市电力设施的安全运行和供电可靠。

2.3.2　设备设施安全运行

设备设施的安全运行是保障电力供应稳定和可靠的重要环节。以下是设备设施安全运行的 8 个关键要点。

1. 设备设施安全检修与维护

定期对设备设施进行安全检修和维护，包括清洁、润滑、紧固等工作，确保设备运行的稳定和可靠。同时，建立健全的设备管理制度，及时记录设备运行情况，发现和解决设备故障和隐患。

2. 安全生产管理

建立健全的安全生产管理制度，包括安全生产责任制、安全操作规程、安全培训教育等。加强对操作人员的安全培训，提高其安全意识和技能，确保操作符合安全规范和操作程序。

3. 安全监测与预警

建立设施的安全监测系统，通过监测设备和技术手段，对设备设施运行状态进行实时监测，及时发现异常情况。同时，建立预警机制，当设备设施运行出现异常时，能够及时发出警报并采取措施进行处置。

4. 应急管理与救援

制定应急预案和应急演练计划，加强应急管理和救援能力。定期组织应急演练，提高人员应急处置能力，确保在突发情况下能够及时、有效地采取措施。

5. 安全监督与执法

建立安全监督与执法机制，加强对安全管理和运行情况的监督和检查。设立专门的安全监督部门，对发电设施的安全管理进行定期检查和评估，发现问题及时督促整改，对违反安全规定的行为进行执法处罚。

6. 安全信息管理

建立电力设施的安全信息管理系统，收集和分析设备设施运行过程中的安全数据，及时掌握设施的安全状态。通过数据统计和分析，发现潜在的安全风险和问题，并采取相应的措施进行预防和改进。

7. 安全培训教育

针对管理人员和操作人员，开展安全培训教育，提高其安全意识和应急处理能力。培训内容包括设备操作规程、安全事故案例分析、应急预案等，使其能够正确操作设备设施并应对突发情况。

8. 安全评估与改进

定期进行设备设施的安全评估，根据评估结果，及时采取改进措施，提升设备设施安全性能和管理水平。评估内容包括设备状态评估、安全管理制度评估等，发现问题并制定改进措施，确保设备设施安全运行。

通过以上措施，能够确保设备设施的安全运行，提高设施的安全性能和可靠性，保障电力供应的稳定，同时也保护员工的生命财产安全和环境的安全。

2.3.3 安全作业

1. 作业安全要求

电力设施作业安全要求主要包括以下 5 个方面。

1）作业前的准备工作

在进行电力设施作业之前，必须做好充分的准备工作，包括对设备进行检查和维护、设立必要的隔离措施、确保作业人员具备相关的技能和知识等。

2）作业人员的培训和资质要求

进行电力设施作业的人员必须经过专门的培训。作业人员应具备必要的知识和技能，了解设备的操作规程和安全要求，能够正确使用作业工具和设备，并取得相应的资质证书。

3）安全防护设施和装备

在进行电力设施作业时，必须佩戴符合安全要求的个人防护装备，如安全帽、安全鞋、绝缘手套等。同时，还需要使用符合标准的安全工具和设备，确保作业过程中的安全。

4）作业现场的安全措施

在电力设施作业现场，必须设置明显的安全警示标识，划定安全区域，设置隔离措施，确保作业人员和其他人员的安全。同时，还需采取必要的防护措施，如防护网、绝缘垫等，防止触电和其他事故的发生。

5）作业过程中的安全操作

在进行电力设施作业时，必须按照规定的程序和要求进行操作，禁止违章指挥和操作。

2. 安全操作要求

作业人员应严格遵守安全操作规程，注意操作细节，遵循以下安全操作要求。

1）在进行设备操作前，必须先切断电源并确保设备处于停电状态，避免电击风险；

2）在操作电力设施时，必须使用绝缘工具，并佩戴绝缘手套和绝缘鞋，确保操作人员自身安全；

3）确保设备周围的工作区域清洁、整齐，避免杂物堆积和阻挡安全通道；

4）在进行设备维护和检修时，必须按照操作指南和安全规程进行操作，避免违反操作规范和安全要求；

5）必须定期对设备进行维护和保养，及时发现设备隐患和故障，并进行修复或更换，确保设备的正常运行和安全性能；

6）在进行高处作业时，必须使用合适的安全防护设备，如安全带、安全绳等，确保工作人员的安全；

7）在设备操作过程中，必须注意观察设备的运行状态，及时发现异常情况，并及时采取措施处理，以避免设备故障和事故的发生。

2.3.4 隐患定级与治理措施

电力设施的隐患定级与治理措施需以隐患的严重程度和影响范围为依据，同时针对不同级别的隐患采取相应的治理措施。一般可以采取以下步骤。

1. 隐患排查计划制定

制定隐患排查计划，明确检查的范围、内容、时间和责任人。

2. 隐患排查组织和分工

组织专业人员或委托专业机构进行隐患排查，明确各人员的职责和分工。

3. 隐患排查方法和工具选择

根据设施特点和需要，选择适合的隐患排查方法和工具，如现场检查设备台账、红外热像仪等。

4. 隐患排查过程中的安全措施

在进行隐患排查时，要注意安全措施，如佩戴个人防护装备、遵守操作规程等。

5. 隐患记录和整理

对排查过程中发现的隐患进行记录，包括隐患的位置、性质、危害程度等信息，并进行整理。

6. 隐患评估和定级

对记录的隐患进行评估和定级，根据隐患的严重程度和影响范围划分不同的级别。

7. 隐患治理措施制定

根据隐患的级别，制定相应的治理措施，包括紧急处理、设备维修、设备更换、改进设计等。

8. 隐患治理跟进和整改

对已制定的隐患治理措施进行跟进和整改，确保隐患得到有效处理。

9. 隐患治理措施的落实和执行

按照制定的治理措施，组织相关人员进行隐患的治理工作，确保措施的有效执行。

10. 隐患治理效果评估

对已经治理的隐患进行效果评估，确认隐患是否得到有效控制和解决。

11. 隐患排查结果的报告和总结

报告隐患排查的结果，包括发现的隐患数量、级别、治理措施和效果等，并进行总结和分析。

12. 定期隐患排查和持续改进

建立定期隐患排查机制，确保设施持续安全运行，并根据排查结果进行改进和优化。

在进行隐患排查治理时，还需注意：加强员工培训和意识教育，提高员工对隐患排查治理的重视和专业能力；建立健全的隐患排查管理制度和流程，明确各岗位的职责和权限；建立隐患排查信息管理系统，方便隐患的记录、跟踪和分析；加强与相关部门的沟通与合作，共同推进隐患排查治理工作；进行定期的隐患排查和自查，及时发现和处理新出现的隐患。

2.4 城市电力设施安全应急管理

2.4.1 应急预案与资源保障

1. 应急预案编制程序

中国电网系统具有大规模的特高压交直流混联，新能源大量集中接入等特点，其运行控制难度加大。加之自然灾害频发，电力系统被外力破坏与电力生产安全事故时有发生，需要电力部门通过应急管理体系建设应对各类安全事故与自然灾害。应急预案体系是电力应急管理体系建设的核心内容之一，在规范日常应急准备、指导突发事件处置等方面发挥着重要作用。

城市电力设施应急预案是为应对城市环境中可能出现的自然灾害、安全生产事故、公共卫生事件,以及社会安全事件,最大程度减少事故损害而预先制定的应急准备工作方案。应急预案编制程序包括成立应急预案编制工作组、资料收集、风险评估、应急资源调查、应急预案编制、桌面推演、应急预案评审和批准实施 8 个步骤。

1)成立应急预案编制工作组

(1)电力企业应成立以单位主要负责人为组长,以生产、技术、设备、安全、行政、人事、财务等相关部门人员为成员的应急预案编制工作组,必要时邀请相关救援队伍以及周边相关企业、单位或社区代表参加;

(2)应急预案编制工作组应明确工作职责和任务分工,制定工作计划,组织开展应急预案编制工作。

2)资料收集

应急预案编制工作组应收集与预案编制工作相关的法律、法规、规章、技术标准、规范性文件要求、应急预案、国内外同行业企业突发事件资料。同时收集本单位基本情况、安全生产相关技术资料、历史事故与隐患、地质气象水文、周边环境影响、应急资源及应急人员能力素质等相关资料。

3)风险评估

风险评估工作应满足以下要求。

(1)在危险源辨识、风险分析与评估、事故隐患排查与治理的基础上,分析本单位存在的危险因素,确定本单位的重大风险,确定可能发生的突发事件类型;

(2)分析各类突发事件类型发生的可能性和可能产生的次生、衍生灾害,确定突发事件具体类别及级别;

(3)分析突发事件的危害程度和影响范围,提出风险防控措施,撰写风险评估报告,分析结果作为应急预案的编制依据。

4)应急资源调查

电力企业应全面调查本单位应急队伍、装备、物资、场所等应急资源状况,以及周边单位和政府部门可请求援助的应急资源状况,分析应急资源性能可能受事故影响的情况,并根据电力企业风险与危害程度分析得出的应急资源需求,提出补充应急资源、完善应急保障措施,撰写应急资源调查报告。

5)编制应急预案

应急预案编制应当遵循以人为本、依法依规、符合实际、注重实效的原则,以应急处置为核心,体现自救互救和先期处置的特点,做到职责明确、程序规范、措施科学,宜简明化、图表化、流程化。

应急预案编制工作包括但不限于下列内容。

（1）依据突发事件风险评估和应急资源调查的结果，结合本单位组织管理体系、生产规模及应急处置特点，按照"横向到边、纵向到底"的原则建立覆盖全面、上下衔接的应急预案体系；

（2）结合组织管理体系及部门业务职责划分，科学设定本单位应急组织机构及职责分工；

（3）依据可能发生的突发事件和影响范围，结合应急处置权限及能力，清晰界定本单位的响应分级标准，制定相应层级的应急处置措施；

（4）按照有关规定和要求，确定信息报告、响应分级与启动、指挥权移交、警戒疏散等方面的内容，落实与政府部门、上级单位，以及相关部门应急预案的衔接。

6）桌面推演

按照应急预案明确的职责分工和应急响应程序，结合有关经验教训，相关部门及其人员采取桌面推演的形式，模拟突发事件应对过程，逐步分析讨论，检验应急预案的可行性、可操作性，并进一步完善应急预案。如有需要可对多个应急预案组织开展联合桌面演练，演练应记录存档。

7）应急预案评审

应急预案编制完成后，电力企业应按法律法规有关规定组织评审，评审采用会议审查形式。参加评审的专家应符合电力主管部门、能源监管机构的有关规定。

应急预案评审内容应体现包括风险评估和应急资源调查的全面性、应急预案体系设计的针对性、应急组织体系的合理性、应急响应程序和措施的科学性、应急保障措施的可行性、应急预案的衔接性。

应急预案评审程序应包括下列步骤。

（1）评审准备

成立应急预案评审工作组，落实参加评审的专家，将应急预案、编制说明、风险评估、应急资源调查报告、桌面推演记录及其他有关资料在评审前送达参加评审的单位或人员。

（2）组织评审

本单位主要负责人参加会议，会议由参加评审专家中共同推选出的组长主持，按照议程组织评审；表决时，应有不少于出席会议专家人数2/3同意方为通过；评审会议应形成评审意见（经评审组组长签字），附参加评审会议的专家签字表。表决的投票情况应以书面材料记录在案，并作为评审意见的附件。

（3）修改完善

电力企业应认真分析研究，按照评审意见对应急预案进行修订和完善。评审表决不通过的，应修改完善后按评审程序重新组织专家评审。

8)批准实施

通过评审的应急预案,应由本单位主要负责人签发实施,并按规定进行备案。

2. 综合应急预案

综合预案是为应对各种突发事件而制定的综合性工作方案,是应对突发事件的总体工作程序、措施和应急预案体系的总纲。一般地,综合应急预案应包含以下内容。

1)总则

(1)适用范围

应明确综合应急预案的适用对象和适用条件。

(2)响应分级

应针对本单位可能发生的突发事件危害程度、影响范围、本单位控制事态和应急处置能力,确定本单位突发事件应急响应分级标准。响应分级应注意上下级单位、本单位与当地政府之间的协调、衔接。响应分级不必照搬事件分级。应急响应可划分Ⅰ、Ⅱ、Ⅲ级,一般不超过Ⅳ级。具体分级如下。

①Ⅰ级。事故后果超出本单位处理能力,需要外部救援力量介入方可处置;

②Ⅱ级。事故后果在本单位应急处置能力范围内,事故后果超出下属单位处置能力,需要本单位采取应急响应行动方可处置;

③Ⅲ级。事故后果影响范围仅限于本单位的局部区域,本单位相关部门或下属单位采取应急响应行动即可处置;

④Ⅳ级。事故后果影响范围仅限于下属单位的局部区域,下属单位工区层面采取应急响应行动即可处置。

2)组织机构及职责

(1)应急组织体系

应明确本单位的应急组织体系构成,可用结构图的形式表示。应急组织机构可设置相应的工作小组,各小组具体构成、职责分工及行动任务以工作方案用附件的形式表示。

(2)应急组织机构的职责

应明确本单位应急指挥机构、应急日常管理机构,以及相关部门的应急工作职责。应急指挥机构可根据应急工作需要设置相应的专项应急工作小组,并明确各小组的工作任务和职责。具体内容如下。

①成立应急领导小组,领导和协调本单位应急管理工作;

②应急领导小组下设应急办公室,履行应急值守、信息汇总和综合协调职责,应急办公室成员应包含各部门负责人;

③各专项应急预案应设置归口管理部门,负责专项应急预案的修订、培训、演练等工作;

④根据各相关部门的职责分工明确其在日常应急准备及应急抢险时，在人员、物资、装备、资金、技术、对外联系、善后处理等方面提供各项保障的职责；

⑤现场应急指挥机构是负责现场应急工作的临时指挥中心，是事故现场应急处置的最高决策指挥机构。现场指挥机构负责人由应急领导小组指定，成员由本单位应急领导小组派出或指定事发单位相关人员组成。

（3）专家组

单位可建立各专业应急人才库，可根据实际需要组建应急专家组，为应急处置提供决策建议。

3）应急响应

（1）信息接报

信息报告与发布应包括以下内容。

①明确24小时应急值守电话、突发事件信息接收、内部通报程序、方式和责任人；

②明确事故发生后向上级主管部门、上级单位报告事故信息的流程、内容、时限和责任人，向上级主管部门、上级单位报告突发事件信息的流程、内容、时限和责任人，以及向本单位以外的有关部门或单位通报突发事件信息的方法、程序和责任人。

信息处置与研判应包括以下内容。

①明确响应启动的程序和方式。根据突发事件性质、严重程度、影响范围和可控性，结合响应分级明确的条件，可由应急领导小组作出响应启动的决策并宣布，或者依据突发事件信息是否达到响应启动的条件自动启动；

②若未达到响应启动的条件，应急领导小组可作出预警启动的决策，做好响应准备，实时跟踪事态发展；

③响应启动后，应注意跟踪事态发展，科学分析处置需求，及时调整响应级别，避免响应不足或过度响应；

④宜以流程图的方式明确突发事件报告与应急指令下达流程。

信息公开一般宜包括以下内容。

①明确向有关新闻媒体、社会公众通报事故信息的责任部门、负责人，信息发布的程序、内容以及通报原则；

②明确向单位内部、单位外部和相关方发布信息的方式、内容及要求。

（2）监测预警

应结合本单位实际，开展危险源监控工作，具体包括单位应利用调度、设备监测等各种技术手段，进行风险监测、辨识、分析和隐患排查治理，明确本单位各项风险预先控制措施。建立与政府专业部门的沟通协作和信息共享机制；应急领导小组确认可能导致突发环境事件的信息后，要及时研究确定应对方案，通知有关部门、单位采取相应措施预防事件发生。

①预警发布

单位应对可能发生和可以预警的突发事件进行预警，可按照有关规定进行预警分级。单位应明确预警的来源、预警发布程序及渠道，并根据情况变化适时调整预警级别。预警信息的内容应包括突发事件名称、预警级别、预警区域或场所、预警期起始时间、影响估计、应对措施、发布单位、发布时间、审批人等；

②预警条件

应明确预警信息的发布条件和预警分级标准，预警发布条件一般包括：政府新闻媒体公开发布的预警信息；上级应急管理部门公布或告知的预警信息；所属单位上报并经应急领导小组批准的预警信息；应急管理部门对危险源监控数据进行判断，报应急领导小组批准的预警信息。

③预警行动

应明确预警发布后开展的应急准备工作，包括队伍、物资、装备、后勤及通信，以及相关部门的应急准备与预防措施。

④预警调整和解除

根据事态发展变化，单位应根据本单位预警调整流程进行预警级别调整，如有情况证明突发事件不可能发生或危险解除，应根据本单位预警解除流程进行预警解除，如转入应急响应状态，预警自动解除。

（3）响应启动

启动应急响应的条件一般宜包括以下内容。

①发生突发事件；

②下级突发事件扩大，升级为本级响应的突发事件；

③接到地方政府或上级部门应急联动要求。

响应程序内容一般宜包括以下内容。

①根据突发事故级别和发展态势，描述应急指挥决策机构启动、应急资源调配、应急救援、扩大应急程序；

②一般分为接警、警情判断、确定响应级别、启动响应、救援行动、事态控制、应急恢复、应急结束等步骤，应急响应程序宜以流程图的形式进行表述；

③突发事件有专项应急预案的按专项应急预案要求实施应急处置；

④突发事件在本单位无法控制时，明确向上级或政府部门应急机构请求扩大应急响应的程序和要求。

（4）应急处置措施

突发事件发生后，事发单位在做好信息报告的同时，应组织本单位应急救援队伍和工作人员采取相应的应急处置措施，明确处置原则和具体要求，主要包括以下内容。

①明确突发事件现场的警戒疏散、人员搜救、医疗救治、现场监测、技术支持、工程抢险及环境保护方面的应急处置措施，并明确人员防护的要求，杜绝盲目施救，防止事态扩大；

②明确生产现场人员的直接处置权和指挥权，在遇到险情或事故征兆时立即下达停工撤人命令，组织现场人员及时、有序撤离到安全地点，减少人员伤亡；

③明确现场总指挥的现场决策权，指挥机构会议、重大决策事项等要指定专人记录，指挥命令、会议纪要和图纸资料等要妥善保存；

④现场总指挥应组织技术专家分析并制定应急处置技术方案（措施），并批准实施；

⑤救援队伍现场指挥人员在遇到突发情况危及救援人员生命安全时有处置决定权，需迅速带领救援人员撤出危险区域并及时报告指挥机构；

⑥上级单位成立现场应急指挥机构后，由其指挥现场应急救援、处置等工作；

⑦维护事故现场秩序，保护事故现场和相关证据；

⑧明确救援暂停和终止条件。

（5）应急支援

应明确当事态无法控制情况下，向外部救援力量请求支援的程序及要求、联动程序及要求，以及外部救援力量达到后的指挥关系。

（6）响应终止

应明确应急响应调整、应急响应结束的以下基本条件和要求。

①应急结束的条件一般应满足，突发事件得以控制，导致次生、衍生事故隐患消除，环境符合有关标准，并经应急领导小组批准；

②应急结束后的相关事项应包括，向有关单位和部门上报的突发事件情况报告、应急工作总结报告等。

4）后期处置

应明确电网运行恢复、生产秩序恢复、保险理赔、恢复重建、事件调查、处置评估相关内容。

5）应急保障

（1）通信与信息保障

通信与信息保障应明确以下内容。

①明确提供应急保障的相关单位及人员通信联系方式与方法，并提供备用方案；

②明确通信及信息保障的责任部门，建立信息通信系统及维护方案。

（2）应急队伍保障

应明确应急响应的人力资源，包括应急专家、专业应急队伍、兼职应急队伍等。

（3）物资装备保障

应明确单位内应急装备和物资的类型、数量、性能、存放位置、运输及使用条件、管理责任人，及其联系方式等内容。

（4）其他保障

其他应急保障措施一般宜包括：能源保障、经费保障、交通运输保障、治安保障、技术保障、医疗保障，以及其后勤保障等保障措施。

6）综合预案附件

（1）单位概况

应明确本单位与应急处置工作相关的基本情况。应包括地理位置、单位性质、隶属关系、业务类型及范围、生产规模、从业人数、组织结构等。

（2）风险评估结果

应简述本单位风险评估结果，明确危险源及事故风险存在的位置、危害程度及影响范围，明确生产作业各类风险涉及的作业人员及伤害范围。

（3）有关部门、机构或人员的联系方式

应列出两种及以上应急联系方式，当发生变化时及时进行更新，具体要求包括以下内容。

①列出预案组织机构人员及联系方式；

②列出应急工作中需要联系的政府部门、机构联系人员及联系方式；

③列出上级单位应急联系人员及联系方式；

④列出应急救援协议单位应急联系人员及联系方式；

⑤列出下级单位应急联系人员及联系方式。

（4）应急物资装备名录或清单

应急物资装名录或清单一般宜包括以下内容。

①通用应急物资和装备名称、型号、性能、数量、存放地点、运输和使用条件、管理责任人和联系电话；

②可调用应急物资的单位名称，应急物资名称、型号、性能、数量、存放地点，单位主要负责人及联系方式；

③重要应急物资供应单位名称、物资名称及生产能力、联系人及联系方式。

（5）预案体系与衔接

应简述本企业应急预案体系构成和分级情况。

（6）规范化格式文本

应列出信息接报、预警发布/调整/解除、应急响应启动/调整/终止、信息发布等格式化文本。

（7）关键的路线、标识或图纸

关键的路线、标识或图纸一般宜包括以下内容。

①警报系统分布及覆盖范围；

②应急指挥机构位置及救援队伍行动路线；

③疏散路线、紧急疏散地点、警戒范围等标识；

④相关平面布置图、救援力量分布图等。

（8）有关协议或备忘录

应列出本单位与相关应急救援部门签订的应急救援协议或备忘录及其他有关附件。

3. 专项应急预案

专项应急预案是为应对某一种或者多种类型突发事件（分为自然灾害类、事故灾难类、公共卫生类、社会安全类4类），或者针对重要设施设备、重大危险源而制定的专项性工作方案。专项应急预案主要内容如下。

1）预案适用范围

应明确预案的适用对象、适用条件，以及与综合应急预案的关系。

2）组织机构及职责

（1）组织机构

应明确应急组织机构以及各成员单位、各成员部门或人员的具体职责，宜以图示的形式明确本单位的专项应急组织机构。

（2）应急救援工作组

按照单位类型、规模及突发事件特点，结合工作实际，可设置相应的应急救援工作组，并明确各工作组的设置及人员构成、主要工作职责。应急救援工作组一般宜包括：现场救援组、后勤保障组、善后处理组、事故调查组等。

3）监测与预警

（1）风险监测

风险监测应明确以下内容。

①风险监测的责任部门或人员；

②风险监测的方法、监测范围和监测频次；

③预警信息收集渠道及责任部门或人员；

④风险监测及预警信息的报告程序。

（2）预警发布与预警行动

针对可实施预警的突发事件，应明确以下内容。

①根据实际需要进行预警分级；

②明确预警的发布程序和相关要求；

③明确预警发布后,应根据不同的预警级别,启动如下应对程序和措施:接到预警信息时组织分析、研判事件的紧急程度和发展态势;传达预警指令;做好应急响应准备;跟踪报告事件应急处置动态;事件发展至响应条件时启动应急响应。

(3)预警调整和结束

应明确调整预警级别和结束预警状态的条件、程序。

4)响应启动

(1)响应分级

应依据综合应急预案明确的应急响应分级原则,结合本单位控制事态和应急处置能力,明确响应分级标准、应急响应责任主体及联动单位和部门。

(2)响应程序

针对不同级别的响应,应分别明确下列内容,并附以流程图,其中应具有以下内容。

①响应启动

批准、宣布响应启动的责任者、方式、流程等。

②响应行动

包括召开应急会议、派出前线指挥人员、组建应急处置工作小组、资源协调等。可结合突发事件实际情况,不同类型、不同层级的单位可依据应急组织机构及职责的有关要求,成立满足应急实际需求的应急处置工作小组,不必完全对应上级单位或者应急预案中列明的所有应急处置工作小组,对于某些已成既定事实、不具有持续性且不会产生次生、衍生的突发事件,可简化应急处置工作小组构成。

③上下级联动

据突发事件发展变化情况,上级单位向下级单位派出现场工作组,开展技术指导、联络协调等工作。当在事态无法控制情况下,向外部救援力量请求支援的程序及要求。

④信息上报

明确向上级单位、政府有关部门及能源监管机构进行应急工作信息报告的格式、内容、时限和责任部门等。

⑤信息公开

明确对外发布突发事件信息的责任部门及责任岗位、方式、流程等。

⑥后勤及财力保障工作

明确应急响应期间的后勤及财力保障责任部门和责任岗位。

5)措施

(1)先期处置

应明确突发事件发生后现场人员的即时避险、救治、控制事态发展,隔离危险源等紧急处置措施。

（2）应急处置

应针对本专项预案可能发生的事故风险、危害程度和影响范围，根据事件的级别和发展势态，制定相应的应急处置措施，明确处置原则和具体要求。

6）附件

（1）联系方式

应结合专项应急预案实际，列出3种及以上应急联系方式，当发生变化时及时进行更新，主要包括以下内容。

①专项应急预案应急组织机构、人员及联系方式；

②应急工作中需要联系的政府部门、机构联系人员及联系方式；

③应急救援协议单位应急联系人员及联系方式。

（2）应急物资储备清单

应急物资储备清单一般宜包括本专项应急预案涉及的重要应急装备和物资的名称、型号、数量、存放地点和管理人员联系方式等。

（3）关键的路线、标识和图纸

应结合专项应急预案实际，列出关键的路线、标识和图纸，主要包括：

①警报系统分布及覆盖范围；

②应急指挥位置及应急队伍行动路线；

③人员疏散路线、重要地点等标识；

④相关平面布置图纸、应急力量分布图纸等。

（4）相关应急预案名录

应列出与本预案直接相关或相衔接的应急预案名称。

4. 现场处置方案

现场处置方案针对特定的场所、设备设施、岗位及典型的突发事件，制定的处置措施和主要流程，主要内容如下：

1）风险及危害程度分析

风险及危害程度分析应包括以下内容。

（1）突发事件类型；

（2）突发事件发生的区域、地点或设备设施的名称；

（3）突发事件可能发生的季节、时间、危害严重程度及其影响范围；

（4）可能出现的征兆；

（5）可能引发的次生、衍生事故。

2）工作职责

应根据现场工作岗位、组织形式及人员构成，明确各岗位人员的应急工作分工和职责。

3）应急处置

（1）现场应急处置程序

应根据可能发生的事故及现场情况，明确事故报警、自救互救、初期处置、警戒疏散、各项应急措施启动、应急救护人员引导、事故扩大及与相关应急预案相衔接的程序。

（2）现场应急处置措施

应针对可能发生的单位各类突发事件，从人员救护、工艺操作、事故控制、现场恢复等方面制定明确的应急处置措施。

4）注意事项

注意事项应包括以下内容。

（1）佩戴个人防护器具方面的注意事项；

（2）使用抢险救援器材方面的注意事项；

（3）采取救援对策或措施方面的注意事项；

（4）现场自救和互救注意事项；

（5）现场应急处置能力确认和人员安全防护等注意事项；

（6）应急救援结束后的注意事项；

（7）其他需要特别警示的事项。

需要注意的是，城市电力设施应急预案需要根据当地的实际情况和灾害风险进行制定，会因地区、规模和特殊需求有所差异。预案的制定应充分考虑各种可能的电力设施突发情况和灾害，并根据实际情况制定相应的应急措施和应对方案。同时，应急预案应定期进行演练和评估，不断完善和更新，以确保其可行和有效。

5. 应急资源保障

城市电力设施应急资源是指为防范电力突发事件影响，满足短时间恢复供电需要的应急人员、电力设施抢修设备材料、应急抢修工器具、应急救灾物资及装备、劳动保护用具等。主要包括以下内容。

1）应急救援队伍

（1）应急抢修队伍

调查应急抢修队伍人数、专业与应急抢修能力。

（2）应急基干队伍

调查电力应急基干队伍人数与应急救援能力。

（3）应急专家队伍

调查电力应急专家，主要包括专家单位、人数、专业等信息。

（4）应急救援队伍

调查单位周边政府救援队伍、社会救援队伍等。

2）应急物资

调查可用于电力突发事件应急救援过程的后勤保障、医疗防疫、抢修等物资，以及应急物资储存仓库的位置、管理人员等。应急物资主要包括以下内容。

（1）后勤保障类

用于应急救援过程中人员生活后勤的物资。

（2）医疗防疫类

用于应急救援过程中医疗救助与消杀防疫的物资。

（3）抢修类

用于电网应急抢修的物资。

（4）仓库类

用于存放电力设施抢修的备品配件、材料等物资和物资仓储分布位置及联系人清册。

3）应急装备

调查可用于电力突发事件应急救援的基础装备的种类、数量，以及应急装备储存仓库的位置、管理人员等。主要包括以下10种。

（1）应急电源类

用于应急救援过程中提供电力的装备。

（2）应急照明类

用于应急救援过程中提供现场照明的装备。

（3）应急通信类

用于应急救援过程中通信的装备。

（4）车辆类

用于应急救援的人员运输、物资运输车辆，以及相关的配件、工具箱等。

（5）医疗救护类

用于生命救助的装备。

（6）抢修类

用于应急抢修的装备。

（7）保障类

用于应急救援保障的装备。

（8）单兵装备类

用于个人防护、生存、救援、逃生类的装备。

（9）特种装备类

用于自然灾害、事故灾难、公共卫生、社会安全等应急救援的特种装备。

（10）其他

其他用于应急救援的装备。

2.4.2　应急演练与能力培训

城市电力设施应急演练是为了提高应急响应能力和检验应急预案的有效性而进行的一系列实践活动。下面是城市电力设施应急演练的一般步骤。

1. 应急演练

1）演练准备

（1）成立演练组织机构

应成立演练领导小组以及策划导调、技术支持、综合保障、演练评估等工作小组。其他类型演练可根据演练规模、演练场景等实际情况对组织机构进行调整。工作组可由第三方专业机构进行支撑。

①演练领导小组

负责应急演练活动全过程的组织领导，组织开展应急演练筹备和实施工作，审定演练方案、演练经费及演练评估报告，综合协调演练重大事项。

②策划导调组

负责演练方案、脚本、手册等资料准备，负责演练活动筹备、演练进程控制、参演人员调度等演练导调工作。

③技术支持组

负责编制技术支撑方案，保证演练时实时视频互联互通、现场通信设备正常运行，负责演练所需音视频、PPT、道具等制作。

④综合保障组

负责编制综合保障方案，落实演练经费安排，负责物资器材、场地布置、安全保卫、新闻宣传、会务服务等工作。

⑤演练评估组

负责编制演练评估表，对演练准备、实施等全过程进行评估，负责演练结束后对演练过程、参演人员表现等现场点评，负责总结评估报告编制。

（2）演练科目设置

应急演练科目应结合电网企业生产实际，可设置以下科目。

①指挥协调科目应包括应急会商、应急值守、现场指导、信息报送、跨区支援等内容；

②调度处置科目应包括电网运行方式调整、备用调度启动、电网黑启动等内容；

③人员救治科目应包括触电急救、高空救援、有限空间救援、野外搜救等内容；

④设备抢修科目应包括抢修队伍调配、输配电设备修复、变电设备修复、通信设备修复、信息系统修复、抢修现场安全监督等内容；

⑤用户服务科目应包括停电信息告知、用户安抚、用户设备抢修等内容；

⑥电力支援科目应包括应急发电设备调配、应急发电设备接入、应急照明等内容；

⑦舆情引导科目应包括舆情监测、信息发布、新闻发布会等内容；

⑧火灾消防科目应包括变电设备消防、电缆隧道（沟）消防、输电设备消防、信息机房消防、办公大楼消防等内容；

⑨卫生防疫科目应包括感染源隔离、场所消杀、食物中毒处置等内容；

⑩安保防恐科目应包括群体事件处置、变电站防恐、办公场所防恐等内容；

⑪政企联动科目应包括联合会商、供电保障等内容；

⑫支撑保障科目应包括应急指挥中心启动、应急通信、物资调配、后勤保障等内容。

2）演练资料准备

（1）演练资料应包括：演练方案、演练脚本、演练手册、技术支撑方案、综合保障方案、演练评估方案等。其他类型演练或基层班组演练的资料准备工作可适当简化。

（2）演练方案应包括：演练目的应描述演练所涉及应急预案，以及检验应急准备和应急能力的具体内容；演练方式应描述正式演练的具体日期或时间范围、举办地点、形式和实施方式；演练组织机构应描述演练组织机构的具体组成，领导小组及各工作组的具体分工；演练场景设计应结合电网运行特点、突发事件特性、应急能力等进行设计；演练科目应描述演练的科目及具体内容；参演单位及人员应根据演练科目，确定参演单位、部门及人员；计划安排应明确演练准备的主要环节，确定具体的计划安排和时间节点；演练资金预算应明确演练素材制作、场地布置、通信保障、材料打印、技术支持服务等方面预算；联系方式应当明确演练组织机构、参演单位、技术支持等单位联系人及联系方式。

（3）演练脚本宜采用表格形式，主要内容应包括：演练环节应根据所演练预案确定，可包括预警、响应启动、响应结束等环节；演练具体场景应详细描述各环节或科目所面对的突发事件场景；处置行动及执行人员应描述对演练模拟突发事件场景采取的处置行动及相关执行人员；指令、对白及时间安排应描述应急指挥命令、应急会商、协调联动、信息报送等相关对白，明确指令、对白等时间安排；演练素材接入应明确演练素材的接入形式、时间等；解说词应表述演练的总体背景、演练场景、处置效果及处置进程等。

（4）演练手册应包括：目的、意义、概况、时间、地点、参演单位、会场布置、日程安排、联系方式、注意事项等内容。

（5）技术支撑方案应根据演练规模和实际需求制定，可包含：视频会议系统保障；导调设备保障；4G、5G实时视频保障；卫星通信等应急通信保障；音、视频素材制定要求及相关分脚本；应急演练辅助系统保障。

（6）综合保障方案应从演练经费、物资装备、场地、安全、应急、宣传、会务等方面制定，可包含：经费保障应明确演练工作经费及承担单位；物资装备保障应明确需准备的演练物资和应急装备；场地保障应明确演练所需场地，按照演练活动需要进行场地布置，场地可包括应急指挥中心、调度控制中心、会议室、变电站（换流站）、输配电线路现场、信息机房等。在生产场所开展的演练，应尽量避免影响正常的生产活动；安全保障应明确必要的安全防护措施，确保参演、观摩人员及演练过程中人身、电网、设备、网络、消防、交通等安全；应急保障应预想演练中可能发生的意外情况，明确应急处置措施及责任单位（部门），明确演练中止条件和程序；宣传保障应明确宣传方式、途径、任务分工及技术支持措施；会务保障应明确交通、食宿、会议服务等保障措施。

演练评估方案应包含以下内容：演练概况应描述应急演练目的、场景描述、应急行动与应对措施简介等；评估内容应包括应急演练组织、准备、实施及成效评估；评估标准应包括各环节应达到的目标评判标准；评估程序应描述演练评估的主要步骤及任务分工。

（7）演练方案执行

各工作组应按照演练方案、技术支撑方案、综合保障方案开展演练准备工作。

（8）演练素材制作

技术支持组应按照相关方案，开展演练引导片、突发事件场景视频、处置效果视频等音视频制作，准备临时杆塔、模拟人、烟雾等演练道具。

（9）人员标识

参演人员应根据应急演练中承担任务类型不同，穿着不同颜色的马甲，区分演练角色："藏青色"为指挥员，"黄色"为处置人员，"蓝色"为观摩人员，"红色"导调员，"白色"为技术保障人员，"绿色"为评估人员。

（10）演练场地布置

演练场地应包括应急会商、现场处置、新闻发布等场地，场地布置应注意以下内容。

①应急会商场地布置应根据演练规模和需求，结合实际演练场所的条件，提前布置所需的设备设施，如麦克风、电话、传真、投影仪、打印机、视频会商系统、显示大屏等；

②现场处置场地布置应按照演练的科目与内容，准备演练所需的输电、变电、配电设备设施抢修物资，应急指挥车，应急发电机（车），应急照明装备，运输车辆，现场指挥部帐篷，烟雾和泄漏等事故模拟装置，视频采集传输装备，显示大屏等器材、设备或装置；

③新闻发布场地应根据新闻发布场景，布置发布席、语音系统、记者座席等。

（11）预演

综合演练或示范性演练准备阶段应开展预演，可采取会议讨论、分项演练、全项目演练的顺序依次进行预演。

3）演练实施

（1）人员分工

①参演人员应包括演练指挥人员和应急处置人员。演练指挥人员可根据需要设演练总

指挥、副总指挥、指挥长、副指挥长等；应急处置人员可根据需要设现场指挥官、处置救援队长、处置救援队员等。

②控制人员应包括导调人员、技术保障人员和评估人员。导调人员应由策划导调组人员组成，应根据演练脚本和参演人员处置情况，组织技术保障人员推送演练场景，控制演练进展。综合演练中应设置总导调和若干现场导调；技术保障人员由技术支持组和综合保障组人员组成，应根据导调人员的指令，推送视频、图片、PPT等演练场景材料，保证视频导调、电视电话会议等系统正常运行，记录演练过程，开展会务、安保等保障；评估人员由演练评估组人员组成，应对参演人员表现进行评估。如演练在运行设备上开展时，评估人员应兼任现场安全监督工作。

③受邀人员可包括评估专家和观摩人员、评估专家应对演练准备和实施过程、参演人员处置表现进行综合评估；观摩人员可通过现场观摩、实况转播等方式进行观摩并可参与演练评估。

演练人员组成及分工可根据演练类型、演练规模、事件场景等实际情况进行适当调整。

（2）实施步骤

演练实施步骤应包括现场检查、演练启动、演练执行、演练终止、演练结束、现场点评等环节。其他类型演练可根据实际对演练步骤及工作内容进行调整。

（3）实施要求

现场检查：导调人员应在正式演练开始前，确认演练所需的设备、设施、物资、装备、演练材料及参演人员是否到位，对保障演练的安全措施和应急措施检查确认，确认所有会议、视频、通信等系统运行正常。

演练启动：导调人员可在正式演练开始前，简要介绍演练的目的和意义，参演单位及人员、主要受邀人员，演练的形式和规则，主要演练内容和注意事项，播放演练引导片。演练启动应由演练总指挥宣布。

演练执行应包括以下内容。

①信息注入应由导调人员按照演练脚本通过多媒体文件、沙盘、消息单等形式，或通过对讲机、电话、手机、传真、辅助系统等方式，向参演人员展示演练场景，展现突发事件发生、发展过程；

②分析决策应由指挥人员根据演练场景，结合相关应急预案等文件，开展会商、分析、研判和决策，发布相关处置指令；

③执行任务应由应急处置人员根据处置指令，按照发生真实突发事件时的应急处置程序，采取相应的应急处置行动，应对控制突发事件及其影响；

④信息反馈应由导调人员按照应急演练方案规定程序，对参演人员应急指挥决策以及应急处置的成效，做出信息反馈，根据脚本推送新的演练场景信息，推动应急演练有序进

行。评估人员可对演练情况进行简要讲解、指导或点评；

⑤过程控制应由导调人员在应急演练过程中随时掌握演练进展情况，调度参演人员完成各项演练科目，并向演练总指挥报告演练中出现的各种问题；

⑥演练记录应由技术保障人员跟踪参演人员的处置情况，采取文字、照片和影像手段记录演练过程。

演练实施过程中出现下列情况，应由演练总指挥确定是否中止演练。

①当发生真实突发事件。需要参演人员参与应急处置时，应中止演练，参演人员迅速回归其工作岗位，开展应急处置；

②出现特殊或意外情况。导调人员可调整或干预演练，若短时间内不能妥善处理或解决时，应中止演练。

完成各项演练科目后，应由演练总指挥宣布演练结束。导调人员应进行参演人员清点，技术保障人员应进行演练现场整理。

在演练的一个科目或全部演练结束后，应由评估专家在演练现场进行讲评和总结。主要观摩人员、参演人员、导调人员等可参与演练点评。

4）评估总结

（1）演练评估

演练评估组调取查阅演练准备过程文档资料、现场文字和音视频记录、现场点评结果、应急预案等材料，对演练组织、准备、实施等环节进行全过程评估，形成演练评估报告。演练评估报告应包括：演练基本情况和特点、演练主要收获和经验、暴露问题和原因分析、经验和教训、应急预案修订意见、其他应急准备工作改进建议等。

（2）演练总结

应急演练结束后，参演单位应根据演练评估报告等对演练进行全面总结，并形成演练总结报告。演练总结报告内容应包括以下内容。

①应急演练的基本情况和特点；

②应急演练的主要收获和经验；

③应急演练中存在的问题及原因；

④对应急演练组织和保障等方面的改进意见；

⑤对应急预案完善的改进建议；

⑥对应急物资装备管理的改进建议；

⑦对应急准备工作的改进建议。

5）资料归档

应急演练活动结束后，参演单位应将应急演练方案、演练脚本、演练评估报告、演练总结报告等文字资料，以及记录演练实施过程的相关图片、视频、音频等资料进行归档保存。

2. 应急培训

电力安全应急培训内容由安全应急知识、技能与能力、职业素养 3 部分组成。主要有以下方面。

1）安全应急知识

（1）安全应急法律法规知识

主要包括电力突发事件安全应急方面的现行法律法规、部门规章、指导性文件，以及相关地方性法规等。

（2）安全应急管理专业知识

主要包括应急发展历程与现行体制、安全应急概念与理论、相关技术标准，以及相关公司、组织的管理制度、发展规划、安全条例、应急预案、应急资源、信息报送等方面。

（3）应急处置经典案例

包括事件经过、关键处置环节、典型经验与做法等不同类型电力突发事件应急处置实战案例。

2）技能与能力

（1）指挥协调

主要包括现场指挥、应急资源统筹分配、应急信息平台运用、任务分派与执行等方面。电力突发事件安全应急管理人员应熟悉本单位体系中应急平台的架构、体系与功能，熟悉相关应急产业的领先技术，能够熟练应用先进的综合应急管理信息平台；应能够明确所需要的应急资源种类、数量与质量，并实现辖区内或组织间的资源调度与分配；应熟知各个部门与岗位的职能与职责，确保工作合理分配，同时明确任务目标，并进行监督与反馈。

（2）现场处置

主要包括方案制定与辅助决策、风险认知与危机意识、信息收集与传递能力、快速反应能力。电力突发事件安全应急管理人员应能够根据事态发展综合现有各种资源，拟定具有优先级次序、替代性的多种应急方案；应具备较高的风险认知与危机意识，能够预测、意识到并采取措施缓和不安全的形势；应能够及时收集、整理、更新、应用与传递与危机态势相关的信息；应具备迅速作出决策和采取应变行动的能力以应对突然的突发事件和现场情况的急剧变化。

（3）交流沟通

主要包括有效交流、多主体沟通、工作目标正确理解、信息发布、反馈调整。电力突发事件安全应急管理人员应熟悉媒体运作规律，具备临场应变能力和突发事件新闻处置能力；应熟悉群体性心理，掌握群体性事件中公众沟通方法，确保政府、企业、媒体、公众等多主体共同参与并充分沟通；应在职能范围内和相关指令下相互交流工作目标，确保各部门都能正确理解与执行工作目标，并能够在政策执行过程中做到及时反馈，实现及时纠偏、调整与控制。

3）职业素养

（1）政治素养

主要包括相关指导文件、相关政策、党性原则。电力突发事件安全应急管理人员应具备较高的政治素养，主动学习有关政策文件，具有科学精神、坚持原则和客观标准。

（2）责任意识

主要包括使命感与担当精神，应在事前时刻关注风险点情况，控制措施落实情况，增强风险意识。电力突发事件安全应急管理人员应能够有效识别辖区内风险点数量与分布，通过制度、技术等措施进行监控与排查；在突发事件处置结束后，应及时开展总结评估，跟进漏洞修补工作，不断增强责任意识。

（3）心理、身体素质

主要包括情绪自控能力、抗挫折能力、快速适应能力，以及充足的体力，保证指挥工作不因指挥官自身原因而中断。电力突发事件安全应急管理人员应具备良好的心理素质，稳定的情绪自控能力，需在高压情境下保持客观与清晰的逻辑思维；应能够迅速适应现场多变的环境，快速投入到处置与救援工作中；应具备较好的身体素质，能够胜任本岗位的工作任务与工作强度。

2.4.3 应急救援与评估

电力设施发生突发事件或灾害时，为保障人员生命安全、设备运行稳定和供电可靠，应采取相应的紧急措施和救援行动。下面是电力设施应急救援的一般步骤和措施。

1. 灾害预警和信息收集

建立灾害预警系统，及时收集和分析灾害信息，预判灾害风险，并通知相关部门和人员做好应急准备。

2. 应急响应和调度

启动应急响应机制，成立应急指挥中心，对灾害情况进行全面评估，调度应急救援队伍和资源，协调各方面的应急工作。

3. 人员疏散和安全防护

根据灾害情况和危险程度，及时疏散人员，确保人员的生命安全，组织相关人员进入安全区域，并做好必要的安全防护措施。

4. 电力设施检修和维护

组织专业人员进行设备检修和维护，尽快恢复电力设施正常运行，确保供电的可靠和稳定。

5. 通信和信息传递

建立应急通信系统，确保与各方面的信息传递和沟通畅通，及时向相关部门、人员提供灾害情况和救援进展的信息。

6. 物资调配和供应

根据灾害情况和救援需求，调配应急物资，包括燃料、食品、饮用水、应急药品等，确保救援人员和受灾群众的基本生活需求。

7. 应急救援队伍和专业人员

组织应急救援队伍和专业人员，包括电力设备维修人员、应急救援人员等，提供专业的技术支持和救援能力。

8. 救援和抢修工作

根据灾害情况和救援需求，组织救援和抢修工作，包括设备的维修和恢复、电力设施的修复等，恢复供电和电力设施的正常运行。

9. 灾后评估和总结

在灾害救援工作结束后，进行灾后评估和总结，及时分析救援工作的效果和不足之处，为今后的应急救援工作提供经验和教训。

10. 后续工作和重建

在救援和抢修工作结束后，进行后续工作和重建，包括设备的更新和加固、应急预案的修订和完善等，提高电力设施的抗灾能力和应急响应能力。

电力设施应急救援是一个复杂而重要的工作，需要各个部门和机构的紧密合作和协调配合，以确保救援工作的高效进行。同时，还需要不断加强应急救援队伍和专业人员的培训和能力提升，提前做好灾害应对的准备工作，提高电力设施的应急响应能力和抗灾能力。此外，要加强与社区和居民的沟通和宣传工作，提高公众的应急意识和自救能力，共同参与灾害应急救援工作，实现社会安全和稳定供电。

电力设施应急救援评估主要包括以下 9 个方面。

1. 救援行动的效果评估

评估救援行动对电力设施的修复和恢复工作的效果，包括设备的修复程度、供电的恢复时间等。评估救援行动是否能够及时有效地恢复电力设施的正常运行，以及是否达到预期的效果。

2. 救援队伍和人员的表现评估

评估救援队伍和人员在应急救援工作中的表现，包括救援队伍和人员的组织协调能力、专业知识和技能水平等。评估救援队伍和人员是否能够根据应急情况迅速反应并采取正确的救援措施。

3. 应急预案的有效性评估

评估应急预案在实际救援工作中的有效性，包括预案的完备性、针对性和可操作性等。

评估应急预案是否能够应对不同类型和规模的电力设施突发事件，以及在实际救援工作中是否能够发挥作用。

4. 救援资源的利用评估

评估救援资源的利用情况，包括物资的调配和供应、人员的分配和协同等。评估救援资源是否能够合理利用，满足救援工作的需求，以及是否能够高效协同工作，提高救援效率。

5. 救援过程中的问题和不足评估

评估救援过程中出现的问题和不足，包括救援工作中的漏洞、配合的不足和协调、资源调配不合理等。评估问题的根源和影响，提出改进措施和建议，以便在下次救援工作中能够避免类似问题的发生。

6. 救援响应时间和效率评估

评估救援响应时间和效率，包括应急响应的启动时间、救援队伍的到达时间、救援工作的进展速度等。评估救援响应的迅速性和高效性，以及是否能够在最短的时间内恢复电力设施的正常运行。

7. 救援工作的成本评估

评估救援工作的成本，包括物资和人力资源的投入、设备设施的维护和修复成本等。评估救援工作的经济效益，以及是否能够合理利用资源，降低救援成本。

8. 救援工作的社会影响评估

评估救援工作对社会的影响，包括救援工作的公众形象、社会反响和舆论评价等。

9. 救援工作的持续改进评估

评估救援工作的持续改进情况，包括救援工作的改进措施是否得到有效落实、救援队伍和人员的能力和素质是否得到提升等。评估救援工作的改进效果和成果，以及是否能够不断提高电力设施的应急救援能力和效果。

通过对电力设施应急救援的评估，可以全面了解救援工作的情况和效果，发现问题并及时改进，提高应急救援的能力和效果，以保障电力设施的安全稳定运行。评估结果还可以为今后的应急救援工作提供经验和教训，进一步完善应急预案和措施。

2.5 城市电力设施安全管理评价与监督

2.5.1 安全管理评价

城市电力设施安全管理评价的工作流程可分为以下步骤。

1. 确定评价目标

明确评价的目标和范围,包括评价的电力设施类型、评价的安全管理方面和要评价的指标。

2. 收集相关信息

收集和整理相关的电力设施安全管理文件、报告、记录和数据,包括安全管理制度、规范,安全检查报告,安全事故记录等。

3. 制定评价方案

根据评价目标和收集到的信息,制定评价的具体方案,包括评价的方法、指标和时间计划。

4. 实施评价

按照评价方案进行评价工作,包括对电力设施安全管理文件和报告的审核、对安全检查和事故记录的分析、对安全管理人员的访谈和调查等。

5. 数据分析和结果评估

对收集到的数据进行统计和分析,评估电力设施安全管理的情况和效果,并结合评价的指标和标准进行综合评价。

6. 提出改进建议

根据评估结果,提出改进安全管理的建议和措施,包括完善安全管理制度和规范、加强安全培训和教育、改进安全监测和检查等方面的建议。

7. 编写评价报告

将评估过程、评估结果和评价报告,提供给相关部门和管理单位。

8. 反馈和落实

将评价报告反馈给相关部门和管理单位,与他们进行沟通和讨论,达成共识并制定相应的改进措施。

9. 实施改进措施

根据评价报告中的建议和措施,相关部门和管理单位需要及时制定和实施相应的改进措施,包括修订安全管理制度和规范、加强安全培训和教育、改进安全监测和检查等。

10. 监督和评估改进效果

定期监督和评估改进措施的实施效果,包括对改进措施的落实情况进行检查和评估,确保改进措施能够有效地提高城市电力设施的安全管理水平。

11. 持续改进

根据监督和评估结果,及时调整和改进评价方案和评价指标,以及改进措施,不断提高评价工作的科学性和有效性。

12. 审核和复核

定期对评价工作进行审核和复核，确保评价工作的准确和可靠。

13. 汇报和交流

定期向相关部门和管理单位汇报评价工作的进展和结果，与他们进行经验交流和分享，促进安全管理的共同提升。

通过以上的工作流程，可以全面评估城市电力设施的安全管理情况，发现存在的问题和不足，并提出改进措施，以进一步提高城市电力设施的安全性和可靠性。评价工作的持续性和及时性非常重要，可以帮助相关部门和管理单位及时发现和解决问题，保障城市电力设施的安全运行。

城市电力设施安全管理评价内容主要包括以下 10 个方面：

1. 安全管理制度和规范

评价城市电力设施安全管理制度和规范的完备性和实施情况，包括是否建立了明确的安全管理制度和相关规范，是否能够全面覆盖电力设施的各个环节和工作流程。

2. 安全管理组织机构

评价城市电力设施安全管理的组织机构和人员配置情况，包括是否建立了专门的安全管理部门或机构，是否有专职或兼职的安全管理人员，以及其职责和工作职能。

3. 安全风险评估和预防控制

评价城市电力设施安全风险评估和预防控制措施的有效性，包括是否对电力设施的安全风险进行了全面评估，是否采取了相应的预防控制措施，以及是否能够及时发现和处理安全隐患。

4. 安全培训和教育

评价城市电力设施安全培训和教育的情况和效果，包括是否开展了相关的安全培训和教育活动，是否能够提高从业人员的安全意识和安全技能，以及是否定期组织安全演练和应急演练。

5. 安全监测和检查

评价城市电力设施安全监测和检查的覆盖范围和频率，包括是否建立了完善的安全监测和检查机制，是否对电力设施进行了定期的安全检查。

6. 事故应急管理

评价城市电力设施事故应急管理的能力和措施，包括是否建立了应急预案和应急响应机制，是否能够快速响应和处置电力设施事故，以及是否进行了事故后的评估和总结，以便改进应急管理措施。

7. 安全监督和评估

评价城市电力设施安全监督和评估的机制和效果，包括是否建立了独立的安全监督机构或部门，是否进行了定期的安全评估和监督检查，以及是否能够及时发现和处理安全问题。

8. 安全记录和信息管理

评价城市电力设施安全记录和信息管理的情况，包括是否建立了完善的安全记录和信息管理系统，是否能够及时记录和整理安全事件和事故的相关信息，以及是否能够对安全事件和事故进行分析和研究。

9. 安全文化建设

评价城市电力设施安全文化建设的情况和效果，包括是否进行了安全文化宣传和教育活动，是否能够营造良好的安全氛围，以及是否能够形成全员参与、共同关注安全的良好习惯和行为。

10. 安全投入和资源保障

评价城市电力设施安全管理的投入和资源保障情况，包括是否有足够的人力、物力和财力投入到安全管理工作中，以及是否能够保障安全管理工作的顺利进行。

通过对城市电力设施安全管理的评价，可以及时发现安全管理中存在的漏洞和不足，并提出改进措施和建议，提高城市电力设施安全性。评价结果还可以为相关部门提供参考，制定更加科学和有效的安全管理政策和措施，保障城市电力设施的安全运行和供电可靠性。

2.5.2 监督与改进

通过开展电力设施监督检查，可以及时发现和解决电力设施存在的问题和隐患，提高电力设施安全性和可靠性的主要流程可以分为以下10个步骤。

1. 确定监督检查目标和范围

明确检查的目标和范围，包括要检查的电力设施类型、内容和时间计划。

2. 制定检查计划

根据监督检查目标和范围，制定具体的检查计划，包括检查的时间、地点、内容和方法。

3. 确定检查人员和检查工具

确定参与检查的人员，包括主检查员和辅助检查员，确保检查人员具备相关的专业知识和技能。同时，准备好所需的检查工具和仪器设备，以便进行检查。

4. 实施现场检查

按照检查计划，到达检查现场，对电力设施进行实地检查。检查的内容可以包括设备的完好性和运行状况，设备的安全保护措施是否到位，设施的接地和绝缘情况，设施的标识是否清晰等方面。

5. 记录检查情况

在现场检查过程中，记录检查的情况和发现的问题，包括检查的时间、地点、内容、发现的问题和存在的隐患等，并拍摄照片或视频作为证据。

6. 提出整改要求

根据检查情况和发现的问题，向被检查单位提出整改要求，明确整改的内容、时限和责任人。

7. 确认整改情况

对被检查单位的整改情况进行核查，确保整改措施的有效性和及时性。

8. 撰写检查报告

根据检查的结果和整改情况，撰写检查报告，详细记录检查的过程、发现的问题和整改要求等内容。报告应包括被检查单位的基本信息、检查的具体内容、发现的问题和整改要求、整改的期限和责任人等。

9. 反馈和沟通

将检查报告反馈给被检查单位，解释检查结果和整改要求，并就整改措施进行讨论和协商。

10. 监督和跟踪整改

对被检查单位的整改情况进行监督和跟踪，确保整改措施的有效落实。可以通过定期检查或电话追踪等方式进行监督，对整改情况进行记录和评估。

第 3 章

城市电力设施风险识别与评估

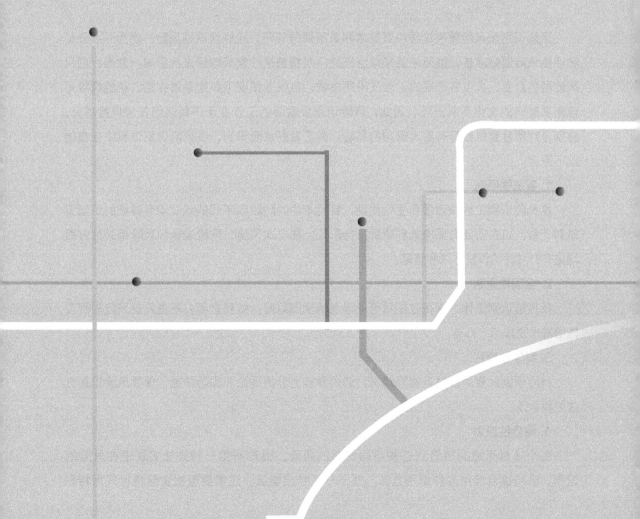

3.1 风险识别及方法

风险识别是运用各种分析、判断、归纳等方法对现实的和潜在的风险进行鉴别的过程。风险识别集中体现了人们对客观风险的认知能力和主观因素的调控能力,决定了风险态度和风险决策。

3.1.1 风险识别准则

风险识别是风险管控过程中最基本和最重要的环节,正确地识别风险,能为后续分析和评估风险做好准备,进而才能采取合理的应对措施来控制风险带来的影响。然而,项目风险种类众多,来自各个层面,涉及不同领域,且很多情况下风险是潜在的,新的风险可能随着时间的变化不断出现。因此,风险识别最重要的工作在于不能遗漏任何风险单元,特别是对项目整体目标有重大影响的风险。为了做好风险识别,在风险识别过程中应遵循以下原则。

1. 系统性原则

指风险识别工作按照项目生命周期,针对不同的阶段和不同的状况均有详细的识别策略和计划,如在项目前期决策和项目执行阶段,在二次风险、风险残留和风险相关性方面均应有针对性的识别方法和策略。

2. 全面性原则

指风险识别工作力求覆盖项目可能涉及的全部风险,做到全面、不遗漏是风险识别工作的基本要求。

3. 科学性原则

风险识别时要尽量贴近实际情况,必须要有充分的理论和实际依据,保障风险识别方法的科学性。

4. 综合性原则

每个项目可能同时遇到各种不同性质的风险,很难利用一种方法实现潜在风险的识别,必须综合运用多种识别方法。对于一些特定情况,还需要根据实际情况采用特别的识别方法。例如，对于不熟悉的领域，单位或企业应该寻求专业机构的帮助来识别风险；对于一些影响较大的潜在风险，还要采取不同方法组合识别，以期透彻地掌握风险状况。

5. 动态持续原则

风险是动态的，对风险的识别也应该是动态的、持续的过程。在项目的整个生命周期中，在初期全面的大规模的风险识别工作完成后，一方面应该动态监控已经识别风险的变化，并分析这些变化的性质和影响，另一方面还要随时监控新产生的风险。必须制定一个连续的风险识别计划。

3.1.2 风险识别流程

风险识别流程，是人们对存在于外界环境中的各种事物进行辨别和判断，确定其可能的风险，并由此而表现出各种风险态度的过程。风险识别表现了人们对风险要素感知的能力，反映了人们处置风险的信心。对风险识别过程的研究有助于风险分析、风险评估、风险管理等工作，并制约有关风险管理的相关法规、政策、标准的制定。

风险识别的过程是人们的主观认识和客观风险实际相结合的过程。客观存在的风险根源，外在表现为不同类型的风险因素，即可能造成不同的风险事故和风险损失等风险要素。人们受状态因素和心理因素的影响，会以不同的深度和广度感知这些客观风险，采取不同的风险态度和风险决策。

风险识别工作应以动态风险识别为主线，以静态风险识别为手段，在项目进行的每个阶段都应根据本阶段所获得的信息对风险进行连续的、不断深入的识别。具体流程如下：

1）将项目过程的每一个环节连接起来，构成风险识别的主线；
2）将关键环节分成若干关键部分；
3）采用合适的方法识别各部分的风险；
4）列出各部分风险的产生原因、表现特点及预期后果；
5）形成风险清单或风险指标体系。

3.1.3 风险因素之间的相互作用

多数情况下，风险因素会相互影响，按照自然和社会的特有属性进行重新组合与连接，形成一个系统性连锁反应链条。这些因素既有单独影响，也有交互作用。在高度不确定性的情境下，它们之间很容易形成风险链条，产生耦合、振荡和叠加等联合效应。

耦合性描述的是事物间的依赖关系及程度。通俗来讲，两个事物之间如果存在一种相互作用、相互影响的关系即是耦合关系。风险的耦合性是指风险关联链中多种风险之间存在明确的相互影响和相互驱动。在社会科学研究领域，风险因素之间的耦合按程度可以分为松散耦合与紧密耦合两种形态。紧密耦合又称之为直接耦合，风险因素之间直接关联，中间缺少冗余和缓冲，非常容易产生"一损俱损"效应；松散耦合则是一种非直接耦合关联，一个风险因素想要波及或者引发另一个风险因素，中间环节较多，两者之间需要其他介质联系才可能产生作用，切断其中的一些中间环节则可以有效避免风险级联结果的发生。

在关键节点上突破风险防线的各类行为及交互作用称之为风险振荡。第一个风险振荡发生在风险链条的前端。第二个风险振荡发生在延时风险到人传人的时空加速阶段，它是"预警不及时和减少防护"这两个行为的联合效应。第三个风险振荡效应发生在风险链条的后半段。

风险叠加效应指在风险主链条上，因新的多重社会性风险因素的加入，让整个风险链条的复杂性增加、风险破坏力量变大、风险传导速度加快、危机后果的极端性加剧的状况。

3.1.4 风险识别方法

风险识别可以运用感性知识和历史经验，可借助对各种客观的资料和风险事故的记录，以及必要的专家访问等方法。随着科学技术的发展及经验的积累，风险识别的方法越加完善、科学和合理。常用的风险识别方法有分解分析法、失误树分析法、专家调查列举法、环境分析法、事故分析法、危险日志法、安全检查表法、预先危险性分析法、FMECA 法、HAZOP 法等。

1. 分解分析法

指将复杂的事物分解为多个比较简单的事物，将大系统分解为具体的各个组成要素，从中分析可能存在的风险及其潜在损失的威胁。分解分析法强调把整体分解为若干要素，而后对每一个要素进行具体的分析。例如，把企业的生产经营过程先分解为购买、生产、销售 3 部分，即三大系统，而后再进一步把购买过程分解为设备、原材料、辅助材料 3 个子系统。把生产成品价格分解为物资消耗、劳动力工资、管理费用、利息、利润、税金 6 个子系统。各个要素或各个子系统都有自身的特征和发展变化规律。专业人员只有把企业整体分解为若干要素，对各个要素加以仔细分析、研究，才能正确地认识企业整体的发展规律。运用到城市电力设施风险识别上，具体过程是先将城市电力设施风险分解为经济风险、市场风险、技术风险、资源风险、信用风险、环境风险，以及人员风险等不同要素，然后对每一种风险作进一步的分析。

2. 失误树分析法

是一种将各种无法预料的故障情况推理、图解及逐次分析的方法。失误树分析法是从风险系统整体的失效现象出发，再配合系统的动作原理、操作条件和环境等因素，分析失效发生的原因、造成系统失效的可能部位及失效后的影响。在执行失误树分析时可将风险不断向下展开，直到无法继续展开为止。应用在电力设施风险识别中，是指用图解表示的方法来调查城市电力设施损失发生前种种失误事件的情况，或对引起事故的原因进行分解分析，具体判断哪些失误最可能导致风险的发生。

3. 专家调查列举法

指通过对相关专家的调查、咨询来列举出有关风险的方法。

4. 环境分析法

即 PEST 分析模型，针对研究对象从 4 个关键方面进行分析：P 指政治环境（Political factors）；E 指经济环境（Economic factors）；S 指社会文化环境（Social and cultural factors）；T 指技术环境（Technological factors）。

通过运用 PEST 分析模型对电力能源投资市场的外部宏观环境进行分析，有利于电力企业运用有限的资源积极应对外部环境的状况并把握变化趋势；有利于电力企业在进入市场和长期生存发展中选择应对策略，尽早规避环境可能带来的风险威胁，最大限度获得投资回报。

1）政策环境

是电力企业重要的外部环境影响因素之一。电力企业的战略决策和发展方向必须遵循国家政策法律，同时顺应国家经济政策，以及更广泛的环保、能源政策等。此外，政策的改变和调整对电力企业也会有很大的影响。

2）经济环境

主要包括宏观和微观两个方面的内容。宏观经济环境主要指电力企业所处国家的人口数量及其增长趋势，国民收入、国内生产总值及其变化情况以及通过这些指标能够反映的国民经济发展水平和发展速度；微观经济环境主要指电力企业所在地区或所服务地区的消费者的收入水平、消费偏好、储蓄情况、就业程度等因素。这些因素直接决定着电力企业目前及未来的市场大小。

3）社会文化环境

即电力企业所处地区的居民文化水平、宗教信仰、风俗习惯、价值观念、审美观点等。文化水平会影响居民的需求层次；宗教信仰和风俗习惯会禁止或抵制某些活动的进行；价值观念会影响居民对组织目标、组织活动，以及组织存在本身的认可与否；审美观点会影响人们对组织活动内容、活动方式，以及活动成果的态度。

4）技术环境

技术环境除了要考察与电力企业所处领域活动直接相关的技术手段发展变化外，还应及时了解：国家对科技开发的投资和支持重点；该领域技术发展动态和研究开发费用总额；

技术转移和技术商品化速度；专利及其保护情况等。

5. 事故分析法

是对可能引起损失的事故进行研究，探究其发生原因和结果的一种方法。事故分析法主要用于定性分析，为定量分析提供科学的分析要素和相关的可量化规律。

对于已有电力设施运行历史资料，特别是事故资料。应通过对事故的时空分布特性、事故类型原因等的勘察和分析，找出存在事故风险的位置，勘察运行环境存在的风险因素。事故分析法中的典型事故分析法则是以某一常见高发故障为例，全面分析这个故障发生的原因，研究解决故障的办法和提出分析过程的步骤，将其作为一个典型案例应用到全部或大部分故障分析中去。

6. 危险日志法

将危险识别过程的结果记录到危险日志当中，是一项很有意义的工作。危险日志也可以称为危险记录簿或者风险记录簿。

危险日志可被定义为记录能够威胁到系统成功实现安全目标的所有危险的日志。这是一份动态资料，在组织的风险评估过程中生成。日志可以提供在风险分析和系统风险管理中使用的有关风险的对照信息。

危险日志应该在城市电力系统设计早期或者电力设施建设的开始阶段建立，在系统或者项目的整个生命周期过程中作为一份动态资料不断更新。如果发现了新的危险，对已识别的危险做出了变更或者出现了新的事故数据，危险日志就应该更新。

危险日志通常为计算机化的数据库，但是也可以采用文档的形式。危险日志的格式根据日志目标以及系统的复杂性和风险级别的不同而有所差别，其可能只是列出与系统相关的主要危险的表格和清单，也可能是包含多个子数据库的大型数据库。

危险日志在城市电力设计阶段的作用尤其明显，但是在城市电力设施运行阶段发生的事故和未遂事故也可以同危险日志进行比较，日志需要依此进行更新。

7. 安全检查表法

安全检查表法（Safety Checklist Analysis，SCA）是以表格形式罗列出安全检查、诊断项目或内容的清单，据此进行安全检查的一种方法。制定表格前，应组织一批具有丰富经验并且对工艺、设备及操作熟悉的人员，事先对检查对象进行详细的分析和充分的讨论，确定出检查项目和检查要点，然后编制成表。制定安全检查表时，通常把检查对象分解为若干个子系统。安全检查表编制出来后，就可在以后的安全检查时，按既定的项目和要求，进行检查和诊断。

编制的步骤由工艺、设备、生产操作及管理人员组成编制小组，大致按以下步骤实施。

1）熟悉系统；

2）搜集同类系统的事故资料，以及相关的安全法规、标准、规范和制度，作为编制的依据；

3）将系统按功能、结构划分成子系统或单元，分别分析潜在的危险因素；

4）据此确定安全检查表的检查内容和要点，并按照一定的格式列表。

可以通过考虑以下7个方面编制安全检查表法来识别电力设备中的危险。

1）电气安全。检查电力设备的电气安装是否符合标准，是否存在电线老化、松动接触等问题，以及设备的接地是否良好，是否存在漏电等安全隐患。

2）设备维护。评估电力设备的维护记录，确保设备定期检修和维护，以减少设备故障和火灾的风险。

3）环境安全。检查电力设备周围的环境，是否存在易燃物品、设备堆放过密等情况，以及设备是否适应当前的环境条件。

4）过载和短路保护。评估电力设备的过载和短路保护装置，确保设备在异常情况下能够及时断电防止事故发生。

5）防火措施。检查电力设备周围是否配置灭火器、消火栓等消防设施，以及设备内部是否设置了灭火系统。

6）安全警示标识。检查设备上是否标示了电气危险、高压警示、禁止闯入等安全警示标识，提醒人员注意安全。

7）周期检测。定期对电力设备进行综合检测，包括绝缘电阻测试、温度检测、电流负载测试等，确保设备在正常运行范围内。

根据具体设备的特点和实际情况，可以进一步细化和定制检查表，以全面评估电力设备的安全性。同时，定期进行安全检查和维护，及时处理潜在风险，确保电力设备的安全运行。

8. 预先危险性分析法

预先危险性分析（Preliminary Hazard Analysis，PHA）法指在一项工程活动（包括设计、施工、生产和维修等）之前，对系统存在的各种危险因素、出现的条件，以及导致事故的后果进行宏观的、概略的分析，以便提出安全防范措施。这种方法的特点是在每一项活动之前进行分析，找出危险物质、不安全工艺路线和设备，对系统影响特别大的应尽量避免使用。如果必须使用，则应从设计、工艺等方面采取防范措施，使危险因素不致发展为事故，取得防患于未然的效果。这种方法适用范围广，凡能对系统造成影响的人、物及环境中潜在的危险有害因素都可用于识别和分析；方法简便，容易掌握和操作；既可以找出危险因素出现的条件，也能够分析危险转变为事故的原因，然后据此提出安全措施，可使所提措施具有考虑全面、针对性强等优点。因此，它是减少和预防事故、实现系统安全的有效手段。

可按以下7个步骤对电力设施进行预先危险性分析。

1）熟悉系统

在危险性分析之前，首先必须对电力系统的生产目的、工艺流程、操作条件、设备结构、环境状况，以及同类装置或电力设备发生事故的资料，进行广泛搜集并熟悉和掌握。

2）识别危险

找出电力系统存在的各种潜在危险因素。在危险性识别时，要找出能造成人员伤亡、财产损失和系统影响的各方面因素，包括人为的误操作、机械与电力设备失控而可能发生的能量转移及环境因素等。由于危险因素存在一定潜在性，分析人员必须有丰富的知识和经验，最好由工程技术人员、操作工人和管理人员组成小组共同讨论和分析。为防止发生遗漏，可将系统划分成若干个子系统，按子系统进行查找。

3）分析触发事件

触发事件亦即危险因素显现的条件事件。潜在危险因素在正常条件下不会发生事故，只有在一定条件下才有可能显现出来导致破坏性的后果。

4）找出形成事故的原因事件

危险因素出现以后要发展为事故还需要一定条件，这就是事故的原因事件。

5）确定事故情况和后果

危险因素查出以后，需进行研究，确定危险因素可能导致什么样的事故，造成哪些破坏后果。

6）划分危险因素的危险等级

系统或子系统查出的危险因素可能有很多，为了保证所采取的安全措施有轻重缓急、先后次序，对这些危险因素按造成后果的严重程度划分为4个危险等级，危险等级划分见表3-1。

7）制定安全措施

针对每个危险因素出现的条件和导致事故的原因，制定相应的安全措施。这些措施可以帮助管理者和操作人员减轻或消除潜在危险，确保电力系统安全运行。

通过执行这些步骤，可以有效发现和识别城市电力系统中的潜在危险，并制定适当的安全措施来预防事故的发生。这将有助于提高电力系统的安全性和可靠性。

危险等级划分　　　　　　　　　　表3-1

危险等级	影响程度	定义
1级	安全	尚不能造成事故
2级	临界	处于事故的边缘状态，暂时还不会造成人员伤害和财产损失，应予以排除或及时采取措施
3级	危险	必然会造成人员伤亡和财产损失，要立即采取措施
4级	破坏性	会造成灾难性事故（伤亡严重，系统破坏），必须立即采取措施

9. FMECA法

FMECA（故障模式、影响和危害性）法是一种常用的故障模式、影响与关键性分析方法，用于评估系统、设备或过程的可靠性和安全性。利用 FMECA 法可以帮助电力行业在设计、制造、使用和维护电力设备的过程中识别和预防潜在的故障。通过 FMECA 法可以了解电力设备、设施的潜在失效模式、失效后果、发生概率和严重程度，从而制定相应的纠正措施，提高电力设备、设施的安全性和可靠性。

FMECA 法可以应用于电力设备、设施的设计、制造、使用和维护阶段。在设计阶段，FMECA 法可以帮助识别潜在的失效模式，并采取相应的措施，提高电力设备、设施的安全性和可靠性；在制造阶段，FMECA 法可以帮助识别潜在的制造缺陷，并采取相应的措施，提高电力设备的质量；在使用阶段，FMECA 法可以帮助识别潜在的使用缺陷，并采取相应的措施，提高电力设备的安全性和可靠性；在维护阶段，FMECA 法可以帮助识别潜在的维护缺陷，并采取相应的措施，提高电力设备的安全性和可靠性。

使用 FMECA 法进行分析时，可以采取以下步骤。

1）确定分析目标

明确分析的目标，例如提高电力系统可靠性、降低故障率、优化维护计划等。

2）确定系统范围

确定要分析的电力系统范围，可以是整个电力系统，也可以是特定的子系统或设备。

3）确定故障模式

识别潜在的故障模式，包括设备故障、电力线路故障、传输和配电故障等。可以通过历史故障数据、专家经验和设备手册等方式获取相关信息。

4）评估故障影响

对每个故障模式进行评估，包括故障对电力系统性能的影响、故障的严重程度、故障的频率等。可以使用定量或定性的方法进行评估，如故障树分析、事件树分析、专家评估等。

5）确定关键故障

根据评估结果，确定具有最大影响的关键故障模式。这些关键故障可能会对电力系统的可靠性和安全性产生最大影响。

6）制定改进措施

针对关键故障模式，制定相应的改进措施。这些措施可以包括定期维护、备用设备、故障检测和监测系统等。

7）实施改进措施

根据制定的改进措施，制定实施计划并执行。确保改进措施得到有效实施，并监测其效果。

8）监测和评估

定期监测电力系统的运行情况，评估改进措施的效果，并根据需要进行调整和改进。

通过结合 FMECA 法和电力行业知识，可以全面评估电力系统中的潜在故障模式，并采取相应的预防和应对措施，以提高电力系统的可靠性、安全性和效率。在定义系统和子系统时，需要根据电力行业的具体情况，明确划分电力设施和系统的边界，如发电机组、变电站等。

在潜在失效模式分析时，结合电力设备的工作原理和常见故障类型，列出可能的失效模式，如发电机组轴承过热、变压器绝缘破坏等；在失效后果分析时，考虑电力行业可能面临的后果，如停电导致的社会影响，设备损坏导致的经济损失等；在发生概率和严重程度评定时，可以参考电力行业长期监测数据和统计数据给出更准确的评估；在风险优先级评定时，可以设置电力供应可靠性等专业标准作为判断标准；在制定纠正措施时，应考虑电力行业的专业知识，如更换关键部件、增加监测点、改进设计细节等；在结果报告和跟进时，需要电力专业人员参与，并结合行业标准给出清晰的管理意见。定期更新分析，跟踪纠正措施执行情况，保证分析持续和实用。将结果应用于电力设备设计、运行维护，以及安全管理流程，真正实现电力行业的风险预防。

10. HAZOP 法

HAZOP（危害与操作性研究）法是一种系统性的风险评估方法，用于识别和评估工业过程中可能发生的危害和操作风险。它是一种定性的方法，通过系统分析过程中的操作变量和偏差情况，识别可能导致事故和危害的因素，并提出相应的控制措施。通过将 HAZOP 法与电力行业结合，可以更加有效地识别和评估电力行业的安全风险，制定更有效的控制措施，提高电力系统的安全性。

在对电力系统进行 HAZOP 分析时，可以按照以下步骤进行。

1）确定分析目标

明确分析的目标，例如识别和评估电力系统中的潜在危险和操作风险，提出改进措施以降低风险等。

2）确定系统范围

确定要分析的电力系统的范围，可以是整个电力系统，也可以是特定的子系统或设备。

3）建立 HAZOP 团队

组建一个多学科的团队，包括电力工程师、操作员、安全专家等，确保对系统的全面分析。

4）确定操作节点

将电力系统划分为不同的操作节点，例如发电机组、变电站、输电线路等。

5)确定危险和操作参数

对每个操作节点,确定可能存在的危险和操作参数。危险参数可以包括电击、火灾、爆炸等,操作参数可以包括电压、电流、温度等。

6)进行 HAZOP 分析

对每个操作节点和参数组合,通过系统性的思维和问询,识别可能的危险和操作风险。使用 HAZOP 表格记录识别的危险和风险,并进行评估。

7)评估风险等级

根据 HAZOP 表格中记录的危险和风险,进行风险评估,确定风险等级和优先级。

8)提出改进措施

根据评估结果,提出相应的改进措施,包括工程控制、操作规程的修改、培训、教育等。

9)实施改进措施

根据制定的改进措施,制定实施计划并执行相应的改进措施。确保改进措施得到有效实施,并监测其效果。

10)监测和评估

定期监测电力系统的运行情况,评估改进措施的效果,并根据需要进行调整和改进。

此外,还可以借助电力行业的专业知识和经验,对 HAZOP 的步骤和评估指标进行针对性的调整和优化。在对电力系统进行 HAZOP 分析时,需要做到以下 7 点。

1)选择电力行业具有电力行业特征和代表性的设备、系统作为 HAZOP 分析对象,如发电机组、变电站、输电线路等;

2)基于电力设备和系统的工作原理与运行机制,明确 HAZOP 分析中的操作变量、偏差情况。例如电压、电流、频率等电气参数,考虑电力系统可能出现的异常情况;

3)充分利用电力工程技术人员的专业知识,识别电力设备可能出现的特殊故障和危险点。如绝缘故障、过载、漏电等;

4)评估电力设备和系统不同运行模式下的安全风险,考虑常规运行、维修保养等不同状态;

5)给出电力行业相关的安全控制措施,如防雷设备、绝缘监测、负载调度等;

6)结果应回馈到电力设备和系统的设计、运行管理等各个环节,进行专业化优化;

7)定期更新 HAZOP 分析,跟踪电力技术和运行经验的变化,不断提高分析质量。

通过上述方式,可以使 HAZOP 法在识别电力系统安全风险和提出控制措施时,更加符合专业特点,发挥更好作用。

3.2 指标体系建立

风险指标能够揭示电力设施存在的问题，完善、合理的风险指标体系能够全面反映配电力设施存在运行风险。一般而言，电力设施结构复杂多变、形式多样，确定风险指标能做到全面、深刻地反映电力设施的问题。虽然风险指标丰富，但要深刻反映电力设施的问题，必须挖掘指标之间的关系，从而形成一个多维度指标体系，该指标体系不仅能从宏观的角度对电力设施进行分析，而且能给出微观分析。只有从多个角度和层面来设计指标体系，才能客观反映电力设施风险本质，为运行人员所利用，全面体现电力设施的风险特征。

3.2.1 风险指标的定义及制定原则

1. 风险指标的定义

电力设施的风险指标是指能全面表征电力设施存在的各类风险，并且能直观地展示电力设施的问题，即对电力设施面临的不确定性因素给出可能性与严重性的综合度量。

2. 风险指标的制定原则

指标体系是由多个相互联系、相互作用的评价指标，按照一定层次结构组成的有机整体。一般来说，指标体系的具体内容必须面向被评估对象有针对性地建立。无论是简单的被评估对象还是复杂的被评估对象，指标体系的建立都应秉持客观和科学的态度。电力设施故障风险评估是一项复杂的系统工程，在指标体系的建立过程中更要遵循严谨和全面的态度，有效地反映电力设施故障各种显现的和潜在的严重后果，因此在建立评价指标体系时，应遵循以下原则。

1）指标宜少不宜多，宜简不宜繁

在电力设施风险指标体系建立过程中，并非指标越多越好，关键在于衡量评价指标在评价过程中的作用大小。该指标体系应该涵盖进行电力设施风险评价所需的基本内容，能够以尽量简洁的指标来反映评价对象的全部信息。

2）独立性原则

电力设施风险指标体系的建立过程中，要保证每个指标内涵清晰，相对独立，同一层次的各指标之间应该不相互重叠，不存在因果关系。同时，指标体系要层次分明，简明扼要。

3）代表性原则

指标评价体系的指标应该具有代表性，能够很好地反映电力设施故障某方面的特性。同时，指标之间还应该具有一定的差异性，便于指标之间进行比较。因此，在指标建立过程中，要注意满足指标间共同的比较基础以及比较条件。

4）可行性原则

评价指标的建立，最终目的是要进行评估。因此指标的建立必须符合客观的实际水平，保证有稳定的数据来源，具备较强的可操作性，也就是具有可测性。同时评价指标含义要明确，数据要规范，口径要一致，便于操作应用。

指标体系的选取一般有以下2个步骤：首先，建立者要明确评价的最终目的，并熟悉掌握该领域的基本指标，并结合研究现状给出指标初选集合；其次，进行指标体系的修改和完善，最终确定指标体系。

指标体系选取流程如图3-1所示。

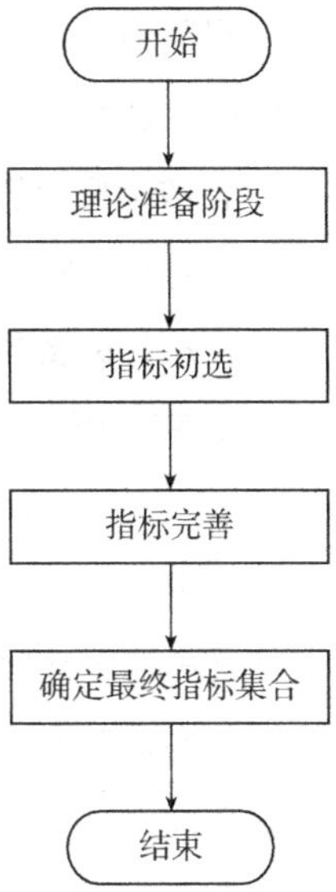

图3-1 指标体系选取流程

3.2.2 经典的风险指标研究概述

运行风险评估的首要任务是通过风险分析得到综合反映系统运行安全水平的运行风险指标。以电网为例，在进行风险分析之前，必须先确定电网的运行风险指标体系。风险指标是对风险在量上的一个判断，它的大小直接反映电网风险的大小，由于电网风险复杂且多面，因此全面地评估电网运行风险的关键是制定科学的电网运行风险指标体系。指标体系中，不同的风险指标将从不同的角度反映系统的运行风险，这样才能较为全面、准确地反映电网的风险水平。

运行风险指标体系如图3-2所示。按照电网运行风险的不同表现形式，可将指标体系分为暂态安全性风险指标和静态安全性风险指标2个方面，各方面又包括了不同的下属指标，分别从不同的角度量化电网的运行风险。

对于配电网而言，其区域负荷主要由外网供给。因此，配电网的暂态安全问题相对不明显，本书主要考虑静态安全问题。

风险指标是定量评估系统安全状态的依据，如式（3-1）：

$$Risk_t = \sum_{i=1}^{n} Pr_t(E_i) Sev_t(E_i) \qquad (3-1)$$

式中 $Risk_t$——t时刻系统的运行风险值；

n——t时刻系统可能出现的扰动状态总数；

E_i——第i种系统扰动状态；

$Pr_t(E_i)$——扰动事件发生的概率值，%；

$Sev_t(E_i)$——扰动事件对系统产生的后果值。

可见，某时刻系统的运行风险是该时刻可能存在的所有扰动事件风险值的叠加。

风险值被定义为故障状态发生的概率值和故障导致后果值的乘积,下面将分别介绍概率值和后果值的求解方法。

1. 故障概率值计算

确定故障状态的发生概率包括了 3 个关键步骤:首先,确定系统内电力设备的故障率;其次,对各设备的运行状态进行组合形成系统的故障状态;最终,在确定的故障状态下,根据设备的故障率计算得到故障状态发生的概率值。

1)设备故障率分析

在电力系统运行过程中,设备停运是破坏系统安全运行的主要原因,电力设备的故障率往往决定了故障状态的概率值。电力设备的故障率是体现该设备运行可靠性的一个重要指标,也是对电力系统进行风险评估时所需要的最基本参数之一。在风险的评估研究中,一般都采用传统的可靠性统计的方法来确定设备的故障率。设备故障率的确定,需要对电力设备多年的运行可靠性数据进行整理与统计得到。然而,设备的故障率往往因为统计资料的缺失而难以确定。从实际电网的运行可靠性数据中发现,在进行运行风险评估时,对于变电站内部的母线、变压器等室内设备,采用传统的设备可靠性数据基本与现场运行情况相符。但架空线路等室外元件的故障率,却与传统的可靠性数据有一定差异,需要考虑外加外环境因素和其他一些因素的影响。

2)故障状态选择

在确定了系统内各元件的故障率后,需要选择一个系统的故障状态进行计算。选取系统故障状态的主要方法为状态枚举法和蒙特卡洛法。两种方法运用于风险评估时,主要区别可以概括为:状态枚举法则利用枚举技术选择系统的状态,用解析的方法计算风险指标;蒙特卡洛法用抽样的方法进行状态选择,用统计的方法得到风险指标。

状态枚举法是输电系统风险评估的常见方法,通过枚举的方法产生故障列表,可以考虑电网内元件的所有故障组合。对故障列表中的每个状态,可以根据电力系统元件的

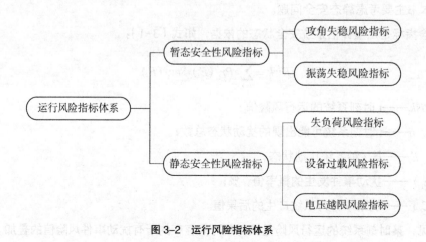

图 3-2 运行风险指标体系

故障率建立系统风险模型，并进行风险分析。状态枚举法用数值计算的方法获得系统的各项风险指标，与蒙特卡洛法相比，其物理概念清楚，模型精度高，计算结果的可信度高。

使用蒙特卡洛法进行系统状态选择时，首先要对系统内各种设备进行状态抽样，系统的状态从设备概率分布函数中抽样确定。在给出了元件状态抽样时所需各变量的概率分布，抽样过程可借均匀分布和正态分布的伪随机数发生器来实现。对每一系统样本状态，都存在与其对应的状态概率值与后果值，在累积足够数目的样本后，对每次风险分析得到的结果进行统计而得到最终的风险指标。

两种方法的具体介绍如下。

（1）状态枚举方法研究

基于快速排序的系统状态排序算法流程如图3-3所示。

其中，S_k为所选状态，$S_{i,m}$为第i重故障中第m大概率的系统状态，$D_{S_{i,m}}$为$S_{i,m}$的相邻系统状态集合，$D_{i,m}$可表示为式（3-2）：

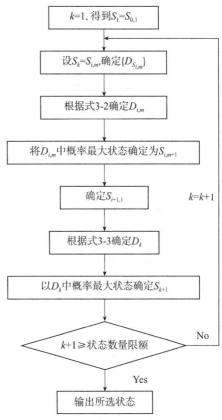

图3-3 系统状态排序算法流程

$$D_{i,m} = \begin{cases} D_{S_{i,1}} & m=1 \\ (D_{i,m-1} \cup D_{S_{i,m}}) - \{S_{i,1}, S_{i,2}, \cdots, S_{i,m}\} & 1<m<n_{S_i} \end{cases} \quad (3-2)$$

式中 $D_{i,m}$——i重故障的第m大概率的系统状态合集；

n_{S_i}——第i重系统故障的最大状态数量。

D_k为（$S_1, S_2, \cdots, S_k$）中每重下一个概率最大系统状态和下一重概率最大系统状态集合，可由式（3-3）确定。

$$D_k = \begin{cases} S_{1,1} & k=1 \\ (D_{k-1} \cup \{S_{i,m+1}\}) - \{S_{i,m}\} & 1<k<n_S, m<n_{S_i}, m \neq 2 \\ (D_{k-1} \cup \{S_{i,m+1}\} - \{S_{i+1,1}\}) - \{S_{i,m}\} & 1<k<n_S, m<n_{S_i}, m = 2 \\ D_{k-1} - \{S_{i,m}\} & 1<k<n_S, m = n_{S_i} \end{cases} \quad (3-3)$$

式中 $S_{1,1}$——1重故障的最大故障概率状态；

n_S——需要选择的所有系统状态数量。

（2）蒙特卡洛方法研究

蒙特卡洛方法进行风险评估的算法步骤如下：

①读入系统数据；

②计算系统的正常潮流；

③随机抽取系统故障事件，获取系统的状态；

④形成风险指标；

⑤判断是否达到足够的抽样精度，如未达到，则转步骤③；

⑥形成各节点可靠性指标及系统的总风险指标。

电力系统风险评估程序流程如图3-4所示。

该方法的依据是，一个系统状态是所有元件状态的组合，且每一元件状态可由对元件出现在该状态的概率进行抽样确定。该方法由于计算时间与计算精度之间的矛盾，通常采用样本方差来保证精度。具体如下：每一元件可用均匀分布 [0, 1] 来模拟，假设每一元件有失效和工作两个状态，且元件失效是相互独立的。令 S_i 表示元件 i 的状态，Q_i 表示其失效概率，则对元件 i 产生一个 [0, 1] 区间的均匀分布的随机数 R_i：

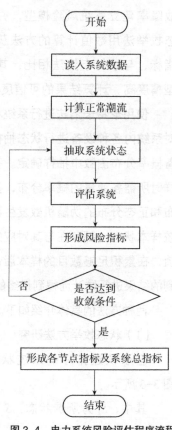

图3-4 电力系统风险评估程序流程

$$S_i = \begin{cases} 0 \text{（工作状态）} & R_i > Q_i \\ 1 \text{（失效状态）} & 0 \leq R_i \leq Q_i \end{cases} \quad (3-4)$$

故具有 N 个元件的系统状态 $s = (S_1, \cdots, S_i, \cdots, S_N)$，当抽样的数量足够大，系统状态 S 的抽样频率 $P(s)$ 可作为其概率的无偏估计，即式（3-5）：

$$P(s) = \frac{m(s)}{M} \quad (3-5)$$

式中　$m(s)$——抽样中出现系统状态 s 的次数；

　　　M——抽样数。

2. 故障后果值计算

风险值定义为概率值和后果值的乘积，在确定故障发生概率的同时，也需要确定故障导致的后果。求解故障后果值包括两个主要步骤：首先，进行风险分析得到故障下的系统状态；其次，建立后果值函数求解故障状态导致的后果值。风险分析过程将于第3章中详细说明，本节主要介绍3类风险指标的后果值函数，并通过算例对不同的后果值函数进行分析与比较。

对于相同的故障状态，选取不同的后果值函数会得到不同的风险后果值，一般依据节点电压偏低和线路潮流越限的后果值函数表达式,把其分成离散型、连续型和越限型3类,但并没有考虑"遮蔽"缺陷。所谓"遮蔽"缺陷,指当系统后果值由各元件后果值累加得到时,系统中存在许多小越限情况的后果值可能会与只有一个大的越限情况的后果值不相上下。然而,拥有大越限的情况往往更为严重。本书进一步考虑"遮蔽"缺陷,给出经过改进的后果值函数,当出现大的越限情况时,后果值的取值被放大。

1)支路过载后果值函数

当系统发生故障后,可以对系统内的每一条支路(包括线路与变压器)建立支路过载后果值函数,各支路的负载率决定了该支路的过载后果值。故障状态下系统的支路过载后果值 Sev_{system} 由各支路(Branch)的后果值 Sev_i 叠加得到,即式(3-6):

$$Sev_{system} = \sum_{i \in Branch} Sev_i \tag{3-6}$$

图 3-5 分别描述了离散型、越限型与连续型 3 类支路过载后果值函数。

(1)离散型后果值函数

图 3-5(a)为离散型后果值函数,其表达式如式(3-7)所示。若支路的有功负荷超过了其最大传输容量,即负载率大于100%时,后果值为1;若支路不过载,则后果值为0。采用离散型后果值函数得到的支路过载风险值,其实质是系统故障后发生过载的支路数量的期望值。离散后果值函数非常简单,但不能反映扰动事件导致支路过载的严重程度。

$$Sev_i = \begin{cases} 1 & P_{Ri} \geq 1 \\ 0 & P_{Ri} < 1 \end{cases} \tag{3-7}$$

式中 P_{Ri}——第 i 条支路的有功负载率,$P_{Ri} = \dfrac{\text{支路有功功率}}{\text{支路最大传输功率}} \times 100\%$,%。

(2)越限型后果值函数

图 3-5(b)为越限型后果值函数,其表达式如式(3-8)所示,通常取 $m = 1$,以避免出现"遮蔽"缺陷。若支路不过载,后果值取为0;若支路负载率大于100%,后果值与潮流越限量的 $2m$ 次方成正比,为大于0的值。越限型后果值函数关注了潮流越限量的大小,因此可以反映各支路过载的严重程度。

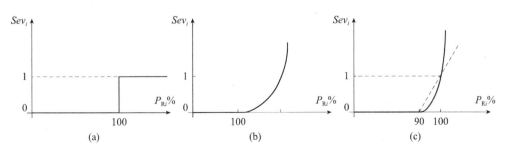

图 3-5 支路过载后果值函数
(a)离散型;(b)越限型;(c)连续型

$$Sev_i = \begin{cases} [10 \times (P_{Ri} - 1)]^{2m} & P_{Ri} \geq 1 \\ 0 & P_{Ri} < 1 \end{cases} \quad (3-8)$$

（3）连续型后果值函数

图 3-5（c）为连续型后果值函数，其表达式如式（3-9）所示，通常取 $m = 1$ 以避免出现"遮蔽"缺陷。当支路负载率小于 90% 时，后果值为 0；当支路重载时，负载率在 90% ~ 100%，此时后果值在 0 ~ 1 取值；当支路发生过载，负载率大于 100% 时，后果值为大于 1 的值。此时，后果值不仅可以反映各支路过载的严重程度，也可以反映支路重载的严重程度。当支路仅发生重载，但不存在过载情况时，离散型和越限型函数得到的后果值皆为 0，表明系统不存在风险。但事实上，重载的系统在接近极限值的区域运行，此时的系统隐含了风险，任何扰动都有可能导致系统发生过载。在重载情况下，连续型函数可以得到大于 0 的后果值，揭示了系统中的潜在过载风险。

$$Sev_i = \begin{cases} [10 \times (P_{Ri} - 0.9)]^{2m} & P_{Ri} \geq 0.9 \\ 0 & P_{Ri} < 0.9 \end{cases} \quad (3-9)$$

2）电压越限后果值函数

当系统发生故障后，可以对系统中每一个节点建立电压越限后果值函数，各节点的电压幅值决定了该节点的电压越限后果值；故障状态下系统的电压越限后果值 Sev_{system} 由各节点（$Node$）的后果值 Sev_i 叠加得到，即式（3-10）：

$$Sev_{system} = \sum_{i \in Node} Sev_i \quad (3-10)$$

电压越限风险分为电压偏高风险和电压偏低风险两类。同样，各节点的电压越限后果值函数包括了离散型、越限型和连续型 3 类。当规定电压幅值的波动允许范围为额定电压的 $\pm 10\%$ 时，电压越限后果值函数如图 3-6 所示，在系统第 i 个节点的电压幅值 $V_{mi} = 1$ 左侧为电压偏低后果值，右侧为电压偏高后果值。

（1）离散型后果值函数

图 3-6（a）为离散型后果值函数，其表达式如式（3-11）所示。当节点电压 V_{mi} 幅值达到或越出电压上下限值后，后果值取为 1，否则取为 0。累加得到的系统电压越限

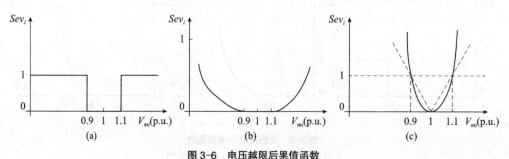

图 3-6 电压越限后果值函数
（a）离散型；（b）越限型；（c）连续型

后果值实质为故障导致发生电压越限的节点总数的期望值，不能反映节点电压越限的严重程度。

$$Sev_i = \begin{cases} 1 & V_{mi} \geq 1.1 \text{ or } V_{mi} \leq 0.9 \\ 0 & 0.9 < V_{mi} \leq 1.1 \end{cases} \quad (3\text{-}11)$$

（2）越限型后果值函数

图 3-6（b）为越限型后果值函数，其表达式如式（3-12）所示，通常取 $m = 1$ 以避免出现"遮蔽"缺陷。当节点电压幅值在规定的安全范围内时，后果值取 0；当幅值超出电压上下限值后，后果值取大于 0 的值。后果值的大小取决于电压越限量，因此可以反映各节点电压越限的严重程度。

$$Sev_i = \begin{cases} \left(\dfrac{V_{mi} - 1.1}{1.1}\right)^{2m} & V_{mi} \geq 1.1 \text{ or } V_{mi} \leq 0.9 \\ 0 & 0.9 < V_{mi} \leq 1.1 \\ \left(\dfrac{0.9 - V_{mi}}{0.9}\right)^{2m} & V_{mi} \leq 0.9 \end{cases} \quad (3\text{-}12)$$

（3）连续型后果值函数

图 3-6（c）为连续型后果值函数，其表达式如式（3-13）所示，通常取 $m = 1$ 以避免出现"遮蔽"缺陷。当且仅当节点电压幅值等于额定电压时，后果值取 0；当幅值在规定的安全范围内波动时，后果值在 0 到 1 之间；当幅值越出电压上下限后，后果值大于 1。此时，后果值不仅可以反映各节点电压越限的严重程度，也可以反映电压与电压上下限间的接近程度，进而揭示潜在的电压越限风险。

$$Sev_i = [10 \times (V_{mi} - 1)]^{2m} \quad (3\text{-}13)$$

3）失负荷后果值函数

对于配电网，故障往往直接导致负荷损失。故障状态下的系统失负荷后果值 Sev_{system} 等于各负荷节点（Load）负荷损失值的加权和，系统失负荷后果值公式如下所示：

$$Sev_{system} = \sum_{i \in Load} \omega_i P_{loss,i} \quad (3\text{-}14)$$

式中　ω_i——第 i 个负荷节点的负荷重要程度因素；

$P_{loss,i}$——负荷损失值，Wh。

在实际系统中，电力用户的重要程度不同，具体的体现就是供电优先级的不同。优先级越高的用户，对供电可靠性的要求越高，当中断供电时产生的后果越严重。因此，必须引入负荷重要程度因素，它的重要程度反映了负荷的优先级的高低。负荷的重要程度因素需要根据电力用户的具体情况进行设定，不同优先级别负荷重要程度因素取值如表 3-2 所示。

负荷重要程度因素取值   表 3-2

负荷分类	一般工业负荷	民用及重要工业负荷	医院、政府等特殊保供电负荷
分值	1	1.5	2

3.2.3 多维度风险指标体系的建立和计算

以配电网为例，传统的配电网评估体系集中于配电网静态安全指标分析，主要侧重于配电网供电可靠性、安全性、电能质量，以及建设规模等单一特性进行评价。这些配电网评价所研究的内容能够从不同方面提高配电网的建设水平。但是由于仅从配电网的单一方面进行评价，不能全面反映配电网发展水平，评估配电网存在的问题，对配电网发展的指导意义不强。单纯从静态安全分析角度进行评估，建立出来的风险指标过于学术化和概括化，不够具体而且不能工程化地对配电网进行风险评估。

中国大多数地区的配电网存在规模小、网架结构不完善等问题，特别是中压配电网建设相对滞后，"单线单变"比例较大，"卡脖子"问题的存在也使得设备经常处于重载、过载状态或出现电力窝滞现象。如何针对配电网特点，科学地编制运行方案，以减少配电网的运行风险，尤其是当设备处于检修状态时的配电网运行风险，给配电网运行方式调整带来极大的挑战。

针对传统风险评估体系的不足，并结合中国配电网发展的实际需要，本书在原有的基础上进行了改进和扩充，形成了全新的多维度风险指标评估体系，分别从时间维度、空间维度、电压等级维度进行划分，建立了一套完整的考虑运行和检修周期，涵盖系统层和设备层，区分高压配电网和低压配电网的全方位、多维度配电网风险评估指标体系。该体系符合工程实际，可以从宏观到微观全面反映配电网存在的风险，辨识相应的薄弱环节，为调度运行提供相应的参考和指导依据。同时，该体系能适用于各个城市配电网之间的横向比较，能反映出配电网的发展水平与薄弱之处，指导配电网的建设与发展。

通过建立多维度风险评估体系，其目的是实现基于风险的电力系统安全评估与决策支持的运行管控的有效联动，以便于调度运行人员全面掌握配电网安全风险的变化态势。从多维度对系统风险进行评估，使运行人员对配电网的风险趋势有宏观的把握，利用实时的风险评估反馈信息，及时采取相应控制措施，将系统风险水平降低至可接受的范围内，减少或避免风险事件引起的损失。

1. 多维度风险评估体系

为全面、立体地对配电网进行综合、深度评估，笔者提出以时间维度、空间维度和电压等级维度相互配合的多维度运行风险评估指标体系分类，如图 3-7 所示。

在时间维度上，针对检修计划的特点，形成考虑检修的月风险、周风险，以及实时的

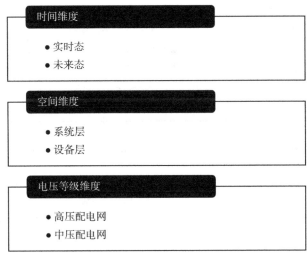

图 3-7　多维度运行风险评估体系分类

由长期预测态到短期实时态的滚动校正和管控；

在空间维度上，形成设备层、系统层由局部到整体的全方位评估；

在电压等级维度上，针对配电网电压等级特点，根据《城市电力网规划设计导则》Q/GDW 156—2006 的规定，形成从高压到中压的不同电压等级评估。

1）时间维度

当前，将配电网稳定分析的计算结果直接应用于控制上尚无可能。通常的做法是利用配电网的实时数据进行分析和决策计算，用以指导配电网运行方式的调整，进行预防控制。

一般情况下，当前运行点距未来预测运行点的时间越长，系统面临的风险因素越多，安全风险评估的精度越低，预控难度也越大；而随着时间的推进，配电网内外部运行环境逐渐发生变化，预测信息更加丰富完善，各类运行风险指标的计算结果也将趋于精确。

在建立配电网风险调度流程基础上，着眼实现对配电网各类风险因素的全面有序管理，考虑检修周期的时间及其对配电网风险水平的影响，按照分析、预控的时间尺度大小，将配电网安全风险评估与管控体系划分为月风险、周风险和实时风险 3 个阶段，以实现配电网运行风险的逐级防御、局部优化与分散协调式调度，如图 3-8 所示。

（1）月风险评估

时间尺度以月为单位，结合月检修计划，主要考虑当月的检修计划对配电网的影响，由上述建立的考虑检修的风险评估模型，对当月的风险趋势做出宏观上的评估。重点关注月检修计划对系统运行状态的影响，注重灾害水平与影响范围分布、静态安全风险等系统级与设备级的风险指标，以得到预测态的配电网一段时间内的安全风险趋势。该阶段侧重于粗略掌握配电网近期运行风险的整体情况，可指导能源供应调配、有序用电计划、灾害应急预案等，并对之后的检修计划修订提供理论依据。

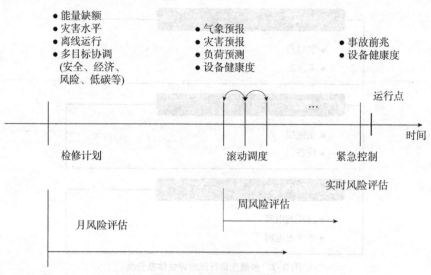

图 3-8 时间维度风险评估

（2）周风险评估

时间尺度以周为单位，结合周检修计划，重点关注配电网设备运行状况、气象灾害、负荷等不确定因素，以及配电网运行方式的变化情况。对运行风险指标进行持续滚动优化控制，得到近期配电网运行风险趋势，发布高危风险预警信息。该阶段侧重于动态调整和细化，可指导配电网的运行计划调整和预防控制。

（3）实时风险评估

根据监测的配电网实时健康度等对配电网进行实时风险评估，重点关注越限的静态/动态安全风险指标，以对当前已经暴露出来的安全问题以及预测时刻的潜在高风险事件进行紧急预控。该阶段侧重于紧急控制，可指导配电网的切机、切负荷等紧急措施以抑制运行风险趋势的恶化。

从时间维度上可以比较单个设备或整片区域不同时段的风险，便于运行人员掌握配电网风险的趋势。

2）空间维度

配电网实行分层、分区运行，针对各片区配电网相对独立的配电网拓扑结构特点，需要区别地关注不同级别的风险评估结果，从宏观到微观做出全面而详细的评估，故从空间维度上对风险指标划分为设备层和系统层。

例如，大多数地区配电网存在规模小、网架结构不完善等问题，配电网"单线单变"比例较大，从系统层和设备层角度评价这个问题可以从宏观到微观全面阐释这些风险因素的影响，故配电网风险评估体系重点研究了变电站单主变率和变电站单线率，在系统层和设备层同时考虑这些指标，从空间维度上详尽地展示了这一风险因素的影响。如果没有空间维度评价，则容易形成片面评价。

从系统层的角度，可以帮助运行人员了解整个区域配电网的风险水平，也可以和其他片区配电网的风险进行对比分析；从设备层的角度，通过计算过载设备和设备失压等情况，可以帮助运行人员对比分析同一故障状态下哪些设备风险水平高，重点对这部分设备进行风险控制。

空间维度上的应用，能很好地结合实际配电网分层控制的特点，并能帮助运行人员从微观到宏观逐步分析电网存在的风险。

多空间尺度组合的风险评估能覆盖配电网运行的基本层区级别，立体地对配电网进行综合安全风险评估，调度运行人员可根据具体场景，有区别地关注不同级别的风险评估结果，并采取相应的管控和调度措施，调控风险水平，确保配电网安全运行。

3）电压等级维度

中国配电系统的电压等级，根据《城市电力网规划设计导则》Q/GDW 156—2006 的规定，35、66、110kV 为高压配电系统，10、6kV 为中压配电系统，380、220V 为低压配电系统，220kV 及其以上电压为输变电系统。但是，随着城市供电容量及供电范围的不断扩大，一些超大城市如北京、上海等地，目前已将 220kV 电压引入市区进行配电。

高压配电网的特点是结构相对稳定，网架结构变化小，建设投资巨大，影响范围广，改造灵活性小。例如，对于运行年限较长或高损耗的配电变压器，可以直接更换为低耗能新型配电变压器，而对于运行年限较长或高损耗的高压主变压器，更换时投资巨大，一般不会轻易更换。

中压配电网具有设备数量繁多，结构复杂多样，运行繁琐复杂的特点。中压配电网需要经常改变运行方式，网架结构变化大。中压配电网已经处于配电网发展的瓶颈，中压配电网的好坏，对整个配电系统的经济性、可靠性、电能质量等都具有相当重要的影响。

电网评估按照电网电压等级分类可以分为高压、中压和低压电网评估。从不同等级进行考量，可以突出不同电压等级关注的评估重点。本书的电压等级评估，高压配电网侧重潮流变化对配电网风险的影响，中压配电网侧重网架结构变化的影响，从不同侧面突出指标体系的特点。

综上分析，笔者提出了配电网多维度风险指标体系，如图 3-9 所示，可以帮助运行人员从不同的时间角度、空间角度、电压等级角度去排查配电网存在的风险，做到指标全面性和不冗余，从微观到宏观全面反映配电网的风险本质。

2. 各项评价指标定义及计算方法

1）中压配电网风险指标

（1）主变压器"N-1"校验通过率指在最大负荷运行方式下，任一台主变压器停运后，其全部负荷可转移到本站其他主变压器供电的变电站所占比例，反映变电站实际的负荷转供能力，其计算公式如下所示：

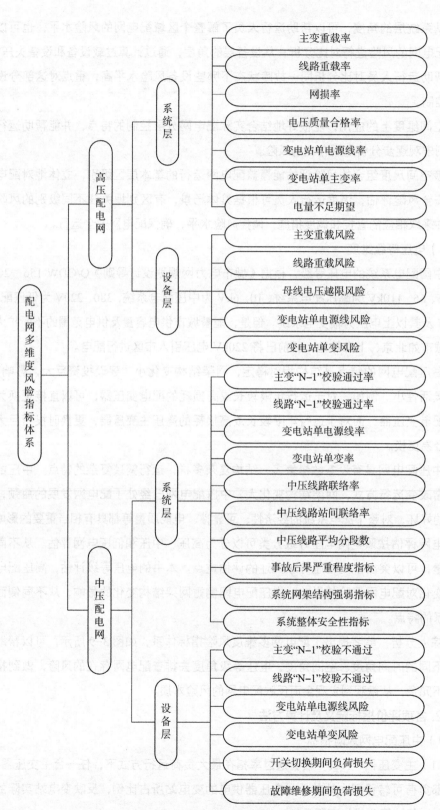

图 3-9 配电网多维度风险指标体系

$$主变"N-1"校验通过率 = \frac{可通过"N-1"校验的主变台数}{主变总台数} \times 100\% \quad (3-15)$$

（2）中压线路"N-1"校验通过率指在最大负荷运行方式下，在变电站出线开关停运后，该线路全部负荷可通过不超过两次操作就能转移到其他线路供电，此类线路所占的比例，用以反映最大负荷运行方式下中压线路负荷转供能力，计算公式如下所示：

$$中压线路"N-1"校验通过率 = \frac{可转供的线路条数}{中压线路总条数} \times 100\% \quad (3-16)$$

（3）变电站单电源线率指只有单回线供电的变电站所占的比例，用以反映高压配电网结构的可靠性和运行灵活性，其计算公式如下所示：

$$变电站单电源线率 = \frac{单电源线供电变电站座数}{变电站总座数} \times 100\% \quad (3-17)$$

（4）变电站单变率指只有单台主变压器的变电站所占的比例，用以反映高压配电网结构的可靠性和运行灵活性，其计算公式如下所示：

$$变电站单变率 = \frac{单主变变电站座数}{变电站总座数} \times 100\% \quad (3-18)$$

（5）中压线路联络率指中压配电网中与其他线路有联络的线路所占的比例，用以反映中压配电网结构的可靠性和运行灵活性，其计算公式如下所示：

$$中压线路联络率 = \left(1 - \frac{单辐射线路条数}{中压线路总条数}\right) \times 100\% \quad (3-19)$$

（6）中压线路站间联络率指中压配电网中与其他变电站的线路有联络的线路所占的比例，用以反映中压配电网结构的可靠性和运行灵活性，其计算公式如下所示：

$$中压线路站间联络率 = \frac{与其他变电站联络线路条数}{中压线路总条数} \times 100\% \quad (3-20)$$

（7）中压线路平均分段数，用以反映中压配电网供电灵活性与失电影响范围，其计算公式如下所示：

$$中压线路平均分段数 = \frac{中压线路分段总个数}{中压线路总条数} \times 100\% \quad (3-21)$$

（8）事故后果严重程度指标

将偶然事故后能量损失率 C_{FE} 和用电时户数损失率 C_{FL} 加权求和即得单一事故后果严重程度指标，其计算公式如下所示。

$$C_F = \omega_1 C_{FE} + \omega_2 C_{FL} = \lambda LT_{FL}(\omega_1 \rho_{FL} + \omega_2 \rho_{FC}) = \lambda LT_{FL} \rho_F \quad (3-22)$$

式中 C_F——单一事故后果严重程度指标；

ω_1——能量损失率的权重系数；

ω_2——用电时户数损失率的权重系数；

ρ_{FL}——用电时户数；

ρ_{FC}——能量损失的概率，%；

λ——故障率，%；

L——挡距，m；

T_{FL}——用电时户数。

一般情况下，ω_1、ω_2 二者可同时取 1；$\rho_F = \omega_1 \rho_{FL} + \omega_2 \rho_{FC}$，该值仅反映了事故的瞬时影响，适用于只关心事故瞬时影响的评价过程。

（9）系统网架结构强弱指标

如果配电系统中每一个可能的偶然事故发生后，均可以通过代价不大的操作，在满足所有约束条件的前提下，完成对所有非故障区域中失电负荷的安全转供（即系统中每个偶然事故所对应的 K 值至少为 1），那么就可以认为该系统具有较强的网架结构。

为了更全面而实际地评价一个系统网架结构的强弱，应该同时考虑事故对应的 K 值以及事故后果的严重程度。为此，定义系统网架结构强弱的指标 K' 如式（3-23）：

$$K' = [\sum_{i=1}^{N_B}(K_i + 1)/C_F^{j-1}]/(\sum_{j=1}^{N_B} C_F^{j-1}) \quad (3-23)$$

式中 K'——系统网架结构强弱指标；

C_F^{j-1}——支路事故后果严重程度；

N_B——系统支路数；

K_i——支路 i 发生偶然事故所对应的 K 值。

（10）系统整体安全性指标

系统网架结构强弱指标，只反映了系统安全性的一个侧面。目前需要有一种指标能够将它们结合起来，用以描述系统的整体安全性。为此，定义系统整体安全性指标 S_S 为式（3-24）：

$$S_S = K'/C_{SF} \quad (3-24)$$

式中 S_S——系统整体安全性指标；

K'——系统网架结构强弱指标；

C_{SF}——事故后果严重程度指标。

当一个系统的网架结构、越强（即 K' 越大），则事故后切负荷的比率会越小，导致其指标 C_{SF} 也比较小，最终体现的 S_S 指标值越大。

（11）开关切换期间负荷损失

开关切换期间负荷损失反映由于开关切换操作对用户供电的影响，其公式如下所示：

$$P_{MVTR} = P_f \tag{3-25}$$

$$Q_{MVTR} = \lambda_{1-MV} \times t_{TR} \times P_{MVTR} \tag{3-26}$$

式中　P_{MVTR}——开关切换期间网损电量，kWh；

$\quad\quad Q_{MVTR}$——开关切换期间网损负荷，W；

$\quad\quad P_f$——单条中压馈线所带负荷，kWh；

$\quad\quad \lambda_{1-MV}$——中压线路的故障率，%；

$\quad\quad t_{TR}$——平均切换持续时间，s。

（12）故障维修期间负荷损失

故障维修期间负荷损失反映故障维修操作对用户供电的影响。

$$P_{MVR} = P_{MVTR}/n_{s-MV} \tag{3-27}$$

$$Q_{MVR} = \lambda_{1-MV} \times t_{MV} \times P_{MVR} \tag{3-28}$$

式中　P_{MVR}——故障维修期间网损电量，kWh；

$\quad\quad Q_{MVR}$——故障维修期间网损负荷，W；

$\quad\quad n_{s-MV}$——故障数；

$\quad\quad \lambda_{1-MV}$——中压线路的故障率，%；

$\quad\quad t_{MV}$——平均故障持续时间，h。

2）高压配电网风险指标

（1）主变重载率指重载主变压器所占的比例，重载主变压器是指其负载率超过80%的高压主变压器，用以反映主变压器非正常运行的严重程度，其计算公式如下所示：

$$主变重载率 = \frac{重载主变台数}{主变总台数} \times 100\% \tag{3-29}$$

（2）线路重载率指重载线路所占的比例，重载线路是指高中压线路中负载率超过80%的线路，用以反映线路非正常运行的严重程度，其计算公式如下所示：

$$线路重载率 = \frac{重载主变台数}{主变总台数} \times 100\% \tag{3-30}$$

（3）网损率反映了配电网的节能性和电能损耗情况。由于高压配电网结构相对简单，且数据容易收集，因此高压配电网网损计算只需根据其网架规划和分区负荷预测，对高压配电网进行潮流计算得到最大负荷总耗 $\Delta P_{h,max}$，再根据最大负荷损耗时间得出年网损率 $\Delta P_{h,y}\%$：

$$\Delta P_{h,y}\% = \frac{\Delta P_{h,max} \times \tau_{max}}{\text{电网年供电量}} \tag{3-31}$$

式中 τ_{max}——最大负荷损耗小时数，h。

（4）电压质量合格率反映配电网电压偏差情况。根据《国家电网公司电力系统电压质量和无功电力管理规定》，电压质量是指缓慢变化（电压变化率小于每秒1%时的实际电压值和系统标称电压值之差）的电压偏差值指标。

电压质量合格指节点电压偏差在规则规定的范围内，电压质量合格率定义如下。

$$\text{电压质量合格率} = \frac{\text{电压质量合格节点数}}{\text{总节点数}} \tag{3-32}$$

（5）变电站单电源线率指只有单回线供电的变电站在变电站总座数中所占的比例，用以反映高压配电网结构的可靠性和运行灵活性，其计算公式如下所示。

$$\text{变电站单电源线率} = \frac{\text{单电源线供电变电站座数}}{\text{变电站总座数}} \times 100\% \tag{3-33}$$

（6）变电站单变率指只有单台主变压器的变电站在变电站总座数中所占的比例，用以反映高压配电网结构的可靠性和运行灵活性，其计算公式如下所示。

$$\text{变电站单变率} = \frac{\text{单主变变电站座数}}{\text{变电站总座数}} \times 100\% \tag{3-34}$$

（7）电量不足期望表示电力系统由于设备受迫停运而造成的对用户少供电能的期望值。电能不足期望值综合表达了停电次数、平均持续时间和平均停电功率。其计算公式如下所示。

$$\text{电量不足期望} = \sum_{i=1}^{N_f} [P(s)C(s)]T \tag{3-35}$$

式中 N_f——导致失负荷的故障状态总数；

$P(s)$——失负荷状态概率，%；

$C(s)$——失负荷状态下的失负荷量，W；

T——停运时间，h。

3.3 模型及评估

不考虑人为破坏的影响，可以将电力设施元件故障的诱因分为内、外两个方面。外部因素主要与气象条件有关，包括雷电、大风、环境温度、降雨量等。内部因素主要是指设备制造缺陷以及长期运行形成的老化疲劳。

内、外两种因素作用是相互独立的，多种独立因素共同作用效果符合"竞争性风险模式"。因此为获取元件完整的故障率，可以分别计算两种因素独立作用下的故障率再求和，这就为多风险因素的综合分析提供了捷径。

一般认为外部各因素作用机理是互不影响的，单因素作用下的故障过程可以用泊松（Poisson）过程进行描述，当故障率取常数时，其故障时间（TTF）概率分布服从指数分布，而元件故障表现为无记忆性；当时变故障率为类似能量衰减函数的形式时，将服从韦伯分布。此外，其他常用的时变故障时间分布还有伽马分布、贝塔分布、对数正态分布等。

3.3.1 风险影响模型研究

1. 气象因素

1）大风灾害

当大风灾害气象发生时，架空线路会受到较大的风压，当应力极限超过线路的机械强度时，架空线路便可能产生断线等严重故障。架空线路受到的外部荷载主要是风荷载，在风荷载下，架空线路呈现较强的非线性耦联特性。此外，大风气象会在架空线路上产生疲劳累积效应，加速线路的老化过程，提高线路的故障率。

2）雷电灾害

雷电事故几乎占线路全部跳闸事故的1/3以上。由于雷击能导致架空线路空气间隙被击穿，引起跳闸，因此雷电成为了困扰安全供电的一个难题。雷电通常在暴风雨期间发生，它引起的跳闸主要有两种方式，一是直接雷击，二是附近雷击引起的感应过电压。直接雷击产生的高电压远远高于线路的绝缘水平，是引起绝缘闪络的重要原因。另外，在线路绝缘水平较低的情况下，不少绝缘击穿是由于雷电击中线路附近物体产生的感应过电压导致。

2. 设备实时健康状态因素

在电力设施实际运行过程中，设施的运行状态是实时变化的，尤其是当设施受到扰动或某些元件停运时，电力系统的网络结构、运行条件和运行方式都会发生变化。

当前，电力设备的故障率通常是通过对设备的长期统计分析得到，当数据量不足时，通过这种方法得到的故障率可信度不高。此外，由于该故障率是基于事后的统计数据得到的，具有明显的滞后性，对于由状态信息得到的待检修设备和已检修的设备，不能完全通过统计的方法来获取其故障率。

随着状态检测技术的应用和发展，设备数据的有效性、准确性有了很大的提升。运行人员可以通过对状态检测的结果，根据《输变电设备状态检修试验规程》DL/T 393—2021、

《配网设备状态评价导则》DL/T 2106—2020 等相关导则，对设备的实时状态进行量化评估，进而求得相应设备的设备健康度。设备健康度是描述设备状态劣化程度的数值参数，研究表明设备故障率与其健康度成指数关系，如下：

$$\lambda = Ke^{-CHI} \tag{3-36}$$

式中　λ——设备故障率，%；

　　　K——比例系数；

　　　C——曲率系数；

　　　HI——设备健康度。

只有具备 2 年以上的设备健康度指数便可通过反演计算获得比例系数 K 和曲率系数 C。由设备健康度得到的故障率能对系统的当前状态做出一个综合量化的评估。

3. 电力系统运行状况因素

1）负荷随机变化因素

在天气条件和用户行为等诸多不确定因素的影响下，负荷变化具有很强的随机性。对负荷随机性的建模主要是采用数据统计和负荷预测技术相结合的方法，以负荷预测模型本身的不确定性和未来运行环境的随机性为依据。假设负荷为一正态分布的随机变量，即 $P \sim N(\mu_1, \sigma_1^2)$、$Q \sim N(\mu_1, \sigma_1^2)$，其中 P 和 Q 分别为系统总的有功负荷和无功负荷，μ_1、σ_1^2、μ_2、σ_2^2 分别为其均值和方差。正态分布可以用几个分段来模拟，每一分段用它的中点代表。以 13 个分段为例，负荷变化随机特性如图 3-10 所示。

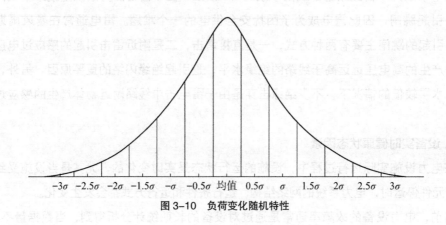

图 3-10　负荷变化随机特性

2）设备检修因素

设备检修会导致网络拓扑结构、系统运行方式、电网潮流分布等发生变化。设备检修的方案不同，其对电网的风险也不同。检修决策包括是否检修、检修次序、检修计划安排等，都会影响到电网风险。当前研究针对当下配电网状态检修的实施现状，分以下两种决策进行设备检修。

对于采用计划检修方式的设备，虽然存在检修不足或检修过剩的缺点，但是检修周期的确定并不是盲目的，是根据设备故障的发展规律所制定，因此在不能实施完全的状态检修时采用按固定周期的计划检修仍旧是最科学合理的方案。由于检修方式的局限性无法得知设备的健康状态，因此采用基于设备历史故障率统计的平均故障率曲线对设备健康状态进行预测。复杂电力设备的故障率往往符合浴盆曲线的变化规律，故障率曲线可以采用韦伯曲线分段拟合。

对于采用状态检修的设备，可通过信息收集和状态评价完成设备健康状态的获取和设备缺陷的诊断，按照既定的检修原则确定待修设备和各待修设备的检修等级、检修内容等。为了更合理地安排配电网设备的检修计划，需要在进行检修决策时考虑设备的健康状态及其发展趋势，使得检修具有超前性和针对性。

4. 人为可靠性因素

智能电子装置、远动程序化控制等技术的应用进一步保证了设备的可靠运行。与此同时，电力系统人为操作的故障因素也随之凸显。随着"三集五大"开始推行，变电设备采用集中远程操作和控制，使得电网调度与控制的智能化水平大大提高，但是人为可靠性因素日益凸显，尤其在事故扩大阶段，必须引起高度重视并得到认真研究，提出应对措施。

据统计，在美国每年休工 8 天以上的事故中，有 96% 的事故与人的不安全行为有关。电力设施运行中的恶性电气误操作是一个困扰供电企业多年的问题，尽管电气操作的规则和步骤已非常细化和完善，但是电气误操作事故还是频频发生。表面上看，大部分电气误操作以及人身伤害事故等是由于不严格执行安全工作规程、违章违纪所致，但是从更深层次角度来看，这种人为因素失误必然有其底层的诱因作用和内在的联系。

因此，总结电力系统人为操作特点，研究其中的规律，对电力安全管理部门制定规范与章程、预防电气误操作事故的发生有着重要的意义。

3.3.2 风险影响评估

1. 架空线路停运模型

1）大风作用下的架空线路停运模型

（1）线路风荷载分布参数预测

风荷载是空气流动对架空线路造成的动压力，在电力工程高压送电线路设计中，需考虑气象条件，如风速和风向，来进行风荷载设计。对于该项设计，各国有不同的标准，除了中国标准《110kV～750kV 架空输电线路设计规范》GB 50545—2010、《66kV 及以下架空电力线路设计规范》GB 50061—2010、《10kV 及以下架空配电线路设计规范》DL/T 5220—2021 及《建筑结构荷载规范》GB 50009—2012 外，还有 IEC 60286 *Design Criteria of Overhead Transmission Lines*，以及美国 ASCE 74—91 *Guidelines for Electrical Transmission Lines Structural Loading* 等。但这些风荷载设计的相关标准一般都考虑了基本风速（风压）、地形和高度影响、风载体型，以及结构动力特性4个方面的内容。本书中的计算都采用中国标准中的相关规定。

在《110kV ~ 750kV 架空输电线路设计规范》GB 50545—2010 中，给出了导线水平风荷载的计算公式：

$$W_x = 6.25 \times 10^{-4} \alpha \mu_{sc} \beta_c d l_H (K_h v)^2 \sin^2\theta \quad (3-37)$$

式中　W_x——垂直于导线轴线的风荷载，N；

　　　α——电线风压不均匀系数；

　　　μ_{sc}——电线体型系数；

　　　β_c——500kV 线路电线作用于杆塔上的风载调整系数，其他电压等级的线路直接取 1；

　　　d——电线外径，mm；

　　　l_H——杆塔水平挡距，m；

　　　K_h——导线平均高为 h 处的风速高度变化系数；

　　　v——线路规定基准高处的设计风速，m/s；

　　　θ——风向与导线轴向间的夹角，°。

《10kV 及以下架空配电线路设计规范》DL/T 5220—2021 给出了导线水平风荷载的计算公式。

$$W_x = \alpha \mu_s d L_W W_0 \quad (3-38)$$

式中　W_x——垂直于导线轴线的风荷载，N；

　　　α——风荷载挡距系数；

　　　μ_s——风荷载体型系数，当 $d<17$mm，取 1.2，当 $d \geq 17$mm，取 1.1；

　　　d——电线外径，m；

　　　L_W——水平挡距，m；

　　　W_0——基准风压标准值，kN/m²。

由式（3-37）、式（3-38）可知，在大风灾害下，架空线路所承受的风荷载与风速、风向两个气象参数密切相关。在实际情况中，风速、风向都随时间变化，是两个随机变量，从而由大风而产生的架空线路所承受的风荷载的值也是一个动态的时间序列。长期以来，利用统计方法的大风条件下线路的可靠性研究面临着气象数据累计不足的困难，所以本书建立线路实际承受风荷载与设计所能承受风荷载之间的关系，直接分析计算大风天气与线路之间的关系。

为了建立架空线路在大风灾害下的时变停运概率模型，对线路进行可靠性分析，在考虑线路风荷载的分散特性后，认为其为随机变量，用概率分布来进行拟合。这样，能够更精确地反映出风荷载本身的客观不确定性和离散性在线路的日常运行中存在，大风恶劣天气的发生是一种极端气象的小概率事件，并且在可靠性分析中考虑线路承受荷载时，应选取严重区段和时段，以期准确地反映整条线路的故障恶化情况。所以本书采用广义极值分布来对风荷载进行概率分布拟合。

在概率论中，将一列独立同分布随机变量的极值（极大值或者极小值）的概率分布称为极值分布。极值分布可分为3类，分别是Ⅰ型极值分布（又称冈贝尔分布）、Ⅱ型极值分布（又称弗雷歇分布）、Ⅲ型极值分布（又称韦伯分布），而广义极值分布是将极值分布中的3种不同类型一般化得到的统一的概率分布函数表达式。其概率分布函数 $F(x, \mu, \sigma, \xi)$ 见式（3-39）：

$$F(x, \mu, \sigma, \xi) = \exp\left\{-\left[1+\xi\left(\frac{x-\mu}{\sigma}\right)\right]^{1/\xi}\right\} \qquad (3-39)$$

式中　μ——位置参数；

σ——尺度参数；

ξ——形状参数。

当 $\xi = 0$ 时，为Ⅰ型极值分布；当 $\xi > 0$ 时，为Ⅱ型极值分布；当 $\xi < 0$ 时，为Ⅲ型极值分布（图3-11）。

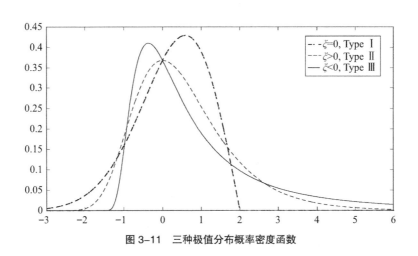

图3-11　三种极值分布概率密度函数

在对风荷载数据的分析中，选取每个区段内的风荷载样本的最大值，组成一列新的极值样本，来拟合风荷载的广义极值分布。

在获取风速、风向气象数据后，根据式（3-39）计算在每一组风速、风向气象数据下的架空线路承受的风荷载。以时间区间 t 为基准时段，选取该时段内最大的风荷载，重复该步骤，直到选取出 i 组最大风荷载组成一列风荷载的极值样本序列（$W_x^1, W_x^2, \cdots, W_x^i$），然后通过最大似然估计，估计出风荷载的3个广义分布参数——形状参数 ξ，尺度参数 σ，

位置参数 μ。以此类推，结合每一次的风荷载极值样本序列，即可估计出随时间变化的大风条件下的架空线路风荷载广义极值概率分布函数。

（2）线路风荷载停运概率建模

与线路承受的风荷载一样，线路设计风荷载同样也是一非负的随机变量，存在着分散性。线路设计风荷载服从正态分布，IEC（国际电工委员会）标准中定义了线路设计荷载的变差系数 Z 见式（3-40）：

$$Z = \frac{\delta}{\mu} \qquad (3\text{-}40)$$

式中　Z——变差系数，一般取 0.05~0.2；

　　　δ——线路设计荷载的标准差；

　　　μ——线路设计荷载的均值。

根据以上内容的叙述，已获得了架空线路在大风灾害下，所实际承受的风荷载 W_x 的计算方法与其概率分布，以及设计的线路所能承受的最大风荷载 W_d 与其概率分布。显然，当线路设计风荷载大于实际承受的风荷载时，线路可靠运行；当线路设计风荷载小于实际承受的风荷载时，线路发生故障；而当两者都为随机变量，并已知其概率分布时，可通过应力—强度干涉面积法算出在大风影响下的架空线路故障概率。干涉图如图 3-12 所示。

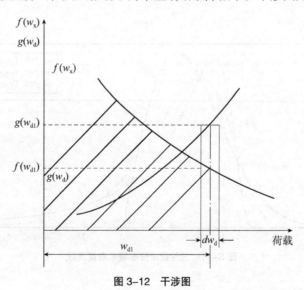

图 3-12　干涉图

架空线路大风荷载概率密度函数 $f(w_x)$ 与线路设计荷载概率密度函数 $g(w_d)$ 相交。首先考虑设计风荷载部分，如图 3-12 所示，取线路设计风荷载 w_d 的小区间 dw_d，其中点为 w_{d1}，则设计风荷载落入小区间 dw_d 的概率等于该小区间的面积，见式（3-41）：

$$P\left[\left(w_{d1} - \frac{dw_d}{2}\right) \leq w_{d1} \leq \left(w_{d1} + \frac{dw_d}{2}\right)\right] = g(w_{d1}) dw_d \qquad (3\text{-}41)$$

再考虑线路实际承受的风荷载，其小于设计风荷载的概率 $P(w_{d1} > w_x)$ 为式（3-42）：

$$P(w_{d1}>w_x) = \int_0^{w_{d1}} f(w_x)\,dw_x \tag{3-42}$$

式中　w_x——常数。

由于线路所承受的风荷载与线路设计风荷载相互独立，即 $P\left[\left(w_{d1}-\dfrac{dw_d}{2}\right)\leqslant w_{d1}\leqslant \left(w_{d1}+\dfrac{dw_d}{2}\right)\right]$ 和 $P(w_{d1}>w_x)$ 为两个独立的随机事件的概率，则它们同时发生的概率等于两个事件单独发生的概率的乘积。所以当线路设计风荷载为 w_{d1}，在小区间 dw_{d1} 内，线路可靠的概率，也就是设计风荷载大于线路承受风荷载的概率 dP 为式（3-43）：

$$dP = g(w_{d1})\,dw_d \int_0^{w_{d1}} f(w_x)\,dw_x \tag{3-43}$$

对于线路设计的风荷载这个随机变量来说，可以取到所有非负值，即线路可靠的概率 $P(w_d>w_x)$ 为式（3-44）：

$$\begin{aligned}P(w_d>w_x) &= \int_0^{+\infty} g(w_d)\int_0^{w_d} f(w_x)\,dw_x dw_d \\ &= \int_0^{+\infty} F(w_d)g(w_d)\,dw_d\end{aligned} \tag{3-44}$$

从而，在承受大风风荷载的条件下，线路的故障概率 P 为式（3-45）：

$$P = 1 - \int_0^{+\infty} F(w_d)g(w_d)\,dw_d \tag{3-45}$$

式（3-39）说到线路承受的风荷载的概率 $F(w_x,\mu_x,\sigma_x,\xi_x)$ 分布为广义极值分布，即式（3-46）：

$$F(w_x,\mu_x,\sigma_x,\xi_x) = \exp\left\{-\left[1+\xi_x\left(\dfrac{w_x-\mu_x}{\sigma_x}\right)\right]^{-1/\xi_x}\right\} \tag{3-46}$$

式中　μ_x，σ_x，ξ_x——常数。

而线路设计风荷载的概率分布为正态分布 [式（3-47）]：

$$g(w_d,\mu_d,\sigma_d) = \dfrac{1}{\sigma_d\sqrt{2\pi}}e^{-\dfrac{(w_d-\mu_d)^2}{2\sigma_d^2}} \tag{3-47}$$

式中　μ_d，σ_d，ξ_d——设计常数。

所以，可得出大风灾害下，架空线路故障概率 P 的实际表达式为式（3-48）：

$$P = 1 - \prod_0^{+\infty} \exp\left\{-\left[1+\xi_x\left(\dfrac{w_d-\mu_x}{\sigma_x}\right)\right]^{-1/\xi_x}\right\}\dfrac{1}{\sigma_d\sqrt{2\pi}}e^{-\dfrac{(w_d-\mu_d)^2}{2}}dw_d \tag{3-48}$$

（3）考虑疲劳折损的线路风荷载停运概率预测

除了大风瞬时作用对线路可靠性造成影响外，架空输电线还受风等外界环境及自身老化的影响，容易产生结构疲劳折损。这会导致线路故障率的增加。服役时间越长，线路发生故障的可能性越高。可用浴盆曲线来表征这种随时间而增加的故障率，如图 3-13 所示。架空线路的整个服役时期可划分为初始运行期、稳定运行期和损耗区，该过程可用韦伯分

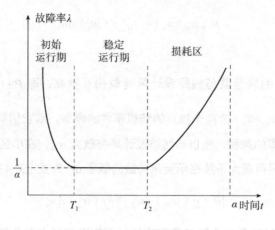

图 3-13 浴盆曲线

布来描述。在时间 t 时的线路瞬时故障率 $\lambda(t)$ 为式（3-49）：

$$\lambda(t)=\frac{\beta}{\alpha}\left(\frac{\beta}{\alpha}\right)^{\beta-1} \tag{3-49}$$

式中 β——形状参数；

α——尺度参数，也称特征寿命参数。

形状参数的不同取值，能够表示出不同服役期下的线路故障率变化情况。当 $0<\beta<1$ 时，故障率单调递减，线路处于初始运行期；当 $\beta=1$ 时，线路故障率为常数 $1/\alpha$，线路处于稳定运行期；当 $\beta>1$ 时，线路故障率单调递增，线路处于损耗区。

考虑线路开始稳定运行后的情况。有两条设计规格相等架空线路 L_1 和 L_2，当它们都在稳定运行期时，承受风荷载的能力是相同的，与设计风荷载相当；当线路 L_1 处于稳定运行期，线路 L_2 处于损耗期时，线路 L_1 依然能够承受设计的风荷载，但线路 L_2 的抗风能力已经发生折损；当两条线路都处于损耗期时，服役期长的线路所折损的抗风能力更大。为能够量化这种疲劳折损效应，引入疲劳折损系数 ξ，其定义为架空线路实际承受风荷载的能力与其最初设计承受风荷载能力的比值。

$$\xi=\frac{W_d'}{W_d} \tag{3-50}$$

式中 W_d'——实际所能承受风荷载；

W_d——设计所能承受的最大风荷载。

在线路服役寿命服从韦伯分布的假设下，设计规格相等的两条线路 L_1 和 L_2 的尺度参数 α 可认为是相等的。当线路服役在稳定运行期，即 $T_1<t<T_2$ 时，抗风能力没有发生折损，即 $\xi=1$；当线路服役在损耗区时，即 $t>T_2$ 时，线路抗风能力发生折损，并且在服役寿命到达时，线路运行地区的较常见大风而非大风灾害天气（如 8 级及以下风）的作用就会超过其设计荷载，这样就可以计算出线路实际上所能承受的风荷载。从而结合线路实际设计与运行情况，能算当线路服役寿命到达时的疲劳折损系数 ξ_2。以双曲线来拟合疲劳折损系数值与时间 t 的关系，见式（3-51）：

$$\xi = \frac{\xi_2 \left(1 - \beta^{\frac{1}{\beta-1}}\right)}{\beta^{\frac{1}{\beta-1}} \left[\dfrac{t}{\alpha}(\xi_2 - 1) - \xi_2\right] + 1} \quad (3-51)$$

从而，可以计算出折损后的线路所能承受的最大风荷载，见式（3-52）：

$$W'_d = \xi$$

$$W_d = \frac{\xi_2 \left(1 - \beta^{\frac{1}{\beta-1}}\right)}{\beta^{\frac{1}{\beta-1}} \left[\dfrac{t}{\alpha}(\xi_2 - 1) - \xi_2\right] + 1} \quad (3-52)$$

基于大风灾害的风速、风向气象参数，以及线路的设计规格、服役期限等运行条件，在考虑疲劳折损的情况下，预测线路风荷载停运概率的过程如下（图3-14）。

①将所需预测停运概率的架空线路进行分组，获取其设计风荷载水平最大风荷载 W_d 与其概率分布；

②读取线路服役期数据，判断其是否超过疲劳折损的门槛役龄。若在稳定运行期，则设计风荷载水平按原值计算；若在损耗区，则按式（3-51）计算线路设计风荷载的疲劳折损系数，并按式（3-52）修正线路实际能承受的风荷载 W'_d；

③获取时间 t 内的所有风参数，包括风速和风向的预测值，按式（3-38）计算风条件下的架空线路承受的实际风荷载，并选取该时段内最大的风荷载 W_x。重复该过程，得到由最大风荷载组成一列风荷载的极值样本序列，然后通过最大似然估计，可获得随时间实时变化的风荷载的3个广义分布参数；

④按照式（3-48）即可算出当大风灾害发生时，不同疲劳折损程度的架空线路实时停运概率。

2）雷电作用下的架空线路停运模型

考虑落雷密度、线路尺寸、绝缘和

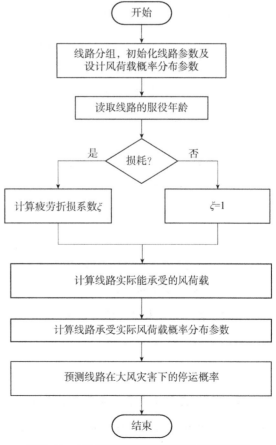

图 3-14　大风灾害下预测线路停运概率模型流程

屏蔽水平对雷击故障率的影响。以下分别说明直接雷击故障率与感应雷击故障率的计算方法,最后综合而成由雷击导致的线路故障率。

(1)直接雷击故障

直接雷击故障率可通过线路所在地区的落雷密度、线路尺寸和线路屏蔽系数来进行计算。

落雷密度可以直接从相关气象部门统计数据中获得,如果难以获得,则可通过式(3-53)估算:

$$N_g = 0.04 T_d^{1.25} \qquad (3-53)$$

式中　N_g——落雷密度,次/(km²a);

　　　T_d——地区暴风雨频率,次/(km²a)。

地区暴风雨频率可从雷电活动水平数据中获得。以上海地区为例,通过统计数据获知,上海地区的平均落雷密度约为4.99次/(km²a)。

引入屏蔽系数 SF 用来衡量每单位线路被附近物体屏蔽的程度。当线路有完全屏蔽时,$SF = 1$;当线路没有屏蔽时,$SF = 0$。

从而,可得直接雷击故障率为式(3-54):

$$\lambda_1 = 0.001 N_g (b + 28 H^{0.6})(1 - SF) \qquad (3-54)$$

式中　λ_1——直接雷击故障率,次/(km²a);

　　　b——导线间最大水平距离,m;

　　　H——最高导线的高度,m。

(2)感应雷击

感应雷击与落雷密度、线路尺寸和临界击穿电压(Critical Flashover Voltage,CFO)有关。引入感应闪络系数 N_i,感应闪络系数 N_i 与临界击穿电压 CFO 的关系如图 3-15 所示,已知线路临界击穿电压后,可通过该图获得感应闪络系数:

$$\lambda_2 = N_i N_g \left(\frac{H}{10} \right) \qquad (3-55)$$

式中　λ_2——感应雷击故障率,次/(km²a)。

　　　N_i——感应闪络系数;

最终,由雷击引起的总的架空线路故障率为式(3-56):

$$\lambda = \lambda_1 + \lambda_2 \qquad (3-56)$$

3)常规天气作用下的架空线路停运模型

常规天气情况作用下,架空线路的停运概率不会出现特别大的变化,但会随着温度、风速、雨量等的变化而发生波动。为反映常规天气作用下架空线路停运概率的变化特征,基于比率故障率模型,综合考虑了与运行时间相关的设备老化、天气因素和设备状态因素

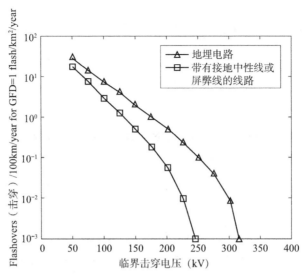

图 3-15 感应闪络系数 N_i 与临界击穿电压 CFO 关系

进行故障率建模。其中,老化情况利用了温升老化模型,天气因素采用传统的两状态天气模型,线路状态的判断参照了《输变电设备状态评价导则》。模型中的参数估计步骤使用了极大似然估计的方法。

在介绍比例故障率模型之前,先介绍一下故障率函数 $h(t)$ 和可靠度函数 $R(t)$。

记设备故障前时间为一随机变量 T,其分布为 $F(t)$,$f(t)$ 为其密度函数,可靠度函数 $R(t)=1-F(t)$,则故障率函数 $h(t)$ 定义为式(3-57):

$$h(t) = \lim_{\Delta t \to 0} \frac{R(t) - R(t+\Delta t)}{\Delta t R(t)} = \frac{f(t)}{R(t)} \quad (3-57)$$

式中 $R(t+\Delta t)$——代表可靠度的常数;

Δt——时间变化,s。

$h(t)$ 的物理意义是:当 Δt 很小时,$h(t)\Delta t$ 表示该设备在 t 之前正常工作的条件下,在 $(t, t+\Delta t]$ 中失效的概率。

故障率函数 $h(t)$ 和可靠度函数 $R(t)$ 之间的关系为式(3-58):

$$h(t) = \frac{f(t)}{R(t)} = -\frac{\mathrm{d}}{\mathrm{d}t}\ln R(t) \quad (3-58)$$

由此得到可靠度函数式(3-59):

$$R(t) = \exp\left[-\int_0^t h(t)\,\mathrm{d}t\right] \quad (3-59)$$

Cox 比例风险模型(PHM)模型由 D.R.Cox 于 1972 年提出,最早应用于生物医学和经济学领域,目前在可靠性研究领域也获得了较多的应用。

比例故障率模型可以在设备运行状态参数与故障率之间建立联系，其故障率函数 $h(t)$ 为式（3-60）：

$$h(t) = h_0(t)\psi[Z(t)] \quad (3\text{-}60)$$

式中　t——设备运行时间，h；

$h_0(t)$——基准故障率函数，用于表示设备的老化过程，常选用韦伯分布；

$Z(t)$——t 时刻设备所处的状态；

$\psi[Z(t)]$——状态描述函数，反映处于不同的状态 $Z(t)$ 对设备故障率的影响。

向量 $Z(t)=[z_1(t), z_2(t), \cdots, z_i(t), \cdots, z_n(t)]$，由 n 个时变的协变量 $z(t)$ 构成，每个协变量都可以表征一种特定的测量值或状态。实际应用中协变量可以是反映设备状态的内部变量，例如设备本体的某种检测信息。也可以是影响设备运行的外部变量，例如环境条件。最常用的状态描述函数形式为式（3-61）：

$$\psi[Z(t)] = \exp[\gamma_1 Z_1(t) + \cdots + \gamma_i Z_i(t) + \cdots + \gamma_n Z_n(t)] \quad (3\text{-}61)$$

式中　γ_i——每个协变量对应的协系数。

线路服役过程中的自身老化、天气因素和状态条件都会影响变压器的故障率，例如服役时间越长的线路故障率越高，而相同服役时间情况下，状态较好的线路比状态较差的线路故障率高。

比例故障率模型通过 $h_0(t)$ 和 $\psi[Z(t)]$ 同时反映设备老化信息、天气因素和状态信息的作用，非常适合用于线路故障率建模。

（1）基准故障率函数的建模

比例故障率模型中的基准故障率函数 $h_0(t)$ 用来描述设备老化过程，可以有多种参数的失效模型能够描述这种状况，例如泊松分布、指数分布、韦伯分布和对数正态分布等。基准故障率函数常用威布尔分布，如式（3-62）：

$$h_0(t) = \frac{\beta}{\eta}\left(\frac{t}{\eta}\right)^{\beta-1} \quad (3\text{-}62)$$

式中　β——形状参数；

η——特征寿命参数。

采用基准分布为威布尔分布的比例故障率模型，则比例故障率模型就变为韦伯比例故障率 $h(t;Z)$ 模型见式（3-63）：

$$h(t;Z) = \frac{\beta}{\eta}\left(\frac{t}{\eta}\right)^{\beta-1}\exp(\gamma Z) \quad (3\text{-}63)$$

式中　γ——回归变量系数；

Z——运行状态数值。

累积比例故障率见式（3-64）：

$$h(t; Z) = \int_0^t h(t, Z) \, dt \quad (3\text{-}64)$$

（2）状态描述函数的建模

①两状态天气模型

目前，就气候对电力系统可靠性评估结果的影响已有较多研究。在 IEEE Std 346—1973 *Standard Definitions in Power Operations Terminology Including Terms for Reporting and Analyzing Outages of Electrical Transmission and Distribution Facilities and Interruptions to Customer Service* 中把天气状态分为正常、恶劣和极端恶劣 3 个状态，不同的状态具有不同的停运率，且状态之间的转移率设为某一确定值，如图 3-16 所示。

由于极端恶劣天气出现的概率极小，因此大多数天气都可以归入正常和恶劣两种基本状态。对元件故障率影响较小的天气一般归为正常天气，而对元件故障率影响较大的天气一般归为恶劣天气，如暴雨、大风、冰雪等。综上可以建立简单的两状态天气变化模型（图 3-17）。

从图 3-17 中可以看出，天气的变化是一个可以处理为两种天气情况的随机过程。依据两状态天气模型，可将天气状态划分为 2 个状态：正常（状态 1）、恶劣（状态 2），严重程度逐渐增加。当天气分别处于良好状态、恶劣状态时，状态描述函数中 $Z_1(t) = 1$、2，函数如式（3-65）：

$$\psi[Z(t)] = \exp[\gamma Z_1(t)] \quad (3\text{-}65)$$

②设备状态模型

自 20 世纪 70 年代以来，以设备监测诊断为基础的基于状态的维修（CBM）显示出巨大的优越性。近年来，随着状态检修技术的发展，研究发现设备的健康状态对设备的故障率有着直接影响，因此，提出了基于设备健康状态的故障率模型 $\lambda(S)$，S 表示设备当前的健康状态评分值。中国目前采用的故障率状态模型是单纯以设备健康状态作为自变量的一种指数函数形式的模型，该模型认为当设备状态恶化时，设备故障率会呈指数级增

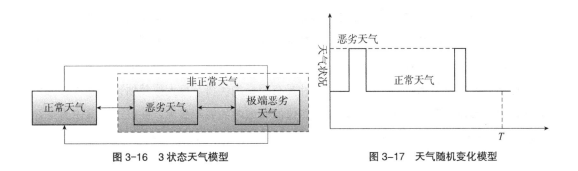

图 3-16　3 状态天气模型　　　　　　　图 3-17　天气随机变化模型

长。状态模型数学表达式为：

$$\lambda(S) = Ke^{-CS} \quad (3-66)$$

式中 K——比例参数；
C——曲率参数。

根据《输变电设备状态评价导则》Q/GDW 1903—2013，状态评价定义：依据一定的标准，对反映设备健康状态的各项状态量指标数据、进行分析评价，并最终得出设备健康状态等级。

状态评价通过对设备的特征参量进行收集，根据《输变电设备状态评价导则》《输变电设备风险评估导则》Q/GDW 1903—2013，设备状态可以评价为 4 种状态：正常状态，注意状态，异常状态，严重状态。其设备状态评价标准如表 3-3 所示。

设备状态评价标准　　　　　　　　　　　　　　　　　表 3-3

线路状态	状态特征
正常状态	状态量处于稳定且良好的范围内，可以正常运行
注意状态	单项（或多项）状态量变化趋势朝接近标准限值方向发展，但未超过标准限值，仍可以继续运行，应加强运行中的监视
异常状态	单项重要状态量变化较大，已接近或略微超过标准限值，应监视运行，并适时安排停电检修
严重状态	单项重要状态量严重超过标准限值，需要尽快安排停电检修

利用设备状态监测信息，对其状态进行确定。当线路分别处于正常状态、注意状态、异常状态、严重状态时，状态描述函数中 $Z_2(t) = 1、2、3、4$。

设备状态模型关注设备劣化对设备故障率的影响，具有加入到 PHM 模型中能充分体现设备状态对设备故障率影响的优势，更符合物理实际，因而能更准确地计算线路故障率。

（3）可靠性评估的极大似然参数估计

为了对采用比例故障率的模型进行可靠性评估，首先需要对模型中的参数进行可靠性参数估计。可靠性参数估计的方法有图参数估计法、矩估计法、极大似然估计法等。极大似然估计是一种十分有效和通用的参数估计方法，在参数估计问题中占有重要地位，尤其在处理不完全寿命的情况下，极大似然估计具有明显的优势。极大似然估计的基本思想可以概括为，选择待定参数使样本出现在观测值的领域内的概率最大，并以这个值作为未知参数的点估计值。

为了评估比例故障率模型中的参数,需要收集设备部件(如轴承、电动机等)给定的运行状态下的特征数据。这些数据包括一定的寿命时间、截尾时间、失效的特征数据个数等,设数据列为 $(t_1, t_2, \cdots, t_i)$,令待评估的参数列为 $\theta(\beta, \eta, \gamma)$,$n_f$ 为 n 个样本中的失效特征数据,则可以得到似然函数为:

$$L(\theta) = \prod_{i \in F} f(t_i, \theta) \prod_{i \in C} R(t_i, \theta) \qquad (3\text{-}67)$$

式中　$L(\theta)$ ——最大似然函数;

　　　θ ——故障概率,%;

　　　$f(t_i, \theta)$ ——故障概率密度函数;

　　　$R(t_i, \theta)$ ——可靠度函数;

　　　F ——失效集;

　　　C ——截尾集。

通过解下面的方程能够得到参数估计 θ 为式(3-68)或式(3-69):

$$\frac{\partial}{\partial \theta} L(\theta) = 0 \qquad (3\text{-}68)$$

$$\frac{\partial}{\partial \theta} \ln[L(\theta)] = 0 \qquad (3\text{-}69)$$

将两参数的韦伯比例故障概率密度函数和可靠度函数代入上式得到韦伯分布的似然函数为式(3-70):

$$L(\theta) = \prod_{i \in F} \left[\frac{\beta}{\eta} \left(\frac{t_i}{\eta} \right) \exp \gamma Z(t_i) \right] \prod_{i \in C} \exp \left[-\int_0^t \frac{\beta}{\eta} \left(\frac{s}{\eta} \right) \exp[\gamma Z(t_i)] \right] ds \qquad (3\text{-}70)$$

式中　β ——回归变量系数;

　　　η ——形状参数;

　　　γ ——特征寿命参数;

　　　t, s ——时间,h。

状态函数 Z 值的监测一般并非是连续的,因此式(3-69)的最后一项积分项中需要分段积分。本书假设相对于监测间隔而言,线路在运行过程中状态转移的速率非常慢,在绝大多数监测间隔中不会发生状态变化。因此对于监测间隔中的状态,可做如下近似:当 $t_i < t < t_{i+1}$ 时,$Z(t) = Z_{t_i}$,即在到达下一个监测点之前,认为线路状态不变。

根据极大似然评估方法,将 $\ln L$ 分别对待评估的参数 β、η 和 γ 求偏导,并令各等式为 0,得到一组非线性方程。根据 Nelder-Mead 算法,该算法是一种不用求导的迭代优化算法,然后利用 fminsearch 优化函数,可求解得到参数 β、η 和回归矢量 γ。

在得到模型参数之后，就可以根据系统工作时间 t 和反映工作状态的伴随协变量 Z 求得系统当前的故障率，从而可以得到故障密度和可靠度等指标。

（4）回归系数估计

进行回归系数估计的目的是要利用历史数据库通过回归的方式拟合 $B=(b_0, b_1, b_2, \cdots, b_n)$，此时需要已知 $\{X_i, \lambda_i\}_{i=1,\cdots,n}$。从历史数据库中提取 $\{X_i, \lambda_i\}_{i=1,\cdots,n}$ 的过程如下。

首先，设数据库中风速数据最大、最小值分别为 $V_{\max}$、$V_{\min}$。其次，选定某一固定风速间隔 μ_V，将区间 $[V_{\min}, V_{\max}]$ 划分为 N_V 个相等的间隔，$N_V = \dfrac{V_{\max} - V_{\min}}{\mu_V}$（$\mu_V$ 为风速间隔）。最后，将每一个子区间记为 $[V_i, V_{i+1}]$，$1 \leq i \leq N_V$，$V_1 = V_{\min}$，$V_{N_V} = V_{\max}$。同理，将数据库中的温度数据进行相同的处理，记温度子区间的个数为 N_T，最终得到 $N_V N_T$ 个由风速和温度子区间构成的组合。

从历史故障数据库中，统计该条线路故障落入每一个子区间的个数，记为 n_j，$j \leq N_V N_T$，通过极大似然原理可以证明，式（3-71）为子区间 j 故障率 λ_j 的无偏估计：

$$\lambda_j = \frac{n_j}{T_j} \tag{3-71}$$

式中　T_j——该子区间在历史数据库中记录的存在时间。

至此，式（3-71）给出了各个子区间的故障率的统计计算方法。余下的问题是需要计算各个子区间的 X_i。

当区间 μ_V，μ_T 取值较小时，可以利用 $X_j = \left(\dfrac{V_i + V_{i+1}}{2}, \dfrac{T_k + T_{k+1}}{2} \right)_{1 \leq i \leq N_V, 1 \leq k \leq N_T, 1 \leq j \leq N_V N_T}$，表示每个子区间的故障发生时该线路所处的环境特征。至此，$\{X_i, \lambda_i\}_{i=1,\cdots,N}$ 的提取方法全部给出。

（5）故障率公式

某条线路故障率 λ 与环境因素 $X=(1, x_1, x_2, \cdots, x_n)$（如 x_1 代表风速，x_2 代表温度）的故障率公式可以表示为式（3-72）：

$$\lambda = \lambda_0 \exp(XB) \tag{3-72}$$

式中　B——待求的回归系数，$B=(b_0, b_1, b_2, \cdots, b_n)$；

　　　λ_0——线路历史平均故障率。

若能已知 N 个数据对 $\{X_i, \lambda_i\}_{i=1,\cdots,N}$，通过线性回归（极大似然估计）即可得到当前数据支持下的线路故障率。

2. 变压器时变停运模型

对于变压器老化失效可以分为 3 部分考虑：内部潜伏性故障导致的老化失效、外部天气条件下的随机故障，以及继电保护相关的故障失效，下面逐步分析。

1)内部潜伏性故障导致变压器停运的时变故障率

首先,根据变压器油中溶解气体数据按照表 3-4 划分状态并建立多状态马尔科夫模型,如图 3-18 所示。其中 $\lambda_{i,i+1} = 1/\overline{y_i} = 1 / \dfrac{1}{k}\sum_{j=1}^{k} y_{ij}$,为状态转移速率,$y_i$ 为变压器处于状态 i 的时间。

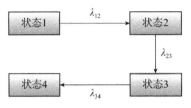

图 3-18 马尔科夫状态空间

马尔科夫状态方程为式(3-73):

$$\frac{\mathrm{d}P(t)}{\mathrm{d}t} = P(t)A \qquad (3\text{-}73)$$

式中 $P(t)$——$[P_1(t), P_2(t), P_3(t), P_4(t)]$ 为瞬时状态概率向量;$P_i(t)$ 为变压器在时刻 t 处于状态 i 的概率;

t——瞬时状态概率向量;

A——状态转移速率矩阵。

由于变压器处于状态 4 时必须立刻停运或保护已经跳闸,可以认为此时变压器的内部潜伏性故障发展过程终结。A 为状态转移速率矩阵,见式(3-74):

$$A = \begin{bmatrix} -\lambda_{12} & \lambda_{12} & 0 & 0 \\ 0 & -\lambda_{23} & \lambda_{23} & 0 \\ 0 & 0 & -\lambda_{34} & \lambda_{34} \\ 0 & 0 & 0 & 0 \end{bmatrix} \qquad (3\text{-}74)$$

表 3-4 　IEE 标准中依据 DGA 体积分数的状态划分

状态	TDCG levels(μL/L)	TDCG rate(μL/L/day)	采样周期	采取措施
故障状态	>4630	>30	每天	退出运行
		10~30	每天	
		<10	每周	密切关注、仔细分析、考虑停运
严重状态	1921~4630	>30	每周	密切关注、仔细分析、考虑停运
		10~30	每周	
		<10	每月	

续表

状态	TDCG levels（μL/L）	TDCG rate（μL/L/day）	采样周期	采取措施
注意状态	721～1920	>30	每月	密切关注、仔细分析、考虑降负荷
		10～30	每月	
		<10	每季度	
良好状态	≤720	>30	每月	密切关注、仔细分析、考虑降负荷
		10～30	每季度	正常运行
		<10	每年	

以下根据变压器分别处于不同初始状态进行停运分析。

（1）变压器初始时刻处于状态1时：$P(0)=[1,0,0,0]$。T_w 为变压器从初始时刻发展到状态4所需时间，其概率分布如式（3-75）：

$$F(t)=P(T_w<t)=P_4(t)=1-ae^{-\lambda_{12}t}-be^{-\lambda_{23}t}-ce^{-\lambda_{34}t} \quad (3-75)$$

$$a=\frac{\lambda_{23}\lambda_{34}}{\lambda_{12}^2-(\lambda_{12}+\lambda_{34})\lambda_{12}+\lambda_{23}\lambda_{34}} \quad (3-76)$$

$$b=\frac{\lambda_{12}\lambda_{34}}{\lambda_{23}^2-(\lambda_{12}+\lambda_{34})\lambda_{23}+\lambda_{12}\lambda_{34}} \quad (3-77)$$

$$c=\frac{\lambda_{12}\lambda_{23}}{\lambda_{34}^2-(\lambda_{12}+\lambda_{23})\lambda_{34}+\lambda_{12}\lambda_{23}} \quad (3-78)$$

式中 $F(t)$，$P(T_w<t)$，$P_4(t)$——变压器从初始时刻发展到状态4所需时间的概率发布；

a,b,c——常数；

t——时间，h。

基于元件故障率与元件寿命的概率函数之间的数值一致性关系，可得到内部潜伏性故障的故障率时域见式（3-79）：

$$\lambda(t)=\frac{F'(t)}{1-F(t)}=\frac{a\lambda_{12}e^{-\lambda_{12}t}+b\lambda_{23}e^{-\lambda_{23}t}+c\lambda_{34}e^{-\lambda_{34}t}}{ae^{-\lambda_{12}t}+be^{-\lambda_{23}t}+ce^{-\lambda_{34}t}} \quad (3-79)$$

（2）变压器初始时刻处于状态2时，可建立由状态2、3和状态4构成的三态马尔科夫模型，推导时变故障率 $\lambda(t)$ 表达式见式（3-80）：

$$\lambda(t)=\frac{\lambda_{23}\lambda_{34}(e^{-\lambda_{3}t}-e^{-\lambda_{3}t})}{\lambda_{34}e^{-\lambda_{23}t}-\lambda_{23}e^{-\lambda_{3}t}} \quad (3-80)$$

（3）若变压器初始时刻处于状态3，则故障率为 λ_{34}。

在变压器风险评估的时间尺度内，假设潜伏性故障的故障率保持不变，根据上述方法得到当前故障率后，带入变压器时变停运模型计算未来时段内各时刻的变压器停运概率。

2）基于天气条件的随机失效概率

为简化起见，使用两状态天气模型描述变压器的偶然失效模式故障率 $\lambda_{qc}(w)$，见式（3-81）：

$$\lambda_{qc}(w) = \begin{cases} \bar{\lambda} \dfrac{N+S}{N}(1-F), & w=0 \\ \bar{\lambda} \dfrac{N+S}{N}F, & w=1 \end{cases} \quad (3\text{-}81)$$

式中　$\bar{\lambda}$——变压器偶然失效的统计平均值；

N——正常天气的持续时间，h；

S——恶劣天气的持续时间，h；

F——发生在恶劣天气的故障比例；

w——变压器当前所处的天气情况，正常天气 $w=0$，恶劣天气 $w=1$。

若在短时间 Δt 内天气情况保持不变，那么设备故障率也不变，可认为运行时间服从指数分布。则变压器在 Δt 内发生偶然失效概率为 $P_{tc} = 1 - e^{-\lambda_{tc}(w)\Delta t}$。

3）电流相依的过负荷保护动作模型

变压器中过负荷引起的继电保护动作跳闸是一类重要的停运现象。过负荷继电保护包括电流互感器＋继电保护装置。电流互感器的电流测量值存在误差—误差范围由电流互感器的准确级决定；继电保护装置的触发值存在误差。

设整个保护系统存在的触发电流值 I_{set} 的误差为 $\pm\varepsilon$，并服从均值为 $I_{set0}(1+\varepsilon)$ 的截尾正态分布，其密度函数为式（3-82）～式（3-84）：

$$\lambda_{qc}(w) = \begin{cases} \bar{\lambda} \dfrac{N+S}{N}(1-F), & w=0 \\ \bar{\lambda} \dfrac{N+S}{N}F, & w=1 \end{cases} \quad (3\text{-}82)$$

$$a = \left[\phi\left(\dfrac{\varepsilon I_{set0}}{\sigma}\right) - \phi\left(\dfrac{-\varepsilon I_{set0}}{\sigma}\right) \right]^{-1} \quad (3\text{-}83)$$

$$f(I_{set}) = \begin{cases} 0, I_{set} \notin [I_{set0}(1-\varepsilon), I_{set0}(1+\varepsilon)] \\ \dfrac{1}{a\sigma\sqrt{2\pi}} \exp\left(-\dfrac{(I_{set}-I_{set0})^2}{2\sigma^2}\right), I_{set} \in [I_{set0}(1-\varepsilon), I_{set0}(1+\varepsilon)] \end{cases} \quad (3\text{-}84)$$

式中　I_{set0}——初始状态的触发电流值；

ε——误差值；

σ——标准正为标准正态分布函数；

$f(I_{set})$——触发电流值的概率分布；

a——两个标准正态分布的累积分布函数相减。

令 I 为变压器负荷电流,对于事件 A={保护动作切除设备}、$B_1=\{I\geq I_{set}\}$、$B_2=\{I<I_{set}\}$,根据条件概率为式(3-85):

$$P(A)=P(A|B_1)P(B_1)+P(A|B_2)P(B_2) \quad (3-85)$$

式中　$P(A)$——过负荷保护动作导致设备停运的概率 P_r;

$P(A|B_1)$——保护正确动作的概率 P_z;

$P(A|B_2)$——保护误动作的概率 P_w;

$P(B_1)$——事件 B_1 的概率;

$P(B_2)$——事件 B_2 的概率。

后两者由统计分析得到,如图 3-19 所示。

当 $I<I_{set0}(1-\varepsilon)$ 时,$P(B_1)=0$,$P(B_2)=1$,$P_r(I)=P_w$;

当 $I>I_{set0}(1+\varepsilon)$ 时,$P(B_1)=1$,$P(B_2)=0$,$P_r(I)=P_z$;

当 $I_{set0}(1-\varepsilon)\leq I\leq I_{zd0}(1+\varepsilon)$ 时,$P_r(I)=P_z\int_{I_{set0}(1-\varepsilon)}^{I}f(I_{set})dI_{set}+P_w\int_{I}^{I_{set0}(1-\varepsilon)}f(I_{set})dI_{set}$。

3. 基于设备健康度的时变停运模型

电力设备健康度(Health Index,HI)是描述电力设备状态劣化程度的参数。基于设备健康度所得的设备故障率是对当前设备状态的一个综合性量化评估。由健康度与故障率的指数关系,可以建立元件时变停运模型。

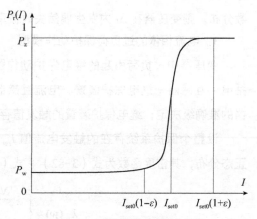

图 3-19　电流相关停运概率关系

1)实时状态下的设备故障率

设备故障率 λ 与电力设备健康度存在如式(3-86)关系:

$$\lambda=Ke^{-C\times HI} \quad (3-86)$$

式中　K——比例系数;

C——曲率系数;

HI——电力设备健康度。

上述公式表明当设备的状态劣化时,其故障率呈指数的形式增加,这与实际的现场经验相一致。式中的比例系数 K 与曲率系数 C 与运行环境、设备种类等因素有关,难以直接获取。本书采用反演计算的方式来获得这两个系数,方法如下:

$$P=\frac{n}{N}\times 100\%=\sum_{i=1}^{10}\frac{N_iKe^{C\times HI_i}}{N}\times 100\% \quad (3-87)$$

式中　P——年故障发生概率，%；
　　　n——故障设备数量；
　　　N——设备总量；
　　　i——设备健康度的分级数，将 0 ~ 100 分均分为 10 级，i =1 ~ 10；
　　　N_i——第 i 级设备的台数；
　　　HI_i——第 i 级设备健康度的均值。

当具备两个以上的设备健康度和故障率的数据时，便可通过上述方法获得系数 K 和 C，然后利用故障率与设备健康度的指数关系对实时状态下的设备故障率进行评价。当数据量较少或统计样本不足以支持单一状态下设备故障率的评估时，该方法能较好地得到对设备实际故障率的近似值。

2）状态检修后的设备故障率

所提出的基于设备健康度的故障率计算方法是在不考虑故障率与运行时间相关联的情况下，由设备的实时状态得出的。在状态检修的决策优化中，往往还需要对设备经历不同类型的检修工作后的故障率进行预测。由于电网的运行条件对运行设备的停运情况会产生影响，考虑到运行时间的关联性，本书引入"名义役龄"与"实际役龄"的概念。设备的名义役龄指设备的运行总年数，而实际役龄与设备运行的实际情况相关。由于设备在运行过程中经历不良工况及保养维护等外界因素，设备的名义役龄与实际役龄并不相等。

大部分电力设备的故障率与其运行时间的关系为典型的"盆浴曲线"关系，在指数分布中，由于故障率为常数，不能完全描述盆浴曲线的不同阶段，本书采用韦伯分布对设备的故障曲线进行分段拟合，具体如式（3-88）：

$$\lambda(t) = \frac{m}{\eta}\left(\frac{t}{\eta}\right)^{m-1} \quad (3\text{-}88)$$

式中　$\lambda(t)$——失效密度函数；
　　　t——参数或特征寿命，表示函数的缩放；
　　　η——位置参数，且大于 0，表示设备在 $[0, \eta]$ 之间不会发生故障；
　　　m——形状参数，表示函数走势，$m>1$ 表示失效率随时间增加，$m<1$，表示失效率随时间减小。

基于设备健康度由设备的时实状态的得到故障率，结合韦伯分布的故障概率特性曲线，便可得到设备的实际役龄。由于不同类型的检修对于设备状态的影响效果不同，本书采用"回退因子 α"的概念，用以表征不同检修对设备的维护效果。对于设备的检修可分为事后检修和状态检修，其中状态检修又可分为大修和小修。事后检修一般是在发生故障后进行的维护，只能将系统恢复到故障前的状态，因此其 $\alpha = 0$；状态检修在使设备功能得到恢复的同时，由于其对设备的保养作用，能降低设备的故障率，但不能将设备恢复如新，即 $0<\alpha<1$。

由此，可以得出检修后设备的等效役龄见式（3-89）：

$$t_{eq} = t_{actwal}（1-\alpha_j）$$
$$\lambda_{after} = \lambda（t_{eq}）$$
（3-89）

式中 t_{eq}——检修后设备的等效役龄，年；

t_{actwal}——实际运行时间，年；

α_j——回退因子；

λ_{after}——检修后的故障率，%；

λ——故障率，%。

根据韦伯分布的故障概率特性曲线，以其等效役龄为起点，便可以近似得出检修后设备的故障率。

4. 人因可靠性模型

第二代人因可靠性分析（HRA）方法 CREAM 是分析环境因素影响下人因可靠性的有效方法。CREAM 是 Hollnagel 在对传统的 HRA 原理和方法提出系统化改进的基础上发展而来的，其核心思想包括通用效能条件、控制模式等。

CREAM 采用情景依赖控制模型（Contextual Control Model，COCOM）作为认知模型的基础。该模型中认知控制模式可以分为混乱（Scrambled）、机会（Opportunistic）、战术（Tactical）和战略（Strategic）4 类，每一类控制模式对应着一个人为差错概率（Human Error Probability，HEP）区间，如表 3-5 所示。

控制模式对应的 HEP 区间　　　　　　　表 3-5

控制模式	人为差错概率区间
战略	$0.5 \times 10^{-4} < p < 1 \times 10^{-2}$
策略	$1.0 \times 10^{-3} < p < 1 \times 10^{-1}$
机会	$1.0 \times 10^{-2} < p < 0.5 \times 10^{0}$
混乱	$1.0 \times 10^{-1} < p < 1 \times 10^{0}$

CREAM 强调人在生产活动中的输出不是孤立的随机性行为，而是依赖于完成任务时所处于的情境环境，其通过影响人的认知控制模式和认知行为类型，进而影响人的行为结果。Hollnagel 整理大量实践资料，将环境的影响因素归纳为 9 类的通用效能条件（Common Performance Condition，CPC），如表 3-6 所示。

表 3-6 CPC 及其级别和影响

序号	CPC 类别	级别	影响	序号	CPC 类别	级别	影响
1	组织完备性	不完备	负面	6	可用时间	持续性不足	负面
		不充分	负面			暂时不足	持平
		充分	持平			充足	正面
		非常充分	正面				
2	工作条件	不适宜	负面	7	操作时间段	晚上	负面
		适宜	持平			白天	持平
		优越	正面				
3	人机界面和操作性支持	不适当	负面	8	操作人员经验	经验不足	负面
		容许	持平			适宜经验	持平
		适当	持平			专家	正面
		辅助支持	正面				
4	计划充分性	不适当	负面	9	多人合作质量	无效	负面
		可接受	持平			有效	持平
		恰当	正面			高效	正面
5	同时需完成的目标数	超过实际容量	负面				
		符合实际容量	持平				
		少于实际容量	持平				

CREAM 给每个通用性能条件因子定义了 3～4 个简单的描述层级和对控制模式的影响情况（分为正面、负面和持平）。

CREAM 定量预测方法基本分析法的计算流程分为 4 步进行。

1）对任务进行分析，建立对应的任务事件序列。

2）评价通用效能条件。对表 3-7 中列出的 9 项因素进行评价打分，这一般由专业人员和可靠性领域专家进行。综合各个通用性能条件的结果，统计得到正面影响的通用性能条件和负面影响的通用性能条件分别为 $\sum p$ 和 $\sum n$。

3）确定可能的认知控制模式。在步骤 2）的基础上，根据定义控制模式的通用性能条件映射（图 3-20）来确定操作员的控制模式。再根据表 3-5 初步得到完成任务的通用人为错误概率（Human Error Probability, HEP）区间。

4）最后根据通用性能条件影响程度调整基本差错概率。

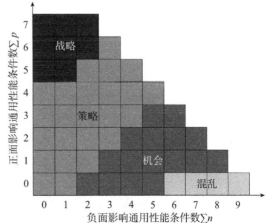

图 3-20 根据定义控制模式的通用性能条件映射

第 4 章 城市电力设施风险防范与控制

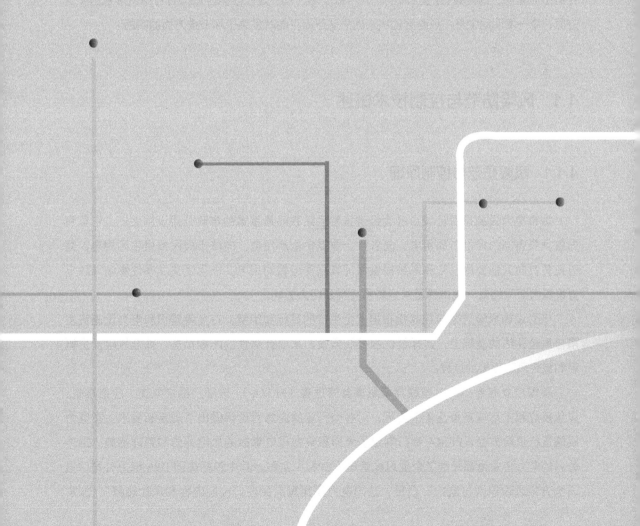

城市电力设施风险防范与控制的难点是电力单位要应对多种复杂、不确定的潜在危害，实施有效的风险超前控制。风险防控的特点：1. 偶然性。风险管理的对象时常是在偶然、意外中产生，要特别注意一些细微的变化，新的风险对象就在不知不觉的变化里产生；2. 广泛性。小概率事件的发生可以反映出管理存在的诸多薄弱环节，可能会广泛涉及众多的生产环节、工作人员，也可能会涉及其他不同领域；3. 应用性。实际社会生活与各类行业中的方方面面都处于风险防控的理论应用的范围内。一定程度上，可以对在企业管理过程中，比如安全管理、经济效益分析、生产设备使用、人员的管理和调配等具有较强关联的各个环节予以优化指导并给出问题解决的方案；4. 全面性。"人、机、环、管"是风险防控动态过程中所涉及的 4 大方面，牵一发而动全身。风险管理决策的失误原因可能就是某个环节或方面的问题。

4.1 风险防范与控制技术概述

4.1.1 风险防范与控制原理

城市电力设施是保证城市社会经济正常生活秩序最基本的市政公用设施之一。它负责向各类要害部门提供市政用电，向各大企业提供生产用电，向城市居民提供生活用电，同时还负责向其他公用设施和系统提供保证其正常运转的用电。一旦受突发事件影响导致电力设施大面积停电，城市的正常运转将会受到巨大影响。

电力设施风险防范与控制指根据安全生产的目标和宗旨，在危害辨识和电力设施突发事件风险评估的基础上，选择最优的控制方案，采取针对性的防控措施，降低风险发生概率和减轻风险后果的过程。

美国成立有专门的美国联邦紧急事务管理署（FEMA），该部门围绕减灾、应急准备、应急反应和灾后恢复重建 4 个流程，对各个行业的应急管理都做出了规定和要求。在电力设施运行风险方面，FEMA 专门制定了大面积突发停电事故的风险评价和管理措施。国外著名的电力企业也都开展了企业风险管理（ERM）实践，其中包括美国 BPA 电力公司"强调全方位风险识别与监控"项目、法国电力集团重点关注"控制流程和风险转移"、加拿大 Hydro One 公司致力于"企业风险文化培育",以及日本东京电力公司侧重"突发事件的应急应对"等各种实践。这些电力企业都围绕着风险控制管理的组织结构、管理定位、实施框架及流程、电力系统科技攻关、电力运行管理及隐患排查治理等方面开展了系列工作,电力设施运行安全性和可靠性处于领先水平。

在电力设施风险控制管理方面,虽然中国起步相对较晚,但基于国外研究基础,结合国内电网实际,开展了一系列研究,提出并推行了相关控制管理措施:

1)继续推行电网垂直管理模式,做好顶层设计,统筹电网规划布局建设和大资源统一调度,规避电网建设后期运行隐患,防控大面积停电现象发生;

2)加快实施电力设施智能化研究,提高电力设施设备稳定性能及电网抵抗自然灾害的能力;

3)发挥政府监管及管理工作职能,加大电力设施运行隐患协调力度,构建应急联动协调机制,消除电力设施运行风险隐患;

4)加强安全生产监督检查,督促电力企业落实安全生产责任制,规范安全生产,严格执行各项规章制度,从自身安全管理角度加强电力设施运行风险防控,落实安全保障措施。制定电力设施风险防控标准、大面积停电应急预案,指导电力企业开展专项、综合应急演练。

北京、上海、广州等地的供电企业也从自身应急管理的需求出发,对城市供电应急处理和应急管理进行了有益的探索,初步建立了城市供电应急管理系统,如图 4-1 所示。但这些系统还缺乏统一管理规范和标准,需尽早构建起横向互通及纵向互联的应急信息管理平台。

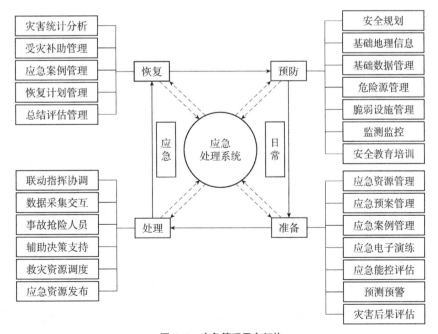

图 4-1 应急管理平台架构

在管理方面，电力企业结合城市电力设施供电可靠性需求，逐步建立并完善了风险控制措施：

1）加强大电网调度控制系统的统筹管理，加大电网的投资建设，提高电力资源的互补能力，避免因电网运行故障引发大电网整体或局部大面积停电；

2）加强配电力设施智能化研究，升级改造电力设施，提高系统的监测、分析能力，以及电力设施设备自控运行能力；

3）加强电力设施保护，加强隐患协调治理，落实"三防"防控措施，逐步消除防控盲点、盲区；

4）加强在职员工、外聘人员培训及应急救援队伍的应急演练能力，提高作业人员的专业处置水平；

5）扎实推进安全生产体系化、规范化、指标化工作，严格落实内部考评考核制度，使安全生产管理更加系统、简便和高效；

6）开展电网运行风险评估，加强隐患排查治理，制定完善各类电力突发事件专项应急预案，并同步完成应急指挥系统建设，应急救援队伍、装备、物资建设。

随着电力设施规模不断扩大以及先进技术不断应用，区域电网运行的可靠性得到了有力保障。

4.1.2 城市电力设施风险防范与控制相关技术

从城市电力设施安全事故中汲取经验教训，在事故原因及演化规律分析的基础上可以将风险防控技术措施分为以下4类。

1. 优化电源结构

为适应高比例新能源友好接入，电力系统需统筹各类资源有序发展，如核电、煤电、水电、电化学储能、抽水蓄能等资源，协调各类电源充分发挥作用，保证电力系统的充裕与调节能力。结合各类电源的功能定位，差异化提出不同发展模式，推进水电基地建设，安全有序发展核电，坚持集中与分散并举开发新能源，大力发展各类新型储能，有序发展天然气调峰电源，加快推进煤电机组灵活性改造，推动煤电逐渐由电量供应主体向调节电源角色转变，强化水电调节能力建设，推进抽水蓄能电站建设，充分挖掘负荷侧调节资源，调动各方力量提高系统整体的调节能力。

同时，对于新能源发电占比较高地区，需考虑多时间尺度、不同响应速度和频次，以及灵活性资源需求，挖掘多类型的灵活性资源潜力，统筹新能源与常规电能发展，推动火电灵活性改造与有序替代，考虑火电、核电等常规电源配置规模，推进飞轮、压缩空气等储能资源参与电网调节，为保障城市负荷供应提供可靠电力支撑。

2. 提升网架结构

1）大电网网架优化

坚持电源分散接入系统的原则，避免单一送电通道的输送容量过大，形成新的密集通道，降低严重故障情况下因失去大量功率而引发系统崩溃的风险。坚持电网统一规划，增强电网跨省区互济能力，在用电需求集中地区，加快跨区、跨省互联电网建设，优化利用存量输电通道，扩大外送电规模，充分发挥省区间联络通道作用，提高电力汇集、输送和互济互保能力，发挥超/特高压输电网络的优势，最大限度提升大电网资源优化配置和安全保障能力。

2）配电网网架优化

整合、协调分布式电源与配电网的关系，配电网规划设计要满足分布式电源和新型负荷安全接入和调控运行需要，分析分布式电源接入对电能质量、系统可靠性、潮流分布、短路电流等问题的影响，合理考虑分布式电源并网选址及能量配置，匹配配电网承载消纳能力。

3. 加强网源协调

1）发电机组涉网协调

在常规发电机组涉网协调方面，完善网源协调管理体系，加强发电机涉网性能隐患排查，及时验证在运发电机组涉网参数、技术性能等；在新能源发电机组涉网协调方面，完善新能源网源协调标准，尤其是新能源发电机组控制、保护系统与电网的协调，新能源发电机组入网检测、并网验证、商运实时监测等网源协调技术标准，促进新能源控制结构标准化和涉网性能规范化；在分布式电源涉网协调方面，加强分布式电源接入能力评估，从电能质量、电网适应性、故障穿越等多方面规范分布式电源涉网技术参数和性能，促进分布式电源和配电网的协调发展。

2）电力电子设备参与网源协调

在电力电子设备参与网源协调方面，完善电力电子设备的涉网管理流程，在设备并网前完成包括故障穿越测试在内的各项型式试验，从调频/调峰能力、耐频/耐压性能、高低穿越能性能、宽频振荡抑制能力、动态无功支撑能力等多方面规范电力电子设备涉网协调技术标准，促进电力电子设备涉网协调规划范化。

4. 建立安全防御体系

1）完善以三道防线为核心的防御体系

严格执行《电力系统安全稳定导则》GB 38755—2019，完善以三道防线为核心的防御体系，确保结构清晰、功能独立、边界明确。及时评价继电保护系统、安全稳定控制系统、低频低压减载等相关设备的有效性、适用性，严查严防，消除隐患，避免发生设备误动或拒动。优化调整电网安控功能架构，减少控制措施共用情况，针对分布式新能源并网对三道防线的影响，加强对第三道防线减载控制量的监视。主动研究与应用适应新型电力系统发展的保护技术，重视极端情形下电网严重故障校核与安全防御措施研究，提高极端情况下系统性风险应对能力。

2）坚持统一调度运行管理体系

建立完善的统一调度指挥机构和高效的调度控制管理机制，实现对事故的快速处理和事故后恢复的统一指挥，对保证电网的安全运行具有重要意义。中国电网正处于加速转型期，各区、各级电网耦合程度不断加深，必须在分级、分区调度基础上注意加强电网统一调度的功能，并确保调度员在应对事故时的处理权限，提升大电网协调预防和处理事故的能力，形成高效的事故处理机制，防范发生大面积停电事故。

3）加强网络安全防护体系

电力一次系统的安全稳定运行严重依赖二次系统网络空间的健康运转，新时期、新形势下的电力网络安全尤为重要。加强全员网络信息安全教育和技术培训，严格执行"安全分区、网络专用、横向隔离、纵向认证"措施，切实保障信息安全三道防线。加强网络信息安全检测系统部署和防护能力研究，定期开展网络信息专项安全检查和风险评估。加强网络安全关键技术研究，提升网络安全态势感知和监测预警能力。

4）提升事故应急处置能力

做好电力设施事故应急预案制定和风险监测预警，提前部署应急处置措施；加强政府、企业、军队等不同层面的电力应急联动体系建设，分级建立健全大面积停电事件应急预案，定期组织开展大面积停电应急演练；研究制定适应高比例新能源交直流混联电网黑启动方案，缩短大停电后系统恢复时间，根据重要用户级别和负荷特点，完善重要用户配备应急电源容量、类型和管理的要求，保障极端情况下重要负荷供电。针对电网自然灾害处置、防汛、电网设备事故、调度自动化系统故障、城市地下电缆火灾及损毁事件、网络与信息系统突发事件、城市大型赛事供电保障等突发事件，编制电力设施突发事件应急预案，预案主要内容包括总体原则、应急组织机构管理、危险源辨识、事件分级、监测预警、应急响应、信息发布与应急保障、信息报告、后期处置、应急保障等部分。

4.2 城市电力设施风险事故预防

4.2.1 城市电网安全事故原因分析

1. 诱因

自然灾害、外力破坏等外部扰动或设备自身故障等内部缺陷形成的诱因，会触发电力设施安全事件，导致系统稳定遭到破坏或电力供需严重失衡，都会影响城市电力设施安全，进一步会发展为连锁性事故，甚至引发大面积停电。

1）极端气温和自然灾害

在全球气候变化的背景下，温室效应越来越严重，极端天气呈多发、频发趋势，自然灾害也不断干扰电网的安全运行。极热导致的大风，极寒引起的冰灾，或地震、海啸、台风等严重自然灾害作用于电力系统，往往会在电力负荷激增的同时伴随着电源供电骤降，导致电力供需不平衡，进而频率、电压异常，引发输变电设施大量停运，甚至引发连锁故障最终造成大面积停电。随着电网地域与规模不断扩大，电力系统安全运行受到的威胁也越加严重。

（1）大风灾害

风力等级达到一定程度时，会造成高电压输电塔、线路塔基等电网设备倒塌，使得输电线断线或变电站一次设备损坏，进而导致停电。风力等级较高时，在输电线路受损的同时，还可能会造成电网通信系统破坏甚至会使其中断工作，给灾害处理工作带来不便，一旦通信基站遭遇停电，信号不能发送、接收，会完全失去与控制中心的联络，灾害的处理指挥工作将无法进行。

（2）冰雪灾害

因覆盖厚度过大、导线裹雪后的直径过大造成承重过大而会使输电线容易断线，线路拉力增大甚至会使输电塔不堪重负而倒塌。当覆冰达到一定厚度后，在风口处会产生大振幅、低频率的自激振动。随着振动时间的增加，会使输电线路和杆塔等因不平衡力而受到损坏。当覆冰厚度超过一定标准后，杆塔两侧会产生不同的作用力，容易引起线路断裂、塔基倒塌。绝缘子覆冰还会使其绝缘强度会下降，覆冰融化时会造成绝缘子串电压的分布产生畸变，引发冰闪。

（3）雷电灾害

一次雷电虽然只有约0.01s的放电时间，但能量却非常巨大，不仅会影响线路，还可能损坏其他的电力设备甚至威胁到人员安全。高压输电线路大多修建在人烟稀少的空旷地方，属于雷电多发区。其因为自带电荷，具有吸引雷的特性，且线路和支架都是良导体，被雷击的可能性很大。输电线路的保护角度很大，雷击在很大程度上会影响电网的安全运行。

（4）地震灾害

虽然生产厂家会根据设备的用途和特性设置一定的抗震功能，但由于电网线路是由支架保持平衡，一旦发生地震，地面的不平整可能导致支架的平衡作用失效，出现线路断线，使各设备之间的连接点发生故障。另外，电力系统受到地震的破坏力后，可能会引起系统保护误操作，导致电力设备被破坏。

2）设备故障

电力系统设备自身故障与外部力量造成的破坏不同，往往是由于其本身存在固有缺陷或者是在长期运行中设备老化，电气特性、机械特性发生改变。如检修维护不到位，设备会突然故障或失效。

3）人为操作失误

一类是施工误操作，电力工程建设施工和其他工程施工差别很大，如施工人员具有很强的流动性，工程项目参与方比较多，非标准化作业较多等，如果忽视或者监督不到位可能就会导致安全事故；一类是运维人员误操作对电力系统造成的破坏，涵盖在电力运行生产的各个环节，如系统检修运维、倒闸操作等；另一类是站线周边施工等导致杆塔损毁、开关设备跳闸、线路闪络或电缆损坏等故障，进而引发电网失稳或大面积停电。

4）人为破坏

一些人对电力设施的安全意识比较缺乏，电网企业对其所负责区域的电力设备保护难免挂一漏万，导致部分电力设施被盗窃，外部施工导致电缆等电力设施破坏的情况时有发生。更为严重的是非常规外力破坏和网络攻击之类的蓄意破坏。非常规外力破坏指恐怖袭击、军事打击等；网络攻击指通过影响电力监控系统的某些功能运行，穿透信息域与物理域的边界，最终作用于电力系统，造成失负荷甚至连锁故障。

2. 内因

电力设施安全事故往往是各种因素相互作用、相继、综合的结果，诱因是触发因素、导火索，深层次原因则是导致连锁故障、引发事故的内在推动因素，包括电源、电网、设备、技术、管理、体制机制等。

1）系统供电充裕性不足

新能源出力具有随机性、间歇性，光伏发电在晚高峰期间电力输出基本为零，风电电力输出波动明显，难以作为高峰时段的可靠支撑。极端气温下，负荷往往大幅增长，但风、光资源存在高度不确定性，同时燃料可能短缺，极易导致供需失衡，最终不得不采取大面积限电或轮停措施。

2）系统支撑能力不足

电源除承担发电这一基本任务外，在电力系统安全稳定运行中还发挥着关键的支撑和调节作用。在现有技术条件下，若新能源占比过高，系统电网会惯量水平低，抗扰动能力差，对电网的支撑和调节能力不足，在外部冲击下系统易发生连锁反应，引发事故。

3）电网结构不合理

一是单一通道送电比例过大，大量机组打捆后集中送出，机组及送电通道间相互影响，存在连锁反应风险；二是电网没有形成清晰的分层、分区网架结构，局部电网发生故障后，事故处理复杂，相邻电网无法与其快速解开，易引起连锁故障，造成事故；三是区域电网互济能力不足，极端情况或事故状态下相互支援能力不足。

4）二次设备隐性故障

由于继电保护、安全自动装置等二次设备存在动作逻辑缺陷，系统故障时不能正确动作，将无法阻断故障传播或缩小故障范围，甚至引发连锁故障。

5）运行方式安排不合理

未进行正常及检修方式下必要的稳定分析，安排不当或采取预防措施不足，未能达到安全稳定标准要求。

6）网源协调不当

电力系统网源协调涉及发电机励磁系统、电力系统稳定器（PSS）、调速系统及一次调频、涉网保护、自动发电控制（AGC）、自动电压控制（AVC）等多个方面，对系统稳定运行起着重要作用，网源协调相关系统或设备技术性能不达标，或参数整定有误，易导致电网事故扩大。

表4-1简要列举了一些国外大停电事故的国家/地区、发生时间、停电区域、停电规模、停电时长、停电诱因及停电内因。

21世纪国外主要大停电事故简表　　　　　　　　　　表4-1

国家/地区	发生时间	停电区域	停电规模（MW）	停电时长	停电诱因	停电内因
美国、加拿大	2003.8.14	美国东北和加拿大东部	61800	29h	（3）	（3）
巴西	2009.11.10	中南部地区	28830	2~4h	（1）	（3）（4）
日本	2011.3.11	东京	10000	/	（1）	（1）
美国	2011.9.8	西南地区	>10000	/	（3）	（4）
印度	2012.7.30	印度北部	3600	13.5h	（2）	（3）（4）
	2012.7.31	印度北部、东部、东北部	4800	20h		
土耳其	2015.3.31	51个省	32950	9h	（2）	（5）
乌克兰	2015.12.23	西南地区	73	3~6h	（4）	/
英国	2019.8.9	英格兰与威尔士地区	1000	1.5h	（1）	（6）
美国	2020.8.14	加利福尼亚州	1500	3h	（1）	（1）（2）
	2021.2.15	得克萨斯州	20000	71h	（1）	（1）

4.2.2　事故预防原理

电力设施事故预防包括安全组织措施与技术措施，安全设施规范化与行为规范化，定期的安全大检查。尽管中国电力设施仍面临着电网网架结构薄弱、外力破坏严重、自然灾害频发等问题，但通过加强管理等手段，近年来事故数量也呈逐年下降趋势。

1. 加强电网稳定性

认真贯彻落实《电力系统安全稳定导则》GB 38755—2019，按照三级安全稳定标准，建立防止稳定破坏的三道防线。加强和改善电网结构,特别是加强受端系统的建设,逐步打开电磁环网;积极采用新技术和实用技术,提高电网安全稳定水平;加强电网安全稳定"第三道防线"的建设与完善,结合实际,配置数量足够、分布合理的低频低压切负荷比例;加强电网计算分析研究,提高稳定计算水平。

2. 加强继电保护运行管理

提高正确动作率;适应形势变化和生产发展,实现技术、管理不断创新;加大科技投入,加快技术改造;强化技术监督,完善监督制度;加强规范化管理,减少人员"三误"事故发生;加强元件保护管理;强化全员培训,提高人员素质。

3. 应用电力系统安全自动装置

通过采用电力系统稳定器、电气制动、快控气门、切机、切负荷、振荡解列、串联电容补偿、静止补偿器、就地和区域性稳定控制装置等安全自动装置,防止电力系统失去稳定和避免发生大面积停电;采用智能化的稳定控制策略,保证大电网的安全稳定。

4. 坚持开展状态监测

城市电网的结构复杂,电源形式较多,已形成了交直流混合运行的电网模式。一旦某一设备发生故障容易引起"链式反应",甚至导致整个系统不能正常运行,造成巨大的经济损失,严重的会造成灾难性事故和人员伤亡。在这样的背景下,必须坚持开展电力设备运行检测,实时判断设备的异常情况,发现设备的潜在故障及发展趋势;电力设备应由定期预防性维修发展为基于设备运行状态的预知性维修变革,既能提高设备使用寿命,又有助于预防电网事故发生。

5. 建立事故预防与应急处理体系

进一步完善防止大电网事故的技术措施,结合事故类型和事故规律,制定并落实防止重特大事故发生的预防性措施,限制事故影响范围及防止事故扩大的事故应急预案。制定预案一要充分结合电力设施本身的特点,并考虑当地的气候和环境的影响,找出电力设施的薄弱环节,针对电力设施制定相应的处理预案。二要明确发电厂和变电站一、二次设备在事故前的规定状态和操作顺序。若发生事故,按照规定的设备操作顺序,将设备转为规定状态,既可以缩短操作时间,又可以保证电力设施恢复过程中设备的非同期合闸。三要考虑该区域负荷的大小及性质,确定重要用户保安负荷的大小以及有无备用发电机等,防止因恢复的负荷过大导致恢复不成功以致电力设施再次失效。

通过建立覆盖事故发生、发展、处理、恢复全过程的事故应急救援与处理体系,并有针对性地组织联合反事故演习、开展社会停电应急救援与处理演练,能够有效加强工作人员事故应急处理能力,减少大面积停电事故所造成的损失,提高社会和公众应对大面积停电的能力。

4.3 城市电力设施风险规避策略与措施

4.3.1 电网规划阶段风险规避措施

城市电网规划的目标是以城市建设规划为依据,制定城市电网建设的各项规划和指标,逐步构成能充分满足城市经济社会快速发展需要的一个结构合理、运行可靠、灵活、没有送电"瓶颈"的电网结构。城市规划阶段的风险规避主考虑负荷变化、变电站选址、城市协调发展等因素,见表 4-2。

基于风险特征的城市电网规划方案风险指标体系　　　　表 4-2

类别	风险内容
政策风险	政府部门对电网规划建设的支持力度不足,变电站站址和线路走廊用地无法律保障风险
	环保政策对变电站噪声、电磁环境的技术要求,以及由于附近居民反对,变电站建设受阻风险
	输配电价政策风险
	土地政策风险
技术风险	规划方案供电可靠性风险(满足"N-1"安全性程度,满足用户用电程度)
	网架结构、接线模式合理性、适应性、可扩展性风险
	电网设计建设标准抵御自然灾害能力风险
	未来分布式电源和微电网接入带来的风险
	设备选型合理性、可靠性风险
经济风险	工程造价风险(设备等本体费用、征地拆迁赔偿等其他费用)
	用电负荷需求不确定性风险
	输配电价不确定性风险
	贷款利率变化对电网公司财务影响风险
管理风险	与电源规划、城市规划协调管理风险
	负荷预测管理风险
	变电站、线路走廊选址管理以及用地保障管理风险
	电网规划机构设置、专项工作管理风险
	电网规划后评估风险

城市电网规划工作是一项包括空间负荷预测、变电站选址定容,以及城市电网网络抗灾能力优化等内容的复杂、庞大的系统工程,城市电网规划基本步骤示意如图 4-2 所示。

1. 电网规划安全性原则

城市电网规划应当把电网的安全可靠运行作为首要目标,统筹考虑电网的经济效益,使电网的供电能力进一步提升;将电网的改造和新建结合,考虑实施的操作性,对标准化设施和电网接线进行规范化,引进新型技术。

为提高电网安全性,电网规划应遵循的原则有以下 8 点。

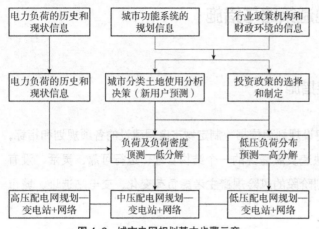

图 4-2 城市电网规划基本步骤示意

1）电力建设要坚持统一规划的原则

统筹考虑水源、煤炭、运输、土地环境，以及电力需求等各种因素，处理好电源与电网、输电与配电、城市与农村、电力内发与外供、一次系统与二次系统的关系，合理布局电源，科学规划电网。

2）电力规划要充分考虑自然灾害的影响

在低温、雨雪、冰冻、地震、洪水、台风等自然灾害易发地区建设电力设施，要充分论证、慎重决策。根据电力资源和需求的分布情况，优化电源、电网结构布局，合理确定输电范围，实施电网分层分区运行和无功就近平衡。要科学规划发电装机规模，适度配置备用容量，坚持电网、电源协调发展。

3）电源建设要与区域电力需求相适应

分散布局、就近供电、分级接入电网。鼓励以清洁高效为前提，因地制宜、有序开发建设小型水力、风力、太阳能、生物质能等发电站，适当加强分布式发电站规划建设，提高就地供电能力。结合煤炭、水资源分布情况，合理实施煤电外送。进一步优化火电、水电、核电等电源构成比例，加快核电和可再生能源发电设施建设，缓解煤炭生产和运输压力。

4）受端电网和重要负荷中心要多通道、多方向输入电力

合理控制单一通道送电容量，建设一定容量的支撑电源，形成内发外供、布局合理的电源格局。重要负荷中心电网要适当规划配置应急保安电源以应对大面积停电，具备特殊情况下"孤网运行"和"黑启动"能力。充分发挥热电联产机组对受端电网的支撑作用，鼓励在热负荷条件好的地区建设背压机组或大型燃煤抽凝式热电联产机组。

5）适当提高设防标准

对骨干电源送出线路、骨干网架及变电站、重要用户配电线路等重要电力设施，在充分论证的基础上，适当提高设防标准。对跨越主干铁路、高等级公路、河流航道、其他输电线路等重要设施的局部线路，以及位于自然灾害易发区、气候条件恶劣地区和设施维护困难地区的局部线路，适当提高设防标准。结合城市建设和经济发展，鼓励城市配电网主干线路采用入地电缆。

6）电力设施选址

要尽量避开自然灾害易发区和设施维护困难地区。要严格控制灾害易发区内重要输电通道的数量。

7）加强区域、省内主干网架和重要输电通道建设，提高相互支援能力

位于覆冰灾害重地区的输电线路，要具备在覆冰期大负荷送电的能力；位于洪水灾害易发地区的输电线路，要对杆塔基础采取防护加固措施；必须穿越地震带等地质环境不安全地区的输电线路，要对杆塔及其基础采取抗震防护措施。

8）加强电力规划管理，促进输电网与配电网协调发展

国家电力主管部门负责全国电力规划工作，组织编制330kV以上和重点地区电网发展规划。省级电力主管部门根据国家电力规划，组织编制220kV以下电网规划并报国家电力主管部门备案。地方各级人民政府在制定当地国民经济发展规划、城乡总体规划和土地利用总体规划时，要为电网建设预留合适的输电通道和变电站站址，统一规划城市管线走廊，协调解决电网建设中的问题。

2. 电网规划风险规避措施

电网规划风险可从负荷预测、变电站选址、电网造价、电网规划与城市规划协调，以及电网抗灾等方面加以风险规避。

1）负荷预测风险规避

精细化的负荷预测是城市电网规划的重要基础。随着城市社会经济的发展，影响城市电力负荷的不确定性因素不断增加。为提高预测的准确性，需要识别与细化分析城市电力负荷的风险源。比如，采用空间负荷预测，考虑用地性质变化及负荷密度不确定风险，根据小区负荷成长特性，预测小区饱和负荷。

加强负荷预测风险管理，充分考虑新城区电力需求的不确定性风险。尤其是要以单个变电站为单元进行精细化负荷预测，提高预测的准确性与变电站选址、定容的科学性，降低规划风险。同时，可以采用持续负荷曲线的方法分析各变压器的负荷特性，为基于负荷预测的电网规划创造条件。

2）变电站选址风险规避

尝试将变电站与小区楼盘同步建设。即把变电站选址与一些新的商业、高层居住楼房考虑在一起进行"联合建筑"，让需要建设在高密度负荷区的变电站直接设于高层建筑内部，通过技术手段把变电站对周围市民的影响降到最低。

将电网规划纳入城区总体规划和土地利用总体规划中，加以严格控制和保护。在城市建成区内的变电站用地一次征用，分期建设。线路走廊应纳入城市规划并予以保留，电力线路地下管网也应纳入城市整体规划中统筹考虑和管理。

加强变电站选址过程中的地质地形条件风险实地勘察，避免所选地址由于地质地形条件不符合建设条件而必须另外选址的风险。

3）电网造价风险规避

关于跨越补偿费用、线路施工跨越补偿费用、穿越运行线路停电损失补偿费用和征地

费用等，应出台补偿、赔偿费用政策，明确具体金额标准。在工程实施中有据可依，最终实现降低工程造价的目的。

从电网规划方案全寿命周期经济效益出发，建立全寿命周期造价分析体系。电网规划方案的技术方案、配置标准、设备选型等不仅影响基建费用，也决定了未来生产运行维修等费用。统一考虑不同方案的建设造价、供电可靠性、生产运行费用等因素的技术经济分析和效果评价。提出技术与经济一体化的优选标准，合理确定输变电工程的主要设备参数。规范设备选型，把控制工程造价观念渗透到各个阶段中，建立全寿命周期造价分析体系。

在工程设计阶段引入设计竞争，建立设计优化激励制度。鼓励设计单位积极参与造价控制。应深化设计，加强对微气象条件、地质条件等外部条件的勘察，在典型设计的基础上实行差异化设计，合理控制造价。

4）电网规划与城市规划协调风险规避

（1）建立规划互动机制

城市规划调整将直接影响城市电网设施布局规划，电力部门和规划部门必须建立及时联合修编的机制。建议政府部门加强对电网项目建设的协调，专人负责协调和推进所属区域内电网建设项目。一旦城市规划调整、深化或负荷预测发生较大偏差，双方需要及时互通信息，采取修编措施。

（2）加强新城区电网规划方案的风险评价及规划后评估与总结

完善规划方案年度滚动修订工作，结合新城区城市发展规划的实际情况，做好相应规划协调工作。

（3）完善基础设施规划报建手续

完善基础设施规划报建可从立项、设计、审批、建设到最后的档案管理阶段对每个项目进行跟踪管理。由相关专业部门委托设计单位考虑各项目的规模及工程建设，由城市规划部门统筹考虑总体布局并确定选址。对于管线工程，则可由城市规划部门统一管理，理顺各管线的布设。

（4）提高各专业部门的协调性

基础设施监管部门都相对独立并有一定的垄断性。在规划的基础资料搜集、编制阶段到最后审批阶段，各部门都应积极配合。必要时需要各级政府来统一协调，推动规划编制工作顺利进行。

5）电网抗灾风险规避

树立抗灾型电网规划理念，科学辨识关键线路，实行差异化电网设施设防标准。对骨干网架及变电站、重要用户配电线路等重要电力设施适当提高设防标准。

开展电网规划防灾"成本—效益"分析。抗灾型电力系统应在加强抗灾能力的同时具有良好的经济性，避免盲目提高电力设施设防标准与扩大电网规模。

根据现有输电线路历年遭受自然灾害以及抗灾能力的实际情况，对需要加固的做加固处理。比如杆塔加固、拉线加固、导线更换加强型导线等，对于连续多次出现倒杆断线的关键部位，采取适当缩小杆塔挡距、增加线路强度等措施。

4.3.2 电网运行阶段风险规避措施

1. 增强新能源抗干扰能力

加强新能源管理，提升分布式电源的抗扰动能力。目前，中国部分省级电网的分布式光伏电源发展快，规模较大，而相关的运行、管理相对滞后，一旦故障会引发分布式光伏电源同时脱网，对电网影响较大。因此，需要高度重视分布式电源在故障期间耐受异常电压、频率能力即抗扰动能力，避免在故障期间，由于此类电源的性能、参数问题导致事故严重程度进一步加剧。加强核查分布式电源的控制参数以及涉网保护参数，加快性能改造和检测认证。着重加强对分布式电源的监测，包括出力水平、涉网保护参数等关键信息；开展相关的涉网保护配置对电网动态过程及稳定性的影响研究；开展分布式电源控制参数、保护参数的校核，防止无序脱网。

2. 加强电力气象监测—预报—评估体系建设

中国幅员辽阔，电网输变电设备普遍分布于野外、100m 高度以下，气象环境复杂多变，尤其是特高压线路路径长、覆盖广，局部走廊线路密集，且沿途所经区域多为高原山区、雷害区、重冰区、大风区，自然环境恶劣，极端天气多发。据统计，雷击、覆冰、风偏、舞动、暴雨等气象原因导致的故障占电网总故障数的 60% 以上。因此，理清电力设备故障与气象灾害关系，掌握气象条件下电网运行的动态风险，建立风险预警评估，有助于电网安全稳定运行。

完善电力设备的精细化监测网络，探明电力气象灾害形成机理，构建气象条件—电力灾害多类型致灾模型，延长预警时效，提升灾害预警准确度，实现对各类电力设施的雷电、风偏、舞动、覆冰等灾害精准预报预警，研发电力气象综合服务平台，最终形成电力气象条件可监测、气象环境可预报、灾害风险可评估的电力气象支撑体系。

3. 加强区域间电网互联与功率支撑

从电力系统发生大面积停电事故的原因看，电网崩溃往往是在大电网安全充裕度下降的条件下，由发电、输电等设备的连锁反应事故诱发的，都有一定的发展过程。通过采取正确的控制策略，提高电网的充裕度，切断恶性连锁反应链，将系统状态导向良性的恢复过程，可以有效控制大停电事故。因此，结构合理的大电网在统一调度和控制的基础上，通过区域间事故情况下紧急功率支援和配置坚强的安全稳定防线，能够遏制事故的发展，降低事故可能造成的影响，避免全网性大停电事故。特别对于发生概率较大的同塔线路双回故障跳闸的情况，应合理配置稳控系统，及时采取稳定控制措施保证电网安全稳定运行，避免高频切机及低频减载等第三道防线动作大量切除机组和负荷，引发大面积停电。

第 5 章 城市电力设施安全监测监控

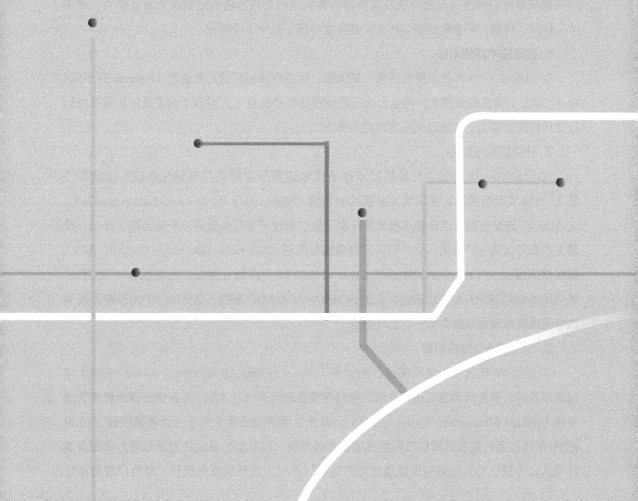

5.1 城市电力设施安全监测监控方法

5.1.1 调度自动化系统及功能

是基于计算机、通信、控制技术，在线为各级电力调度机构生产运行人员提供电力系统运行信息、分析决策工具和控制手段的数据处理系统。调度自动化系统一般包含发电厂、变电站的数据采集和控制装置，以及各级调度机构的主站设备，通过通信介质或数据传输网络构成系统。调度自动化系统的发展与计算机和控制技术的发展以及为保证电力设施安全、经济、稳定、可靠运行密切相关。其发展经历了以下3个阶段。

1. 远动技术应用阶段

20世纪40—50年代采用电子管、晶体管、集成电路构成的远动装置（Remote Terminal Unit，RTU）及模拟盘技术，将电力运行数据展现在模拟盘上，增强了调度员对实际系统运行变化的感知能力，并通过电话发出控制命令。

2. 计算机应用阶段

20世纪60—70年代，计算机技术开始逐步应用于电网调度自动化系统（主站和子站），出现了电网调度数据采集和监视控制系统（Supervisory Control And Data Acquisition，SCADA），这是电网调度自动化技术的一次飞跃。系统可靠性和数据分析能力极大提高，使调度效率得以进一步提高。这一阶段，自动发电控制（Automatic Generation Control，AGC）和经济调度控制（Economic Dispatch Control，EDC）不再独立存在，而是以AGC/EDC软件包的形式和SCADA系统结合，成为SCADA-AGC/EDC系统，这是SCADA系统出现后的电网调度自动化系统中第一次功能综合。

3. SCADA/EMS阶段

20世纪80年代初，电网高级应用软件（Power System Application Software，PAS）得以应用并综合到电网调度自动化系统，电网调度自动化系统从SCADA系统升级为能量管理系统（Energy Management System，EMS）。从此，调度自动化走向了一个新的阶段。20世纪90年代以后，随着计算机和网络通信技术的发展，以及电力系统的发展和电力体制改革的深入，为保证电力设施安全优质和经济运行以及电力市场的有序运行，电力调度自动化已经发展到可以同时运行多个应用系统，如能量管理系统（EMS）、调度培训（Dispatcher Training System，DTS）、调度自管理系统（OMS）、配电管理系统（DMS）、自动电压无功控制（AVC）、广域测量系统（WAMS）和电力市场技术支持系统等。能量管理系统的发展使电网调度运行管理由传统的经验型上升至分析型并向着智能型发展，是确保电网安全、稳定、优质、经济运行的重要技术手段。

调度自动化系统主要由厂站端系统、信息传输系统、调度主站系统 3 部分组成。

厂站端系统主要起到两方面的作用。采集发电厂、变电站中各种表征电力系统运行状态的实时信息，并根据需要向调度控制中心转发各种监视、分析和控制所需的信息。采集的量包括遥测量、遥信量、电度量、水库水位及保护动作信号；接受上级调度中心根据需要发出的操作、控制和调节命令，直接操作或转发给本地执行单元或执行机构。执行量包括开关投切操作命令，变压器分接头位置切换操作，发电机功率调整、电压调整，电容、电抗器投切，发电调相切换甚至修改继电保护的定值。上述功能通常在厂站端由以微机为核心的远方终端 RTU 实现，由远动装置的厂站直接与调控中心相连，或由其他厂站转发。信息采集和执行子系统是调度自动化的基础，相当于自动化系统的眼和手，是自动化系统可靠运行的保证。

厂站端系统采集的信息及时、无误地通过信息传输系统送给调度控制中心。现代电力系统中的信息传输系统，传输通道主要采用电话、电力线载波、微波和光纤，偏僻的山区或沙漠有少量采用卫星通信。电力线载波有投资少的特点，但信道少、传输质量差。目前，系统主要采用光纤通信，光纤通信具有可靠性高、速度快、容量大、制造成本低等特点。国家电网调度数据网是为电力调度生产服务的专用数据网络，是实现各级调度中心之间以及调度中心与厂站之间实时生产数据传输和交换的基础设施，是实现应急技术支持系统和备用调度中心功能不可或缺的支撑平台。调度数据网具有实时性强、可靠性高的特点，其安全性直接关系电力生产安全稳定运行。按照"统一调度、分级管理"的原则，调度数据网应按照"统一规划设计、统一技术体制、统一路由策略、统一组织实施"的方针，进行设计、建设、运行和管理。当前国家电力调度数据网由骨干网和接入网组成，骨干网由国调、网调、省（市）调、地调节点组成骨干自治域（骨干网），由各级调度直调厂站组成相应接入自治域（接入网），其中县调（区调）纳入地调接入网络。

调度主站系统是整个调度自动化系统的神经中枢，是以计算机为中心的分布式、大规模的软、硬件系统。该系统包含大量的直接面向电网调度、运行人员的计算机应用软件，可完成对采集到的信息的处理及分析计算，乃至实现对电力设施的自动控制与操作。同时将传输到调度控制中心的各类信息进行加工处理，通过各种显示设备、打印设备和其他输出设备，为调度人员提供完整、实用的电力系统实时信息。调度人员发出的遥控、遥调指令也通过此系统输入，传送给执行机构。

软件系统是其核心，按应用层次可分为操作系统、应用支持平台和应用软件。操作系统专门用于计算机资源的控制和管理，使整个计算机系统向用户提供各种服务。目前主流的操作系统有 Unix、Linux 和 Windows；应用支持平台又称集成平台，是支持"应用编程"的基础，支持平台主要包括任务调度、人机界面系统、数据库和通信支持软件；应用软件是在支持平台基础上实现的应用功能程序，主要包括数据采集和监控系统（SCADA）、能量管理系统（EMS）的应用功能模块和调度员培训仿真系统（DTS）等。

1）数据采集和监控系统主要实现对电力系统的实时运行状态数据的采集、存储和显示，以及下达、执行调度员对远方现场的控制命令。它的主要功能包括：数据采集，远程通信，数据预处理，显示和报警，统计和计算，调度员遥控、遥调操作，事故追忆和事件顺序记录，网络拓扑动态着色，打印功能，历史数据处理，调度控制系统的状态监视和控制，报表子系统，Web 发布子系统，外部接口，SCADA 数据库等。SCADA 数据库由实时数据库和历史数据库组成。实时数据库主要存储需要快速更新和在线修改的数据库如遥测表、遥信表、计算表达式表等，由于对实时性要求较高，一般采用专用的数据库。历史数据库采用商用数据库实现，用于存储历史的电网状态数据、报警信息和维护操作信息等。

2）能量管理系统是在通过数据采集和监控系统采集的电网实时状态的基础上，对电力系统进行经济、安全的评估，并给出调度决策建议，提高调度水平、降低调度员的工作强度，起到分析决策的"大脑"的作用。能量管理系统高级应用软件 PAS 是电网调度自动化系统中的重要工具。它利用数据采集和监控系统采集的电网实时信息，对电网进行在线及离线分析，进行事故预想，为故障的恢复控制、网络优化、系统规划等提供依据，以便提高电网运行的安全性、可靠性和经济性。PAS 是建立在数据采集和监控系统采集的全局电网状态上的高级应用，主要包括网络拓扑、状态估计、负荷预测、调度员潮流、自动发电控制等基本功能。

（1）网络拓扑

通过遥信信息确定整个电网的电气连接状态，为潮流计算、状态估计、负荷预测、设计调度员潮流、自动电压控制、短路电流计算等能量管理系统应用软件提供一致、完整、可直接使用的网络数据结构图。

（2）状态估计

状态估计是对电网进一步分析、计算的基础。该项功能利用网络拓扑软件的结果和数据采集和监控系统采集的遥测、遥信数据进行分析、研究加工，检测和辨识其中的不良数据，如电网中各母线的电压幅值和相位，各线路和旁路的有功和无功潮流等，形成一幅比较正确、完整、在潮流上收敛的电力系统运行图。

（3）负荷预测

负荷预测可以按正常工作日或节假日模式分别预测未来一周内（按小时或每 15min）的

负荷，并可以记录气候因素，如气温、雨量等对电力负荷的影响。它主要用于计算负荷变化、预计电网的安全运行条件，来作为确定近期及当前电网运行方式的依据。

（4）调度员潮流

调度员潮流是能量管理系统中最基本的分析软件，它可以对当前实时电网或者历史上某一时刻的电网进行各种模拟操作并进行潮流计算，给出计算结果及报警信息，为调度员控制和管理电网提供便捷手段。

（5）自动发电控制

自动发电控制（AGC）是能量管理系统的重要组成部分。它可以按电网调度中心的控制目标将指令发送给有关发电厂或机组，通过发电厂或机组的自动控制调节装置，实现对发电机功率的自动控制。自动发电控制有3种控制模式：定频率控制模式；定联络线功率控制模式；频率与联络线偏差控制模式。以上3种都是一次控制模式，自动发电控制还有两种二次控制模式：时间误差校正模式、联络线累积电量误差校正模式。在区域电网中，网调一般担负系统调频任务，其控制模式应选择定频率控制模式；省（市）调应保证按联络线计划调度，其控制模式应选择定联络线控制模式。在大区互联电网中，互联电网的频率及联络线交换功率应由参与互联的电网共同控制，其控制模式应选择联络线偏差控制模式。

（6）自动电压控制

自动电压控制（Automatic Voltage Control，AVC）是通过调度自动化系统采集电网各节点遥测、遥信等实时数据进行在线分析和计算，以各节点电压和关口功率因数为约束条件，进行在线电压优化控制，实现主变分接开关调节次数最少、电容器投切最合理、发电机无功出力最优、电压合格率最高和输电网损率最小的综合优化目标，最终形成控制指令，通过调度自动化系统自动执行，实现电压优化自动闭环控制。自动电压控制系统能有效保障电能质量，提高输电效率，降低网损，实现电网稳定运行和经济运行。

3）调度员培训仿真系统是对电网调度员进行培训、组织反事故演练的数字仿真系统。调度员培训仿真系统具有网络拓扑、动态潮流和动态频率计算、电力系统全动态过程仿真、继电保护仿真、数据采集系统仿真等完整的计算模块，可设置各种常见及复杂事故，并计算出假定事故发生后继电保护和安全自动装置的动作情况及潮流变化情况。通过它可模拟实时运行电网出现各种故障，调度员则根据系统出现的各种异常现象，对故障情况做出分析判断并开展事故处理。调度员可通过调度员培训仿真系统熟悉电网结构，掌握基本运行操作和调度规程，不断提高事故处理能力。基于调控云的调度员培训仿真系统集成了全网模型、图形及数据，可实现基于全网模型数据的多级调控协同仿真，真正做到"全网一张图"。可支撑多级调控、多角色用户在同一个虚拟环境中进行多实例的一体化联合培训或演练。能够实现多级调控机构"线上"联合演练，避免各级参演人员"面对面"桌面推演，有效地提高了演练效率。参演人员可通过Web方式登陆调控云调度员培训仿真系统演练推演桌，同步查看整个故障及处置过程,有效提升调度员的应急处置能力。

目前,在中国调度系统中已投入使用雷电定位系统。该系统由中心站和分布在不同方向的多个在线时差探测站组成。当被监测的区域内发生雷云对地放电时,中心站根据各时差探测站获得的闪电放电电磁信号时差,通过专用程序计算和确定雷击点位置。经过一段时间的积累,可获得被监测区域地面落雷的次数和落雷密度。以及每次雷击的发生时间、位置、雷电流幅值和极性等信息。每次因雷击线路绝缘闪络跳闸时,也可通过该系统提供的雷击位置与输电线路路径的坐标相比对,实现故障杆塔的快速搜寻。根据雷击时雷电流的幅值与线路雷电冲击绝缘水平的比较,可大致对线路闪络的原因(雷电绕击或者反击)做出评估;通过该系统也可对线路绝缘闪络是否因雷击引起做出判定。总之,它可以比较准确地指导输电单位查找线路雷击故障点、排除非雷击故障,大大减轻巡线的劳动强度,缩短线路故障停电时间,对保证电网安全运行提供了有力支撑。

综合智能分析与告警功能综合利用电网运行稳态监控、二次设备在线监视与分析、在线扰动识别、电网运行动态监视与分析(WAMS)、在线稳定分析、静态安全分析等应用或者功能提供的告警信息,汇总整理进行分析,判断出更加准确的智能告警信息。同时综合告警发送到辅助决策应用,从辅助决策应用及时获取调整措施等结果信息,结合已有的综合告警信息用直观形象的方式展现给调度员,如图 5-1 所示。

综合智能告警分析结果采用丰富的告警方式进行告警分级定义,通过提供多页面的告警显示实现告警定制。对不同需求根据多种策略形成不同的告警显示方案,能在短时间内

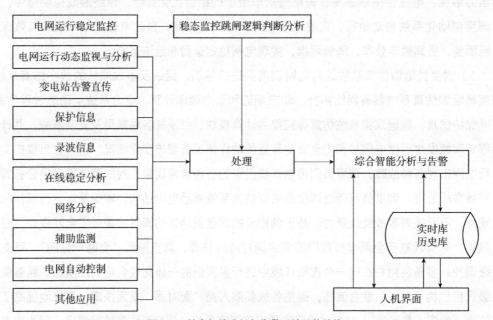

图 5-1　综合智能分析与告警系统总体结构

处理大量告警信息，并及时提取出关键信息。综合智能分析与告警具有以下特点：

1）大量告警信息中提取关键信息

综合利用稳态、动态、暂态、预警等应用提供的告警信息进行在线汇总分析，智能、准确推理出电网一次设备故障、系统异常、系统预警、计划偏差等综合告警。对多个应用的告警信息进行综合和压缩，对告警信息间进行相互验证，并利用网络拓扑技术，根据每种故障类型发生的条件，结合接线方式、运行方式、逻辑、时序等综合判断，给出故障报告，提供故障类型、故障过程等相关信息给调度员参考，辅助故障判断及处理。

2）告警触发的智能联动

某类事件发生时，通过控制序列的方式启动关联应用模块，得到相关分析计算结果，为下步决策提供可靠依据。综合智能分析与告警界面中提供快速进行智能联动的操作方法。传统的能量管理系统的各个应用都是各自独立完成自身功能，模块之间的关联性较弱，而对于大电网来说，某一个量的变化可能会带来其他方面的影响，如设备跳闸导致运行方式发生变化，此时的电网运行特性和之前的特性是不一致的，对于调度员来说需要快速知道当前运行方式下的电网安全问题，而不是等到各个独立应用在固定周期内进行计算，基于上述原因，综合智能分析与告警在电网事故状态下要实现各个应用模块之间的智能联动。

综合智能告警按约定格式将指定告警内容传送至上（下）级调度控制系统，接收上（下）级调度控制系统发来的共享告警信息，并根据需要对接收到的告警信息进行处理和告警显示。

综合智能分析与告警功能可使调度员第一时间了解电网故障情况，并辅助调度员对故障情况快速做出分析、判断，为调度员进行电网事故处理提供有力支撑，从而确保电网安全稳定运行。

5.1.2 发电厂监控

发电厂分散控制系统（Distributed Control System，DCS）是指采用计算机、通信和屏幕显示技术，实现对电力生产过程的数据采集、控制和保护功能，利用通信技术实现数据共享的多计算机监控系统。其主要特点是功能分散、操作显示集中、数据共享。它对生产过程进行集中操作管理和分散控制。即分布于生产过程各部分的以微处理器为核心的过程控制站，分别对各部分工艺流程进行控制，又通过数据通信系统与中央控制室的各监控操作站联网。操作员通过监控站显示终端，可以对全部生产过程的工况进行监视和操作，网络中的计算机用于数学模型或先进控制策略的运算，适时地给各过程站发出控制信息、调整运行工况。

分散控制系统可以是分级系统，通常可分为过程级、监控级和管理级。分散控制系统由具有自治功能的多种工作站组成，如数据采集站、过程控制站、工程师（操作员）操作站、运行员操作站等。这些工作站可独立或配合完成数据采集与处理、控制、计算等功能，便于实现功能、地理位置和负载上的分散。且当个别工作站故障时。仅使系统功能略有下降，不会影响整个系统的运行，因此是危险分散。各种类型分散控制系统的构成基本相同，都由通信网络和工作站（节点）两大部分组成。分散控制系统可以组成发电厂单元机组的数据采集系统（DAS）、自动控制系统（ACS）、顺序控制系统（SCS）及安全保护等，实现计算机过程控制。

用分散控制系统实现大型火电机组自动化具有以下优点。

1）连续控制、继续控制、逻辑控制和监控等功能集中于统一的系统中，可由类型不多的硬件、凭借丰富的软件和通信功能来实现综合控制，既节省投资，又提高了系统的可靠性和可操作性；

2）可按工艺、控制功能、可靠性要求由功能和地理位置不同的各个工作站组成控制系统。系统结构灵活，且大大节省电缆；

3）一个站的故障不会影响其他站的正常运行，系统可靠性高；

4）各种监视控制功能均采用软件模块来完成，修改方便，易于实现高级控制。

5.1.3 变电站集中监控

变电站集中监控是指依靠自动化监控系统，实现对所辖变电站相关设备及其运行工况的远方遥控、遥测、遥信、遥调、遥视等功能。它一方面采集变电站中各种表征电力系统运行状态的实时信息，并根据需要向主站转发各种监视、分析和控制所需的信息（采集信息包括遥测量、遥信量、电度量、保护动作信号、一二次设备告警信息等）；另一方面接受主站根据需要发出的操作、控制和调节命令，直接操作或转发给本地执行单元或执行机构（执行量包括开关分合操作命令，变压器分接头调整操作，电容电抗器投切，甚至修改继电保护的整定值等）。

根据对电网影响的轻重缓急程度，变电站设备监控信息分为事故告警信息、异常告警信息、变位告警信息、告知告警信息4个等级。

1）事故告警信息是指电网故障、设备故障等导致的开关跳闸、保护和安控装置动作出口跳合闸的信息以及影响变电站安全运行的其他信息，是需要实时监控并立即处理的信息，主要包括：全站事故总信息，单元事故总信息，各类保护、安全自动装置动作出口信息，开关异常变位信息；

2）异常告警信息是指反映设备运行异常情况和影响设备遥控操作的告警信息，是需要实时监控、及时处理的重要信息，主要包括：一次设备异常告警信息，二次设备、回路异常告警信息，自动化、通信设备异常告警信息，其他设备异常告警信息；

3）变位告警信息是指开关类设备状态（分、合闸）改变的信息。该类信息直接反映电网运行方式的改变，是需要实时监控的重要信息；

4）告知告警信息是反映电网设备运行情况、状态监测的一般信息，主要包括刀闸、接地刀闸位置信息、主变压器运行挡位、油泵启动，以及设备正常操作时的伴生信息（如保护压板投/退、保护装置、故障录波器、收发信机启动、测控装置就地/远方等）。该类信息需要定期查询。

变电站监控信息处置以分类处置、闭环管理为原则，分为信息收集阶段、实时处置阶段、分析处理阶段 3 个阶段。

1）信息收集阶段，监控（集控）员通过监控系统发现监控告警信息后，应迅速确认，根据情况对以下相关信息进行收集，必要时应通知变电运维单位协助收集：告警发生时间及相关实时数据，保护及安全自动装置动作信息，开关变位信息，关键断面潮流、频率、母线电压的变化等信息，监控画面推图信息，现场视频画面（必要时），现场天气情况（必要时）；

2）信息实时处置阶段，监控（集控）员收集到事故、异常、越限、变位信息后，按照有关规定及时向相关调度汇报，并通知运维单位检查；运维单位在接到监控（集控）员通知后，应及时组织现场检查，并进行分析、判断，及时向相关调度汇报检查结果；

3）分析处理阶段，设备监控管理人员对于监控（集控）员无法完成闭环处置的监控信息，应及时协调运检部门和运维单位进行处理，并跟踪处理情况；设备监控管理人员对监控信息处置情况每月进行统计。对监控信息处置过程中出现的问题，应及时会同调度控制专业、自动化专业、继电保护专业和运维单位人员总结分析，落实改进措施。

监控（集控）员日常需对变电站设备完成全面监视、正常监视及特殊监视。

1）全面监视是指监控（集控）员对所有监控变电站进行全面的巡视检查，内容包括：检查监控系统遥信、遥测数据是否刷新，检查变电站一、二次设备、站用电等设备运行工况，核对监控系统检修置牌情况，核对监控系统信息封锁情况，检查输变电设备状态在线监测系统和监控辅助系统（视频监控等）运行情况，检查变电站监控系统远程浏览功能情况，检查监控系统 GPS（北斗）时钟运行情况，核对未复归、未确认监控信息及其他异常信息。

2）正常监视是指监控（集控）员值班期间对变电站设备事故、异常、越限、变位信息及输变电设备状态在线监测告警信息进行不间断监视。正常监视要求监控（集控）员在值班期间不得遗漏监控信息，并对监控信息及时确认。正常监视发现并确认的监控信息应按照调控机构相关管理规定要求，及时进行处置并做好记录。

3）特殊监视是指监控（集控）员在某些特殊情况（如恶劣天气、保电等）对变电站设备采取的加强监视措施，如增加监视频度、定期查阅相关数据、对相关设备或变电站进行固定画面监视等，并做好事故预想及各项应急准备工作。遇有下列情况，应对变电站相关区域或设备开展特殊监视：设备有严重或危急缺陷需要加强监视时，新设备试运行期间，设备重载或接近稳定限额运行时，遇特殊恶劣天气时，重点时期及有重要保电任务时，电网处于特殊运行方式时，其他有特殊监视要求时。

变电站需要满足以下一些基本条件才能纳入集中监控。

1）变电站一次设备应遵循"安全、高效、环保"原则，优先采用技术成熟、结构简单、自动化程度高、少维护或免维护的高可靠性产品；

2）变电站继电保护及安全自动装置应采用质量可靠、性能稳定的微机型产品，并具备信息远传功能。继电保护及安全自动装置远方操作应满足"双确认"要求；

3）变电站应采用综合自动化或智能一体化监控系统；

4）变电站交直流电源应根据实际地理和交通条件考虑适当提高配置，并应能实现远方监视与控制；

5）变电站应配置输变电设备状态在线监测、安全消防、工业视频等系统，并应能实现远方监视与控制；

6）变电站监控信息采集应符合相应电压等级变电站典型监控信息表要求，完成与主站的联调验收，满足远方监视、控制的运行要求；

7）主站应完成画面及功能验收，画面及数据链接正确；

8）提交的基础资料应涵盖设备基础资料、设备运行资料、技术管理资料等，能够满足集中监控运行要求。

变电站集中监控需要履行以下工作职责。

1）接受、执行调度指令，正确完成集控站所辖变电站主设备的遥控、遥调、一键顺控等操作；

2）负责对监控系统信息、画面等功能进行验收；

3）负责变电站新（改、扩）建及设备检修后监控系统信息接入、验收及生产准备工作；

4）开展辅助设备远程控制；

5）负责通知运维人员进行现场事故及异常检查确认，向调度机构汇报，并按调度指令进行处理；

6）所辖变电站失去远方监控功能时，应通知专业人员处理，暂无法恢复时，应通知运维人员恢复有人值守，并移交监控职责；

7）负责集控站及所辖变电站网络安全告警信息监视。

无人值守变电站应配置相应的视频系统和安防系统，能实现运行情况监视、入侵探测、防盗报警、出入口控制、安全检查等主要功能。视频和安防系统总告警信号应能够传至集控中心，并具备远方控制，远方布防、撤防和录像存档查阅等功能。视频监视系统应对变电站重要设备和设施进行实时图像监视，集控中心人员可以全方位地掌握无人值守变电站的运行、安全防范和消防等情况，使无人值守变电站的安全运行得到有效保证。对特殊大型变电站或重要的变电站可考虑安装红外成像仪。视频监视系统宜与变电站站内照明联动。

变电站视频监控系统可完整的监视到各变电站内主要设备的运行情况。当接收到其他系统传递过来的报警信号时（包括软报文信号、硬触点信号），能够调用相应的摄像机，并自动将云台或摄像头调至相应预置位，对报警情况进行查看，同时在系统中弹出相关视频窗口，提醒运行人员进行查看。在电网发生事故或异常时，调度员或集控人员可第一时间通过变电站视频监控系统调用现场设备画面，查看设备实际运行情况，方便调度员或集控人员掌握设备运行的第一手资料。如图 5-2 所示。

图 5-2　变电站视频监控系统画面

5.1.4　输电集中监控

输电集中监控是指以运维资源和技术手段为基础，输电全景监控平台等平台为支撑，全息感知能力、智能分析能力为保障，实现设备、人员、业务全景可视的远程集中监控模式。可对在线监测装置运维、无人机巡检、可视化监控、预警信息及检修作业等输电业务进行监控。输电全景监控平台着力打造全流程在线化、移动化、互动化应用模式，辅助管理人员开展统计分析、质量管控和决策指挥，是业务纵向贯通的信息化支撑工具，助力设备精细运维、规范检修、应急处置等能力持续提升，实现各环节流程衔接顺畅、业务运转高效、策略制定精准。

在线监测装置是实现输电集中监控的重要基础，起着对输电设备全方位在线监测、运行状态评估预警、故障诊断分析等作用。在线监测包括多个方面，主要有：图像或视频、微气象、覆冰监测、微风振动、杆塔倾斜及沉降、导线温度、绝缘子盐密度、导线舞动、导线弧垂、导线风偏等实时数据。

输电线路常规人工巡检方式工作强度大、效率低，难以满足输电线路巡检的全部要求。而无人机巡检技术具有不受地形环境限制、效率高、作业范围广等优点，对于提高输电线路巡检质量、保障输电线路安全运维具有重要意义。国家电网有限公司自 2019 年开始应用无人机开展杆塔巡视和线路巡检工作。巡检对象主要为特高压、跨区直流和 500kV 及以上重要线路。无人机巡检主要包括正常巡检、故障巡检、特殊巡检等内容。正常巡检时，主要应用无人机巡检系统对输电线路导线、地线和杆塔上部的塔材、金具、绝缘子、线路走廊等进行常规性检查，巡检时根据线路运行情况、检查要求，选择性搭载相应的检测设备进行可见光巡检、红外巡检等项目；故障巡检时，主要根据线路故障测距等信息，应用无人机巡检系统确定重点巡检区段和部位，查找故障点并确定故障影响；遇有大风恶劣天气、雨雪冰冻灾害、电网大负荷、保电等特殊时段，可利用无人机完成特殊巡检。如图 5-3 所示。

图 5-3 无人机巡检

输电集中监控主要履行以下工作职责。

1）负责对在线监测装置、可视化及无人机巡检告警信息核查及预警信息发布等输电业务进行监控，对输电设备、装置装备、业务状态开展数据统计、分析，开展专项工作督办，发布预警信息、保电监督等重点业务管控，监督、评价下级监控中心工作情况；

2）监控输电告警信息以及在可视化轮巡中发现的缺陷隐患，跟踪现场处置情况，对缺陷隐患状态进行审核、闭环、评价。

5.1.5 电网在线动态安全监测与预警

随着电力设施快速发展，电气联系日趋紧密，断面间耦合关系越加复杂，安全稳定水平相互制约。在电网快速发展的过渡期，负荷快速增长、电网结构和潮流方式变化大、安全稳定特性变化快，迫切需要在线安全稳定分析技术提高驾驭大电网的能力。2003 年 8 月 14 日"美加大停电"事故后，不少国家开始研究在线动态预警技术，但投入工程应用的只有中国和美国。国内研发的在线安全稳定分析及预警系统的工程化和应用化水平更高。国家电网有限公司省级以上调度机构已部署完成在线安全稳定分析与辅助决策系统。各级调度充分利用静态安全分析、暂态稳定分析、静态电压稳定分析、小干扰稳定分析、短路电流计算分析、稳定裕度评估分析六大类功能，针对线路、母线、主变压器等设备重大操作，进行预想方式分析，明确重大操作前后电网安全风险；在电网运行中进行实时态在线扫描，动态评估电网实时运行薄弱点；针对330kV及以上电压等级线路、母线、主变压器故障，进行在线评估分析，并与广域测量系统等实际曲线比对，提高在线分析实用化水平。

具有强自适应能力的在线安全稳定分析与辅助决策系统为电网安全稳定运行提供可靠支撑。调控运行人员可以全方位、不间断、全周期地监视电网运行情况，有助于实现安全稳定运行的实时监控，有助于发现各种运行方式存在的问题，并且有针对性地提出改进或预防措施，为调度运行部门提供一种有效、快速、可靠的分析评价手段，也为实现由倒闸操作与运行控制并重的经验型调度向电网安全分析决策的科学智能型调度转变，提供了坚实基础。

国家电网有限公司在线安全稳定分析及辅助决策系统属于智能电网调度技术支持系统D5000实时与监控类应用。系统建设遵循"统一分析，分级管理"原则，包含实时态和研究态两个模块，采用统一计算数据，各级调度负责调度管辖电网内的安全稳定分析任务，分析结果实现全网共享，同时根据需要开展在线联合分析工作。

实时态模块是在线跟踪电网实际运行情况，每15min定期对电网运行展开六大类计算分析（静态安全分析、暂态稳定分析、静态电压稳定分析、小干扰稳定分析、短路电流分析、稳定裕度评估分析）和预防控制决策支持，实现电网安全稳定性的可视化监视和在线辅助决策，向调度运行人员提供当前运行方式下的电网预防控制措施方案，给出稳定极限和调度策略，保障电网安全稳定运行。如图5-4所示。

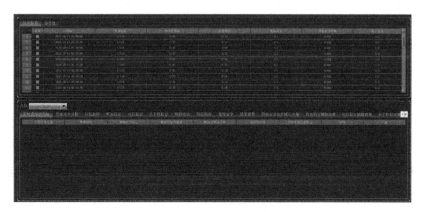

图5-4　在线安全分析实时态模块

研究态模块选择调度运行人员关心的断面数据，对系统存在的静态、暂态，以及动态等问题作详细研究，寻找系统静态、暂态，以及动态等安全稳定问题的成因，研究解决问题的根本方法，达到在当前运行状态下优化系统运行，提高系统安全，稳定、经济运行的目的。两者差别在于启动周期不同，其余功能基本相同。

在线安全分析从网络分析应用获取在线数据，并基于高性能的并行计算平台进行仿真分析，把电网存在的安全隐患通过综合智能告警应用进行预警展示。在线安全分析包括：在线静态安全分析、在线短路电流分析、在线小干扰稳定分析、在线电压稳定分析、在线暂态稳定分析、在线稳定裕度评估和在线直流预想故障分析。

在线静态安全分析是基于实时电网运行工况，进行全网"N-1"开、断故障或特定预想故障后的潮流计算，计算各元件或断面的过载安全裕度，从而得到设备过载、断面功率越限和母线电压越限的评估结果。

在线短路电流分析基于实时电网运行工况和网络拓扑信息，以给定的电网潮流计算结果为基础，考虑发电机电势和负荷电流的影响，计算系统发生单相或三相短路故障后，流经短路点的故障电流，校验其是否超出了相关断路器的开断能力。

在线小干扰稳定分析以电网实时运行工况为基础，结合电网安全稳定计算模型和参数，对系统进行线性化，形成描述线性系统的状态方程，通过求解状态矩阵的特征值和特征向量，计算电网的振荡模式，并从中筛选出若干主导振荡模式。

在线电压稳定分析基于电网实时运行数据，分析电力系统受到一定扰动后各负荷节点维持原有电压水平的能力。根据受到扰动的大小，电压稳定分为静态电压稳定和大扰动电压稳定。

在线暂态稳定分析基于电网在线潮流数据，根据暂态稳定预想故障集进行详细的仿真计算，研究电力系统受到大干扰后各发电机保持同步运行并过渡到稳态运行方式的能力，给出安全分析结果（暂态功角稳定性、暂态电压稳定性和暂态频率稳定性）。

在线稳定裕度评估功能的目标是求取预先指定的或在线安全分析筛选出的薄弱断面的最大输送功率。其基本方式是根据断面组成、潮流方向、潮流调整在线安全分析技术概述方式（人工指定或根据灵敏度计算得出），逐步增加断面的功率值，保证全网在"发电—负荷"整体平衡的前提下分别计算此时电网的安全稳定性，计算得到的满足各类安全稳定约束的断面潮流最大值即是输电断面最大可用输送功率。

在线直流预想故障分析基于电网在线潮流数据，通过模拟直流系统发生预想故障或对交流系统短路故障产生响应，并考虑稳定控制、系统保护、低频低压减载、高周切机、失步解列等安自装置动作，对系统动态过程进行仿真分析，评估直流送受端交流电网潮流越限、频率稳定、电压稳定、功角稳定等。

在线安全分析辅助决策技术以监控预警、在线评估技术为基础，根据在线安全分析结果，针对电网运行危险点，启动控制策略计算，给出电网运行方式优化建议，消除可能出现的不安全因素。根据辅助决策解决的问题，在线安全分析辅助决策分为在线静态安全辅助决策、在线暂态稳定辅助决策、在线短路电流辅助决策、在线小干扰稳定辅助决策、在线电压稳定辅助决策、在线直流预想故障辅助决策、在线辅助决策综合分析。

1）在线静态安全辅助决策针对在线静态安全分析发现的基态潮流越限和"N-1"后潮流越限问题，对越限设备进行灵敏度分析，按给定策略给出满足静态安全约束的调整方案，以消除越限问题。在线静态安全分析辅助决策常用调整措施包括：调整机组有功出力和无功出力；整负荷水平；调整直流功率；线路投退；电容电抗器投退；变压器分接头调整；静止无功补偿装置投退。

2）在线暂态稳定辅助决策根据在线暂态稳定分析结果，针对暂态稳定隐患，计算系统有功与系统轨迹灵敏度的相关系数（轨迹灵敏度分析是微分动力系统研究领域的一种工具，通常研究动力系统的动态响应对某些参数或初始条件甚至系统模型的灵敏度来定量分析这些因素对动态品质的影响，如功角轨迹对故障切除时间的灵敏度等），选取保证系统稳定的调整方案，通过调整系统的运行方式，消除故障发生后系统存在的暂态稳定问题。在线暂态稳定辅助决策常用的调整措施包括：降低送端发电机组出力；增加受端发电机组出力；降低受端负荷水平。

3）在线短路电流辅助决策根据在线短路电流计算结果，对短路电流超标的母线进行灵敏度分析，按给定策略选取降低短路电流的最优调整方案。结合运行实际，在线短路电流辅助决策主要采取如下6种调整策略：停运发电机；停运线路；停运主变压器；投入串联电抗；母线分列运行；线路出串运行。以上措施中，前4种是基于设备投停的辅助决策措施，后两种为基于站内拓扑分析的辅助决策。

4）在线小干扰稳定辅助决策针对小干扰稳定分析发现的电网弱阻尼或负阻尼模式，采用基于阻尼灵敏度分析的辅助决策算法，计算阻尼对运行方式的灵敏度，确定影响因子大的振荡源机组，调节其出力，实现针对在线运行状态的小干扰预防控制调度辅助决策。结合运行实际，在线小干扰稳定辅助决策主要策略为调整机组有功出力和无功出力。

5）在线电压稳定辅助决策根据电压稳定分析的计算结果，在初始稳态运行点和电压稳定极限点进行模态分析，确定系统的薄弱节点和薄弱区域，计算各个可调元件的调整措施，给出满足系统电压稳定约束的合理调整方案。结合运行实际，在线电压稳定辅助决策主要采取电容电抗器的投退、机组和调相机的无功调整等措施。

6）在线直流预想故障辅助决策的核心算法是满足安全约束的最优化算法，约束是设备不越限、电压不越限、频率恢复，目标是调整量小和频率恢复速度快。针对直流预想故障后潮流转移引起的设备越限以及频率偏移等问题，统筹评估送受端电网安全稳定问题，计算消除设备越限、快速恢复频率的措施。

7）在线辅助决策综合分析在综合各类安全稳定辅助决策信息的基础上，对静态安全、暂态稳定、小干扰稳定、电压稳定、短路电流、直流预想故障等辅助决策信息进行汇总和评价，综合处理不同种类辅助决策信息，给出统一的辅助决策。辅助决策综合分析需要考虑多种安全稳定约束，将预防控制及多种安全稳定约束解耦，采用分解协调和递归迭代的方法解决复杂的高维非线性规划问题。对于采用同一类控制手段解决不同安全稳定问题的情况，分析手段以某类安全稳定辅助决策为主，计算过程中考虑其他稳定的约束，并对调整后策略进行其他稳定约束检验；对于不同控制手段解决不同安全问题的情况，按照解耦原则各自分析计算，综合处理按照分类汇总得到的全部信息，对辅助决策结果进行在线安全分析技术概述分析，判断是否有互相矛盾的情况，基于可行的调整措施进行潮流计算，并给出综合处理后的总体辅助决策和调整后的潮流结果。

未来态分析应用可根据电网当前运行情况，结合超短期负荷预测、检修计划、发电计划等数据，生成未来态潮流，超前进行安全分析、预估电力系统稳定性问题和发展趋势，实现未来态预警并提供相应的辅助决策信息，实现从传统的事故告警向预警的新模式转变，对保障电网安全稳定运行具有重要意义。日内计划数据由发电计划信息、系统预测负荷信息、母线预测负荷信息、分省总交换计划、直流联络线计划和设备检修计划数据组成。未来态潮流数据是以在线数据为基础，综合考虑调度操作调整、日内发电计划、短期系统负荷预测、省间联络线计划、直流计划、设备检修计划和新能源预测等信息，完成模型参数、网络拓扑、功率平衡、设备越限等在线基础数据检查，以及数据格式、数据合理性、有功无功匹配性等计划数据检查，在保证数据合理、精度达到要求的情况下将计划数据和在线数据进行整合，以保证潮流收敛、省间联络线和直流计划一致为前提，同时考虑电压和无功分布的合理性，形成未来电网的潮流数据，为后续的各类安全稳定分析计算提供基础。未来电网运行方式数据是基于在线实时数据，结合计划数据和预测数据，形成兼具合理性、收敛性、准确性的未来电网潮流数据。

1. 多断面潮流控制算法

采用多断面潮流控制算法把大电网拆分为若干个小电网进行多步迭代计算，提升算法对坏数据的适应能力。

2. 安全校核拓扑快速修正

根据设备状态变化情况，形成相应的电网拓扑，对拓扑错误进行修正处理。

3. 数据整合

采用边界潮流匹配的方法确定主数据源，根据各个区域的交换功率调整其他数据源数据，完成多源电网数据拼接，生成在线稳定分析计算的整合数据。

4. 多运行方式并行

将未来一段时间内多个时刻的电网运行方式并行发送至计算机群，同步进行安全稳定校核计算并快速返回结果。

5. 收敛性调整

采取动态加入等值负荷、设备状态修正、坏数据的辨识与过滤、动态设置多电压参考点,以及按数据的优先级解决数据不一致等方法来提高整合效率和数据质量。

6. 无功电压优化

从历史数据中挑选出与计划数据最接近的基准方式,从中提取计划未提供的无功电压数据作为计划潮流调整的初值,以提高计划校核潮流数据的收敛性和计算精度。

近些年来,各级调控机构结合电网运行特性变化和自身业务需求,不断完善和扩展在线未来态分析功能,丰富未来态分析模式内涵,如基于未来态潮流的日内计划调整后安全校核、基于未来态潮流的静态安全分析扫描、趋势分析、电网分区发用电平衡能力评估及辅助决策等。

5.2 智能感知技术在城市电力设施监测监控中的应用

5.2.1 人工智能技术应用

当前,人工智能技术正处在高速发展中,电力系统也正在建设新时代数智化坚强电网。深度学习、机器视觉和自然语言处理等人工智能技术的应用使得电力设备能够实现智能监控、故障预测、决策支持和调度优化,提高了电力系统的灵活性,增强了电网的稳定性,优化了能源结构,降低了安全风险。随着人工智能技术的不断发展,其在电力设施中的应用将更加广泛和深入,为电力系统绿色安全发展提供有力支持。

1. 机器视觉技术应用

机器视觉技术在电网杆塔设备缺陷损毁、变电站设备检测识别、巡检作业安全监护等方面有广泛应用。复杂自然背景下,目标图像的提取与识别是电力设施故障自动诊断的主要技术。主要分为3步:一是选择候选区域,其方法主要有Canny边缘检测、Selective Search滑框选择、k-means聚类等;二是特征提取,其方法主要有尺度不变特征转换(Scale Invariant Feature Transform,SIFT)、梯度方向直方图(Histogram of Oriented Gradients,HOG)、加速稳健特征提取(Speeded Up Robust Features,SURF);三是分类器分类,常见的分类器有随机森林、支持向量机(Support Vector Machine,SVM)、Adaboost等。

1)传统的图像提取与识别技术

图像的特征提取一般分为底层和高层两个层次。底层的特征提取是图像分析的基础,常用的有颜色特征、形状特征和纹理特征，根据底层的提取结果，通过机器学习得到图像特征，这类方法具有简单、性能稳定的特点；高层的特征提取，一般是基于语义层次的，多通过深度学习来实现。

（1）针对高压输电线路中的典型小目标故障识别

多利用目标图像色彩、纹理特征进行识别判断，可基于图像双分割与HSV空间颜色、HELM3纹理融合特征对高压输电线路典型小目标进行故障识别。该方法以航拍高压输电线路关键部件故障图像为原始数据，其中包括线夹偏移、绝缘子破损、引流线松股、链接金具锈蚀、铁塔杂物等典型小目标故障，以双分割后图像为研究对象，提取色度、饱和度、数值空间等9个颜色特征、3层小波分解高频协方差矩阵与低频低阶矩的18个不变纹理特征，进行支持向量机的输电线路典型小目标故障分类识别。该方法平均识别率达到92.64%。

（2）针对导线的缺陷识别

由于导线目标较小，与背景颜色接近，识别时易受周边干扰物影响，因此可结合形状、灰度特征等提取图像信息，通过分类器分类判断导线缺陷情况。基于图像处理技术可对导线断股、散股缺陷检测，利用导线的形状和灰度特征提取复杂背景中的导线，人工提取导线缺陷特征，并训练支持向量机分类器在导线区域中检测存在断股、散股缺陷的区域。

（3）输电线路锈蚀检测方面

由于输电线路图像背景复杂、干扰物多，通常需构建目标的颜色属性、纹理特征识别模型进行识别判定，针对输电线路背景复杂、缺乏有效锈蚀缺陷检测手段的问题，根据锈蚀图像的颜色特征与纹理特征，采用色调、饱和度、亮度（Hue、Saturation、Intensity，HSI）颜色模型和灰度共生矩阵识别图像中的锈蚀区域，识别率为93.10%。

（4）输电线路异物检测方面

由于输电线路异物影响情况复杂，异物形态、纹理、颜色各不相同（如风筝、鸟窝等），直接对异物本身进行识别，对模型算法针对性要求较高，如何构建通用的异物识别模型是主要难点。基于显著计算特征构建模型的重点在于提高传输线提取的精度，并将显著性检测集成到异物目标检测过程中。对线段检测器采用统计颜色滤波，进行像素级拟合，匹配传输线的颜色特征，进而根据异物总是出现在图像序列中区域外这一特征，使用显著性计算来均匀地提取传输线上的异物，一定程度上解决了不同类异物识别模型复杂的问题。

2）基于深度学习的图像提取与识别技术

深度学习是基于人工神经网络发展起来的一种技术，深度学习算法比传统机器学习算法识别能力更强，辨识效果更好。电力设施故障监测识别中常用的深度学习图像识别方法有语义分割、目标检测和实例分割技术等。

语义分割是通过对图像中每个像素进行特征提取和分类，从而确定像素所属的物体或区域,实现对图像内容的深入理解和对目标的精细化分割。这类方法关注像素级的特征分类,通常采用深度神经网络进行图像特征学习,并将每个像素归类到一个特定的类别中。语义分割输出的结果是一个与输入图像大小相同的语义分割结果图。在这个图中,每个像素被分类到相应类别,因此能够提供更精细化的图像分析理解结果。然而,背景复杂,遮挡物、干扰物较多时,语义分割精度会受到一定程度影响。另外由于要对每个像素进行分类,且需要精细化地标注大量训练集供模型训练,因此需要大量的计算资源和运算时间,模型训练成本也比较高。

目标检测关注的是识别出图像中存在的物体,并确定该物体的位置和边界形状,但不对图像像素进行分析。通常采用活动窗口或预设锚点来搜索图像中的目标物体,一般情况下要同时检测物体的位置和类别,并根据这些信息识别出物体,但并不对每个像素进行特征提取。目标检测的输出是一组包围着检测目标物体的矩形框以及该目标的类别,虽然不如语义分割结果精细,但满足针对某些特殊场景。然而,该方法无法提供目标更精细的特征描述,且采用的滑动窗口或预设锚点会导致计算效率相对较低。

实例分割是结合了语义分割和目标检测的更高级任务,具有两条技术路线,一类是自下而上的方法,先通过语义分割逐像素提取特征和分类,之后通过聚类等学习手段区分同分类下的不同实例;另一类是自上而下的方法,先通过目标检测定位目标所在锚框,再对锚框内部进行语义分割得到像素级分类。以下结合识别目标给出不同深度学习图像识别技术的应用场景。

(1)输电线路覆冰识别

由于导线体积小,通常在图像中占比很小,但仍需要精细地提取图像特征来判断覆冰厚度,因此可采用实例分割技术。针对架空线路覆冰场景,研究适用于复杂背景下的融合多尺度特征的改进 Mask R-CNN 导线识别与分割方法。该方法可实现有冰导线及无冰导线自动分类,对复杂背景下的导线识别与分割泛化能力较强,分割准确率达 92% 以上。

(2)小目标缺失识别

对于输电线路绝缘子、防振锤、间隔棒等典型小部件缺失等问题,可采用目标检测方法,使用 Res2Net 残差结构对 YOLOv3 模块进行调整,提高各个特征层的感受野。针对输电线路部件检测时检测目标占比过小问题,对 YOLOv4 算法的卷积层、特征层,以及激活函数进行优化,利用调整过后的 YOLOv4 算法对输电线路小部件进行检测,提高检测速度与精度。改进的 YOLOv4 算法实验速度可达 53.62FPS,能够达到实时检测的效果,实现输电线路状况的实时监测。

(3)输电线路零部件缺陷故障监测

在电力系统海量非结构化图像数据智能化分析和识别问题上,可利用卷积神经网络提取电力设备绝缘子图像特征,平均识别率能够达到 89.6%。针对输电线路部件,绝缘子、悬垂线夹、防振锤、鸟巢及导地线 5 类待检测目标，可基于细粒度分类的多特征融合轻量化双线性卷积神经网络，通过两个特征提取网络的特征提取过程中多次特征融合，提升特征向量所含信息量，最终获得较优的分类结果，该模型识别准确率高达 80%。目前，已有模型通过卷积神经网络对绝缘子检测达到 92% 的准确率，同时结合超像素分割和轮廓检测等方法对绝缘子自爆故障进行检测，准确率达 90%。

（4）输电杆塔目标识别

输电杆塔体积大，故障受损时形态特征明显，不需要过于精细的特征识别，也可采用目标识别方法，使用改进的 YOLO 实现对塔杆目标的 94.09% 的检测精度及 20FPS 的检测速度。

3）基于三维点云数据的目标识别技术

当前机器视觉得到快速的发展，但依然没有一种通用的算法可以对任意的对象进行准确的识别，识别算法面临鲁棒性、计算复杂性及可伸缩性等各方面的挑战。国内外很多专家学者对物体识别方法进行全面深入的研究。特征学习和分类器设计得到大家的广泛关注，这类算法对一般类别的物体识别有很好的效果。目前利用特征实现特定物体的识别是一种广泛而有效的方法，特征匹配和几何验证是识别算法的关键技术。美国卡耐基梅隆大学研制的 MOPED 系统是利用局部特征实现物体识别的典型代表。

目标识别是智能机器人应用过程中的关键步骤，是机器人感受周围环境，认识物体，理解物体的关键。机器人通过其视觉系统获取的实际物体表面的图像信息，通过图像识别技术对目标的进行分析与识别。而图像识别技术一般可以分为 3 个阶段，首先是文字识别阶段，其次过渡到二维图像识别，最后是深度图像识别。现阶段文字识别技术发展得比较成熟，但其应用领域也有很大的局限性；二维图像识别技术经过几十年的快速发展，技术相对比较成熟，有着广泛的应用，但针对图像形变、图像旋转、比例缩放等情况，其识别效能大大降低。此外，二维图像识别也不能给出识别目标准确的空间位置；深度图像识别是图像识别技术发展的方向，该识别技术不但能够准确地识别出目标，而且能够给出目标的空间位置与方向，因此可以更好地应用于智能机器人。与此同时，随着科技及加工工艺的发展，深度传感器发展迅速，在传感器市场占有一定的份额。如 ATOS 以及微软的 Kinect 等深度传感器，让获得深度图像、三维点云等物体表面的三维信息数据变得简单。因此，当前利用物体表面的三维点云数据等三维信息进行目标识别是物体识别技术发展的趋势，如图 5-5 所示。

随着计算机视觉技术的快速发展，基于三维点云数据的目标识别研究受到越来越广泛的关注。三维点云数据的目标识别一般包括特征表达和特征匹配策略两个部分，而匹配识别算法是关键组成部分，也是目前急需要攻克的难点。物体特征表达可以分为全局特征表达和局部特征表达，特征匹配的算法可以分为直接特征点匹配方法与间接特征点匹配方法。

图 5-5　机器视觉点云识别特征点匹配过程图

因此，基于三维点云数据有多种的目标识别方法，国内外许多专家学者对此做了大量的深入研究，并取得丰硕的成果。

20 世纪 80 年代中期，许多学者对点云数据的目标识别进行了大量的研究。Besl 等人提出一种三维形状的配准方法，称为最近邻近迭代（Iterative Closest Point，ICP）算法。A. Johnson 和 M. Hebert 提出一种"利用旋转图像有效识别杂乱三维场景下的目标"的方法。Frome 等人提出三维形状上下文，并以此为基础进行调和变换得到调和形状上下文，再利用比较描述子的距离进行目标识别。该方法要有两次特征提取，精度不高。Chen 和 Bhanu 利用曲面特性实现局部曲面片进而实现匹配，但该方法识别效果不太理想。陶海跻和达飞鹏提出了一种点云自动配准的方法。其方法优点在于基于法向量信息提出了一种有效的特征点提取方法，巧妙结合刚性距离约束条件和随机抽样一致性算法，并采用了改进的最近邻迭代算法进行再次配准。

近年来，国内外越来越多的科研机构与院校都对三维点云数据的目标识别技术展开了研究，如日本电气美国研究院，以及 IBM 与惠普等公司的海外研究院。此外，卡内基梅隆大学、布朗大学，以及麻省理工学院等也做了大量的研究。国内的哈尔滨工业大学、华中科技大学、中国科学技术大学、清华大学，以及中国电子科技集团公司第二十七所等院校与科研机构，也对点云的目标识别技术进行了大量研究。

三维点云数据的目标识别方法很多，但也面临许多问题。一些基于局部细节特征识别整体的方法，需要大量的数据点，且算法较为复杂。此外，识别算法不能同时满足平移、旋转、缩放不变。

2. 电网无人机巡检技术应用

电网巡检工作主要分为人工巡视、无人机巡检、直升机巡检等。传统电力巡检工作主要依靠工作人员现场巡检，在遇到冰冻、洪水、地震、山体滑坡等自然灾害时，线路的巡检工作就无法进行。应用多旋翼无人机巡检不仅能快速发现输电线路缺陷和通道隐患，还能在各种复杂地形、恶劣天气和灾害天气下及时、准确、高效地获取现场信息。此外，多旋翼无人机自动巡检提高了电力维护检修的速度和效率，使很多操作在完全带电的情况下也能快速完成，效率比人工巡检高出数倍。多旋翼无人机的起飞或者降落不需要任何辅助装置、专用机场和跑道，对工作环境要求极低，可以在野外任何地方进行起降飞行工作。同时，多旋翼无人机具备飞行精度高，可以长时间悬停，具备前飞、后飞、侧飞等特点。此外，多旋翼无人机可以绕着平原、湖泊、山地等不同地形飞行，利用高空优势全方位、高精度地巡检输电线路运行情况，弥补人工巡检的不足。

无人机巡线的推广和应用使得带电维护和检修成为可能，提高了电力工人的维护和检修速度，成本也在可接受范围内。由此，合理、精细化地规划无人机巡线路径可以在确保无人机完成巡检任务的前提下，缩短巡检路径，并提高巡检工作效率，可以快速、准确地发现配电线路中的故障，为电网巡检、抢修快速地提供数据支撑。

无人机电网巡检技术的发展目前已经越过人工操作阶段，进入自动化巡检阶段，实现了基于手动示教、三维航线规划等预编程方式的无人机自动驾驶，以及电力设备部分典型缺陷隐患辅助分析。工作人员可以利用无线遥控设备或嵌入式程序结合GPS控制无人机沿设定路线飞行，并在无人机上搭载摄像头或可见光、红外线、紫外线等成像设备对线路进行拍照和高精度检测。运用图像传输技术将信息迅速传回主站，通过图像处理和图像识别技术，快速完成电网的故障定位。

针对电网无人机自动巡检技术，目前国内已经开展了许多研究，但该技术尚无法满足实际工作场景中的所有业务需求。基于四旋翼无人机的电力线智能巡检系主要应用于输电线路的短途巡检，输电线路一般拓扑结构简单，以直线形态为主。配电网拓扑结构相对复杂，且形状不规则。该方法也未考虑巡线长度超出无人机续航能力情况。因此，针对无人机巡检路径规划特点提出优化方法，以能耗最低、可巡线时间最长为目标函数，采用蚁群算法（Ant Colony Optimization，ACO）优化巡线路径，但该方法只考虑了单个无人机巡检输电线路的路径优化问题，未考虑如何快速将巡线信息反馈至控制台。通过混沌扰动初始化算法和分流模拟退火算法来求解电力巡检的路径，获得的结果比采用蚁群算法得到的结果更加经济，但只考虑了单个无人机的巡检路径优化。此外，无人机在执行路径规划决策过程中，需要根据实时探测到的障碍物对路径进行微调。为此，其他研究团队根据输电线路巡检特点和要求的不同，将巡检的任务分为两部分：利用多旋翼无人机进行电塔巡检；利用固定翼无人机进行输电线路走廊巡检，均采用遗传算法（Genetic Algorithm，GA）进行路径规划，但是遗传算法容易陷入局部最优解，导致无法得到合理的路径。

将无人机巡检时获得的图像通过使用人工智能技术，使原本需要人工判读的工作交给机器判读，实现对配电线路巡检图像的高度利用，可以极大地节省人力成本，提高缺陷故障识别效率。

3. 自然语言处理技术

自然语言处理技术（Natural Language Processing，NLP）是一种人工智能技术，旨在让计算机理解和处理人类语言，研究主要集中在自然语言理解（Natural Language Understanding，NLU）和自然语言生成（Natural Language Generation，NLG）两个核心子集上。前者旨在将人类语言转换为机器可读的格式以进行人工智能分析和应用，例如自动问答、信息检索、机器翻译等；后者则将机器生成的语言转换为人类可读的格式，例如智能客服、语音合成等。随着深度学习技术的发展，自然语言处理技术的应用也越来越广泛，成为现代人工智能技术不可或缺的一部分。在电力设施运检场景中，自然语言处理技术可以用于实现对文本数据的自动化分析和处理功能，从而提升电力设施知识的智能化利用水平。目前电力行业内应用较广的自然语言处理技术主要为知识图谱，发展最快的是大模型技术。

知识图谱是结构化的语义知识库，用于以符号形式描述物理世界中的概念及其相互关系。其基本组成单位是"实体—关系—实体"三元组，以及实体及其相关属性—值对，实体间通过关系相互联结，构成网状的知识结构。

电网设备知识图谱本体规范目的是以关键技术研发、数据收集处理、知识融合分析为主线，构建电网设备知识组织体系，用于支撑主设备知识查询问答、故障辅助诊断、缺陷辅助分析等场景应用。电网设备知识图谱本体是电网知识库的核心，其质量直接决定该领域知识表示的准确性、知识组织的合理性与知识库构建的规范性。图谱涵盖主设备的铭牌信息、基础参数（电压等级、额定电流、总重等）、出厂报告、形式试验等基础数据的物理属性和运维、检修、技改、大修、试验、故障等设备的业务知识。设备图谱本体层由主设备实体类型、属性类型和关系类型构成；设备图谱实例层是对图谱本体的实例化过程，由实体、关系、属性构成，如图5-6所示。

以ChatGPT为代表的通用人工智能大模型，以"参数规模大、推理精度高、泛化能力强"为特征，具备强大的内容生成和人机交互能力。利用大模型技术为检修试验、缺陷定级、故障溯因等业务提供精准化检索、智能化问答、图谱化呈现、移动化应用等服务，可以显著提升设备缺陷定级推理、提升设备试验检修的工作效率，对于降低设备运行故障发生概率和电力系统运行风险具有重要意义。

不同于医疗、法律等传统知识密集型产业的知识体系化管理和开放特点，电力企业的主要职责是发电、输电等重资产装备的建设、运行与维护，以专业书籍、技术标准和规程等形式存在的电厂、调度、设备、营销等内部子专业的知识文档使用和发布范围有限，仅少数专业人员访问使用，并未大规模开放。通用大模型在训练过程中多采用小说、咨询的内容使模型具备基本的中文生成能力，但并未获取电力行业知识内容，因此通用大模型并不具备电力专业知识理解与生成能力。为满足电力行业大模型应用需求，开展电力行业大

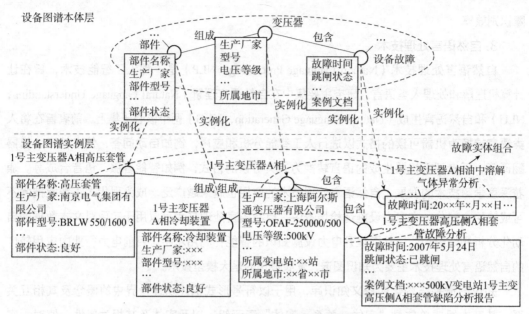

图 5-6　电网主设备本体与图谱概念模型

模型的训练工作，归集电力教材、书籍、标准、规章制度、政策、资讯、公文、通知、公告等优质语料解析处理为大模型训练可使用的样本，通过继续预训练使大模型学习行业知识，理解电力行业的基础概念、机理与程序步骤，使大模型具备电力通识基础认知、机理过程思维与知识推理能力。而后开展模型问答能力微调，使其具备电力行业通用知识和推理过程的问答交互能力，电力行业大模型训练应用过程如图 5-7 所示。

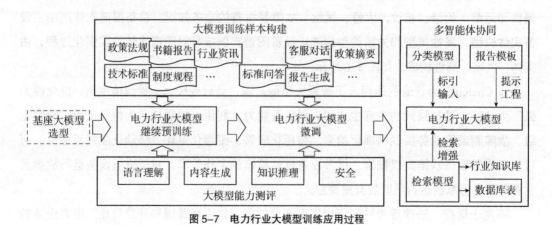

图 5-7　电力行业大模型训练应用过程

5.2.2　传感器技术应用

传感技术由来已久，传感器网络的发展经历了 4 个阶段。第一代传感器网络是简单的测控网络，采用有线传输方式，只具有点到点传输功能，而且布线复杂，抗干扰性差。第二代传感器网络是由智能传感器和现场控制站组成的测控网络,与第一代传感器网络最大的区别是在控制站之间实现了数字化通信。第三代传感器网络是指基于现场总线的智能传感器网络,现场总线控制系统取代集散控制系统有利于传感器网络向智能化方向发展。进入 21 世纪,微机电系统技术、低能耗的模拟和数字电路技术、低能耗的无线电射频技术和传感器技术的发展,使得开发小体积、低成本、低功耗的微传感器成为可能,而无线电、红外、声等多种无线通信技术的发展,尤其是以 IEEE802.15.4 为代表的短距离无线电通信标准的出现,进一步催生了第四代传感器网络,即无线传感器网络(Wireless Sensor Networks,WSN)的诞生,如图 5-8 所示。

无线传感网是由部署在监测区域内的大量的体积小,成本低廉,由具有无线通信、传感和数据处理能力的传感器节点所组成。并且每个传感器节点均有存储、传输和处理数据的能力。各节点之间可以通过无线网络相互交换信息,也可以将信息传送到远程端。

无线传感网在应用和研发方面,国外如美、欧、日、韩等少数国家起步较早,总体实力强。美国"智能电力""智慧地球"、欧洲"物联网行动计划"及日韩基于物联网的"U 社会"战略等计划相继实施,无线传感网成为抢占"后危机"时代各国提升综合竞争力的重要手段。在中国,无线传感网是由"智能尘埃"的概念提出后才开始发展的,随着人们对其研究不断深入,逐渐从国防军事领域中的应用扩展到环境监测、医疗卫生、海底探索、森林灭火等领域中,并将其归入到未来新兴的技术发展规划中,侧重在生物技术、化学等方面的应用。之后学界又将其研究重点放在安全且具有扩展性的网络、传感器系统网络中,使各界学者逐渐参与到无线传感器网络的研究与发展过程中。

中国无线传感网的发展与发达国家同时起步,相关的研究工作逐渐受到政府的广泛关注,在成为研究的重点之后将其基础理论与关键技术纳入研究计划中。近年来,中国无线传感网的研究在不断的深入发展,并获得了较多的成果。同时,随着通信技术、电子技术

图 5-8　无线传感采集网应用部署

等技术的不断发展与改进，无线传感网也得到快速的发展，应用范围越来越广泛，其发展前景广阔。

智能电网建设是电力企业的首要任务。传感器技术作为一项关键技术，需要进行智能化、集成化、长寿命的创新研发与改造，以有效地解决传感器工耗过大的问题，确保整个智能电网建设的成功。当前，国内已建立了针对电网的全面监测系统，而传感器节点部署、信息采集、节点调度和路由优化等感知层关键技术是电力物联网数据可靠性和网络传输性能提升的基础，传感器网络高覆盖率、低能耗、高速率、高精度是电力物联网感知层追求的目标。目前，已研究出基于电场耦合法，利用 PT/CVT 柜间接测量电压谐波超标程度，判断输电线路运行状况的方法。以及在 PCA-GA-LSSVM 模型的基础上，通过主成分分析从气象数据中提取有效信息，结合遗传优化算法智能监测智能电网输电线路。

在感知层的传感器信息采集研究中，相关专家研究并提出一种基于检测 GIS 局部放电的分布式传感器。但存在采集局部放电信号的数据量大，RS-422 串口数据传输时间长等的问题，经过研究建立基于 GIS 局部放电分布式传感器在线监测系统，采用一种最大值数据压缩算法，将高速 A/D 采集到的大量实时数据，有效地传输到后台监测系统，解决了该问题。为了解决"信息孤岛"和信息模型没有统一规范的问题，将信息建模引入输变电设备的信息采集物联网中的想法被该领域专家提出，根据输变电设备全寿命周期管理业务所需要的设备全景信息，最终提出了输变电设备全景信息建模方法。

针对信息汇聚的路由优化问题，提出的 MU-MIMO 技术不仅能够获得 MIMO 技术的分集和复用增益从而改善传统无线通信系统的能量效率频谱效率折中关系，还能够利用空间自由度消除用户间干扰，并获得多用户分集增益。此外，针对上行 MU-MIMO 情况下的参考信号设计和信道估计算法进行改进。通过采用最大间距的循环移位组合，使得在信道估计时不同循环移位间的串扰最小，参考信号的设计是对现有参考信号的继承和较小的改动，满足对低版本 LTE 的兼容和 MU-MIMO 的应用。

电力设备在线监测网络中的传感器节点数量众多，所采集的参数存在异构性、突发性、稀少性、紧迫性等特性，每一种设备在不同的区域对传感器网络的指标要求也不相同。在传感器节点部署策略的研究中，没有系统地分析在不同区域、不同覆盖要求下的节点部署规划问题。关于信息采集，大多是阐述硬件系统的构建以及性能分析，对于结合整个网络能耗的传感器节点调度问题研究，相关文献并不多。有关无线传感网路由算法的研究比较多，对分簇路由算法的优化方法也很多。分簇路由算法是在节点数量大时常用的算法，但是分簇路由并不满足事件触发型同构网络的信息传输要求，需要开发平衡数据可靠性、速率和网络能耗的数据传输路由算法。如何在电力设备上部署传感器节点实现状态全息感知，怎样规划通信链路确保海量数据的可靠传输，如何开展数据收集和预处理，如何确保多源异构信息的规范化等一系列问题是电力设备在线监测网络感知层研究未来亟待解决的。

5.2.3 大数据分析技术应用

1. 基于大数据的电力灾害预测技术

随着电力系统的日益复杂和自然环境的不断变化，电力系统中的灾难性连锁事故频繁发生，这些灾难性连锁事故大多数始于系统某个元件故障。大规模停电事故初期往往是少量元件相继故障，在事故扩大阶段则与电力系统中的脆弱环节有紧密的联系。因此从整体预防的角度出发，通过大数据技术，建立事件发展趋势预测、电力设备设施损失、停电范围预测，以及灾害损失的统计分析模型，辨识电力网络中的脆弱环节对提高电力系统的可靠性，降低大规模停电事故的发生概率有重要意义。

2. 电力设施微观损伤预测技术

通过对电力设施灾害损失大数据的研究，可以得出灾害条件—设备损坏两者之间的拟合模型，该模型可以用于实际应急过程当中的电力设施损失预测。可以用于进行微观电力设施损失预测的损失数据类型包括以下4种：杆塔损坏预测、重要用户停电预测、不同电压等级（500kV、220kV、110kV、35kV）线路跳闸预测、变电站故障预测。

针对电力线路的损伤，通过对神经网络、决策树和逻辑回归算法进行模型拟合和预测验证。线路损伤预测的主要输入数据为气象数据，包括最低温度、天气、风速、风向等。这些气象数据来自当地气象局发布数据或邻近变电站、杆塔安装的微气象监测装置。输出结果为当前状态下电线是否损坏。针对获取的数据按照7∶3的比例划分训练集和测试集，进行拟合。

3. 电力应急宏观损害分析技术（以台风灾害为例）

通过对微观设备损坏预测结果进行进一步集成分析可以得到宏观方面的损坏情况。宏观情况则对于顶层的决策更有帮助，如图5-9所示。

1）基于微观损害结果的推测

为了最大程度利用现有各类数据，首先通过使用微观预测结果进行宏观损害结果的而推算。

步骤一：根据微观的线路损伤、杆塔倒塌、变电站故障、各类型线路跳闸、重要用户停电的单独预测结果按照灾害影响区域和这些区域内部的设备数量情况，预测并计算得出各类设备的损伤数量情况；

步骤二：按照变电站、线路等设备损害之间的逻辑关系，得出单一类型损伤导致的次生、衍生的损伤。在此的推演并不仅限于电力设施的工程技术上的推演，还包括与其他结果之间的逻辑推演。如从变电站停运的位置和情况推算出某个台区将失去电力，从线路停运的情况和位置推算出某个重要用户将停电。同时。也可以将通过反向逻辑推测完成推演，如通过重要用户停电情况反推出周边相关电力线路的停运情况，在此情况下的推演主要依

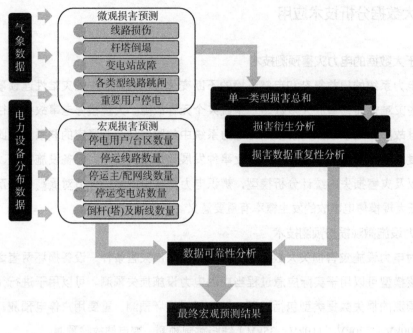

图 5-9 宏观预测模型

靠贝叶斯理论进行推算；

步骤三：在完成次生、衍生损伤的统计后，针对损害情况的重复统计需要进行去重计算。可以基于历史数据的统计结果的去重，也可以通过建议电力结构仿真计算的去重。最终获得各类型损伤的宏观预测结果。需要注意的是，由于在不同场景情况下所能够实际采集的数据类型并不一定相同，次生、衍生预测过程的推演也可以成为弥补数据类型不足的手段，此时有可能需要按照数据统计结果对推测数量进行一定量的增补。

2）直接宏观预测

宏观预测的结果也可以直接通过气象数据与宏观损害数据之间的机器学习计算完成预测。基于历年台风造成的电力灾损数据 [如停运配电台区数量、停电用户数量、停运线路数量、停运变电站数量、倒杆（塔）数量、断线数量、电力恢复时间等] 进行台风灾害直接宏观预测。其中发生灾害年度、登陆时最大风级、登陆时最大风速、登陆地点人口、台风持续时间、台风路径影响区域数量为输入，数据、灾害严重程度为输出。灾害的严重程度为输出，划分为非常严重、严重、轻微 3 个级别。灾害严重程度的具体取值根据不同灾害的历史数据和电力受灾结果设置。通过 BP 神经网络模型和随机森林模型对数据进行分类。验证方法为双折叠交叉验证，并且使用平衡采样方法。

3）灾害受损预测模型

（1）电力事件发展趋势（电力设备设施损失情况）预测模型

电力事件发展趋势预测的执行流程如下（图 5-10）。

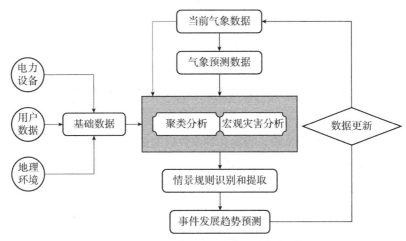

图 5-10　电力事件发展趋势预测模型示意

步骤一：得到基础数据和当前气象数据、气象预测数据可以根据本书提出的电力突发事件预测模型获得宏观损害预测结果；

步骤二：通过基础数据和相关气象数据，根据本书所提出的情景规则识别与提取技术可以获得灾害发展的情景规则。通过情景规则获取电力设备设施损失的具体预测数据；

步骤三：情景规则的内容主要依据历史台风损害记录，为获得更加精准的发展趋势预测结果，可通过宏观灾害损害预测结果修正情景规则里面的具体数据；

步骤四：事件发展预测数据受气象数据的影响较大，需要不断跟踪气象数据的变化，在气象数据更新时即时更新趋势发展预测结果，保证预测结果的实时性。

（2）停电范围预测模型

停电范围预测的执行流程如下（图 5-11）。

步骤一：根据相关基础数据，当前损害数据可以获得当前停电范围的状态，以及事件发展趋势预测的结果；

步骤二：根据事件发展趋势预测的结果，通过对结果中的电力设施损害状况进行影响能力分析，可以获得停电范围预测的结果。需要实现确定分析的深度，逐步分析电力设施

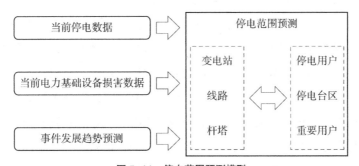

图 5-11　停电范围预测模型

损坏的二次影响、三次影响等结果;

步骤三:预测结果可以从两个方面停电台区、停电用户数量辅助停电范围的预测。停电用户数量、台区数量可以为推测停电范围的大小提供比较有力的预测数据支持。同时,可以根据停电用户、停电台区、停电重要用户的预测结果反向推测哪些电力设备更有可能损坏;

步骤四:随着台风事件的发展,根据各种该数据的变化,不断更新停电范围预测结果。

4)基于大数据的电力应急资源需求预测模型

(1)应急资源需求预测的目标分析

基于历史电力应急大数据的应急资源需求预测是电力因灾(台风、雨雪冰冻)事故应急响应和处置的关键环节之一,也是后期应急指挥和决策的主要参考因素之一,但由于台风、雨雪冰冻灾害演化规律的复杂性以及电力事故应急响应处置在时间方面紧迫,往往在实际应急过程中很难给出具有参考意义的前瞻性预测指标和结果数据。通过对现有应急相关数据的梳理,并与应急实际业务需求相结合,对电力因灾(台风、雨雪冰冻)事故的应急资源需求预测的目标定义如下。

①应急资源整体投入规模分析预测

以历史多个灾害事件的应急资源投入数据为基础,对即将发生或正在发生的灾害可能导致的应急资源整体投入进行分析和预测,这些历史基础数据往往为灾害后的统计数据,具有较为准确和全面的特点,因此可以用于较为宏观的整体应急资源需求预测,进而为应急指挥和决策人员提供参考建议。

②应急资源阶段性需求分析预测

从电力因灾受损的应急过程来看,除了整体应急资源的投入规模预测具有实际指导意义以外,阶段性的应急资源需求分析预测也十分必要。随着灾害导致的各类电力故障的发生,应急资源的投入具有一定的阶段性和区域性特点,分析预测此类应急资源的需求可以服务于具体区域范围内的应急资源分配和调度。

(2)台风灾害应急资源整体投入规模分析预测

电力因灾应急资源的整体投入规模分析预测所需的主要数据来自历史灾害发生后的应急资源投入统计数据。目前历史台风应急资源投入统计数据主要包括:抢修人员(人)、抢修车辆(辆)、发电车辆(辆)、发电机(台)和大型机械(台)等5个数据项。

为了符合相关分析预测模型(如神经网络)的输入要求,对历史灾害统计数据进行数据审核和处理。根据数据审核的结果,要对数据项中存在的部分无效数据进行数据处理。首先,根据历史灾害数据中的灾害基本数据项和因灾致损数据进行聚类;其次,根据聚类结果,对具有无效应急资源投入数据的灾害数据进行数据填充。

在完善历史灾害应急资源投入数据的基础上,构建相关的应急资源需求预测模型(神经网络模型），实现对未来灾害应急资源投入规模的整体预测。考虑到目前已有历史灾害应急资源投入数据的质量特点，以及预测目标，选择神经网络模型进行应急资源投入预测，该预测属于多个数值型目标的预测，具体建模步骤和结果如下。

①载入历史灾害基础数据、灾损数据，以及应急资源投入数据；

②对历史灾害基础数据、灾损数据，以及应急资源投入数据进行质量审核；

③根据数据审核的结果，结合应急资源投入预测的目标，选定预测所需的数据项集合，主要包括（台风）：登陆最大风速，持续时间，正面，过程降雨量，灾害名称，停运线路合计，应急资源投入抢修人员，应急资源投入抢修车辆，应急资源投入发电车，应急资源投入发电机，应急资源投入大型机械 11 个数据项；

④对选出的数据项集合进行数据质量审核；

⑤构建数据集的分区，训练集与测试集的比例为 7∶3；

⑥根据数据集进行模型的类型设置，输入包括：登陆最大风速、持续时间、过程降雨量、停运线路合计。输出包括：应急资源投入抢修人员、应急资源投入抢修车辆、应急资源投入发电车、应急资源投入发电机、应急资源投入大型机械；

⑦构建神经网络模型；

⑧有监督的神经网络模型训练。

（3）灾害应急资源阶段性需求分析预测

基于典型历史灾害应急过程数据的应急资源阶段性需求分析预测是在灾害发展态势过程中对不同阶段的应急资源需求进行的分析预测。应急情景库以及提炼出来的情景规则可以用于对灾害发展态势过程进行阶段的划分。如以"麦德姆"台风为例，经过情景规则的分析和提炼，该台风的发展过程可以大体分为 4 个阶段。而在实际应急过程中，相关应急资源的需求与调配均是以灾损的发展态势为前提，故通过对台风可能导致的故障时间以及故障点数量进行提前分析和预测，即可初步得出应急资源需求的原因。而再结合以往台风应急中整体应急资源的投放类型和数量，即可进一步得出台风不同发展阶段对应的可能应急资源需求信息。首先在历史台风数据集中寻找"麦德姆"台风的相似案例，然后根据"麦德姆"台风的故障点发展态势信息，分析故障点的时间分布，并以整体应急资源投入为总数进行分配。

5.2.4 分布式新能源预测技术及应用

在新型电力系统建设中，分布式新能源的融合已成为推动城市能源系统基础设施建设、转型和实现可持续发展目标的关键因素，也成为城市电力应急管理系统中的重要组成部分。特别是随着太阳能、风能等分布式新能源装机容量的快速增长，城市电网的运行面临着前所未有的复杂性和挑战。尤其在应对电力供应紧缺时，如何有效管理这些分布式新能源，确保电网的稳定、可靠供电及电能质量，提升电网的弹性和韧性，成为了一个亟待解决的问题。在这种背景下，分布式新能源预测技术显得尤为重要，高精度的分布式新能源预测不仅能提供电网常态化运行的决策辅助，更能分析系统中的灵活性和响应能力，提升电力应急管理能力，为电网运营提供重要的决策支持。

分布式新能源预测的重点是进行风速、光照强度、温度等关键气象要素的预报。虽然分布式新能源的地理位置分布更为分散，但其预测的核心技术与集中式新能源厂站的预测仍然高度相似。结合数值天气预报，融合人工智能的先进智能计算模型，是目前的主流分布式新能源预测方式。

数值预报技术（Numerical Weather Prediction，NWP）是当前天气预报的主流方法和全球气象服务的基石。世界各国的气象机构都在使用各种高精度的数值预报模型，如欧洲中期天气预报中心的全球模型、美国国家环境预报中心的 GFS 模型等，这些模型能够提供从几小时到几周不等的天气预报。数值预报技术通过建立微分方程组来模拟大气的运动和变化，包括描述流体运动的纳维—斯托克斯方程，描述大气热量传输的热力学方程、连续性方程，计算大气运动的水平和垂直分量的动力方程、湿度方程等。数值预报技术将大气划分成一系列网格，通过数值方法对地球系统的状态进行逐网格的迭代求解。

经过数十年的技术发展，尽管数值天气预报技术取得了巨大进步，但仍然面临一系列挑战。一方面，数值预报算力成本高昂，通常需要基于超算集群全天候运行，每次预报都需要花费数小时至十余小时，由于预报结果生成存在难以克服的时延，数值预报存在自起报时刻起数小时至十余小时的无效预报时间。另外，数值预报模型复杂度高、模型预报精度不足，传统大气模式包括描述流体运动动力框架和各种半理论半经验的参数化方案，难以完整准确的订正由于时间、地点、网格分辨率变化引发的超参变化及误差。尽管提升分辨率能减小系统误差，得到更精细的预报，但数值预报模型的空间分辨率每提升 1 倍，计算量就要增加 10 倍以上，该技术路线存在可承受的算力与能耗性能上限。

随着基于人工智能技术的发展，在数值天气预报的基础上，线性回归（Linear Regression，LR）、支持向量机（Support Vector Machine，SVM）、随机森林（Random Forest，RF）、梯度提升机（Gradient Boosting Machine，GBM）等统计学习方法提升了分布式新能源预测的精度。

自 2010 年以来，深度学习（Deep Learning，DL）的高速发展，深度神经网络（Deep Neural Networks，DNN）、卷积神经网络（Convolutional Neural Networks，CNN）、长短期记忆神经网络（Long Short Term Memory Networks，LSTM）等深度神经网络架构的引入，进一步推动了人工智能技术在新能源预测方面的实用化应用。

基于大规模、高质量的气象学历史数据集，人工智能技术可以挖掘数据中隐含的复杂、非线性关系，从海量数据中提取气象要素演变规律和气象到功率的转换关系，从根本上克服了传统参数化方案的局限性，省去了迭代解复杂物理方程的消耗，从而可大幅度提升预测速度，增强预测时效性，降低预测误差。

近年来，大规模预训练模型的应用，在气象预报、新能源预测等电力科学计算领域中展现出了巨大的潜力。2022 年，Nvidia（英伟达）发布了 FourCastNet，首次进行了空间分辨率为 0.25° 的深度学习气象预报，在提升分辨率的同时，FourCastNet 在异常相关系数和均方根误差方面已经接近传统数值预报，使得超大规模的集合预报成本迅速降低。2023 年，谷歌 DeepMind 发布了 GraphCast，将图神经网络（GNN）与多重网格结构相结合，多重网格中的每个节点都由图神经网络层处理，该层聚合从相邻节点接收的信息，随着信息在多重网格中传播，节点会逐步完善它们对不同尺度下天气的理解，从而捕捉整个多重网格层次结构中各个位置之间天气现象的复杂依赖关系。2023 年，华为发布了盘古气象大模型，基于适应地球坐标系统的三维神经网络（3D Earth-Specific Transformer），不均匀 3D 气象数据进行了处理，并且使用层次化时域聚合策略来减少预报迭代次数，从而减少迭代误差，AI 模型的精度超过传统数值预报方法，空间分辨率为 0.25°，时间分辨率为 1h，输入高空变量和地表变量后，输出未来时刻的气象要素状态，气象预测结果包括位势、湿度、风速、温度、海平面气压等，其 24h 预报计算时间仅为 1.4s。除以上成果外，具有代表性的人工智能模型还包括微软和华盛顿大学的 DLWP、复旦大学开发的伏羲、上海人工智能实验室的风乌等。这些模型利用最新的人工智能技术，显著提升了气象预测的准确性和细节层面的分析能力，从而为分布式新能源的预测提供了必要的气象要素数据。

综上所述，国内外的一系列研究已体现了人工智能技术在新能源预测领域的巨大潜力。但是如何利用人工智能科学计算技术（AI For Science），将人工智能气象预报大模型与分布式新能源预测业务场景结合，开展功率预测业务，仍处于起步阶段。已有研究的空间分辨率多为 0.25°，相对于风电、光伏等新能源场站的规模尺度，空间分辨率还不够精细。另外，现有模型预测的参数以常规气象参数为主，对于风电场景关注的距地表 100 ~ 200m 高度风速，光伏场景、负荷预测场景关注的地表辐射等参数，现有模型无法满足要求。亟需在现有研究的基础之上，建立满足电力业务场景需求的专业化人工智能模型，提升整体分布式新能源预测精度，增强电力系统对极端天气事件的适应能力，实现电力应急能力的提升。

第6章 城市电力设施安全预测预警

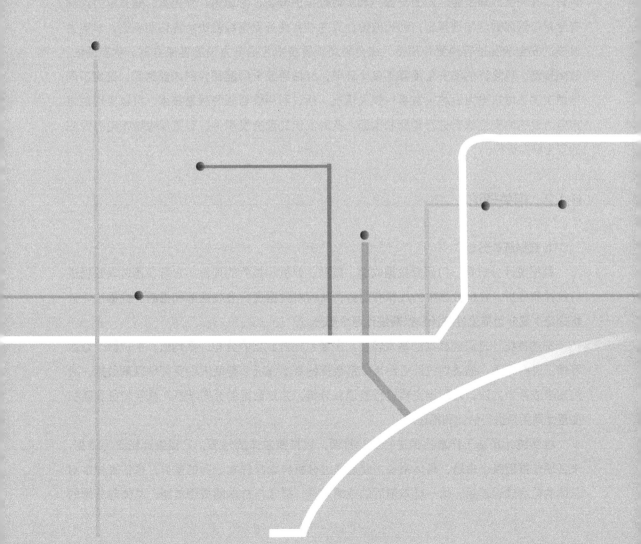

6.1 综合预测预警技术概况

6.1.1 基本概念

城市电力设施安全预测预警是保障城市电网安全稳定运行的重要措施。综合预测预警技术是一种结合多种预测方法的预警技术,是对城市电力设施安全状况进行预测和预警的方法。其主要原理是通过对历史数据和实时数据的分析,考虑内、外因素,建立电力设施安全状态预测数学物理模型,利用数值计算并结合业务专家经验进行评估和判断,对电力设施的安全状况进行预测和预警。综合预测预警技术包括电力设施健康监测、状态评估、故障预测、风险评估和安全预警等多个环节,评估导致电网脆弱性的内部诱因,聚焦不同自然灾害下城市电力设施灾害事件损失情况。通过利用综合预测预警技术,可以实现对城市电力设施的安全状况进行预测和预警,及时发现处理突发事件,有效保障城市电力设施的安全稳定运行。

6.1.2 相关理论

1. 数据统计分析

数据统计分析是一门研究数据收集、整理、分析和推断的理论。它旨在通过对数据进行统计和分析,找出数据中的规律和趋势,从而对数据进行有效理解和推断。数据统计分析理论主要分为描述性统计和推断统计两个部分。

描述性统计是研究数据的基本特征,主要包括对数据的分布、平均值、中位数、众数等情况进行归纳。描述性统计可用来了解数据的基本情况,帮助人们更好地理解数据,通过图表或数学方法,对数据资料进行整理和分析,并对数据的分布状态、数字特征和随机变量之间关系进行估计和描述。

推断统计是基于样本数据进行统计推断,以推断总体的性质,它以统计结果为依据,来证明或推翻某个命题,具体来说,就是通过分析样本与样本分布的差异,来估算样本与总体的前后成绩差距、同一样本前后的成绩差异,样本与样本的成绩差距,总体与总体的成绩差距是否具有显著性差异等。推断统计主要分为参数估计和假设检验两个领域。参数估计是在已知总体分布的条件下（一般要求总体服从正态分布）对一些主要的参数（如百分数、标准差、方差、相关系数等）进行的检验，即通过样本数据来估计总体参数；假设检验则不考虑总体分布是否已知，常常也不是针对总体参数，而是针对总体的某些一般性假设（如总体分布的位置是否相同、零假设、总体分布是否正态等）进行检验，即检验样本数据是否符合某个假设。

数据统计分析理论在经济、医学、交通等多个领域都有着广泛的应用。基于对数据统计分析理论的研究，即可发现数据中的规律和趋势，并从中推断出有用的信息，为综合预测预警技术提供基础的数据支撑。

2. 数学物理建模

数学物理建模是一种将数学方法和物理学方法相结合的跨学科领域，旨在解决实际问题，通过数学模型和物理方程来描述自然现象和工程现象，从而为工程决策提供理论依据。数学物理建模具有广泛的应用价值，在各个领域中发挥着重要的作用，如电力工程、航空航天、水利工程、生物医学等。

数学物理建模的主要步骤包括：确定研究对象、收集数据、构建数学模型、求解模型、分析结果和验证结果等。首先，需要确定研究对象，即要解决的问题或要描述的工程现象，然后收集与问题相关的实际数据，这些数据可以来自于实验、观测、调查等手段，将收集到的数据转化为数学形式，并建立适当的方程来描述实际问题，在这一过程中，需要遵守数学和物理的基本规律，确保模型符合实际问题的特征和场景。一旦数学模型建立起来，就可以开始求解模型，即通过数学逻辑方程求解实际问题的数值解。虽然本质上求解结果是实际问题的一个近似解，与真实值存在一定的误差，但已能够反映事实规律，足够满足实际问题的需求。最后，需要对结果进行分析和验证，以确定模型的有效和可靠，分析结果一般面向模型的稳定性和精度，而验证结果则是对模型进行数据输入输出的检验，确保其符合实际问题的特点。

数学物理建模具有丰富的应用价值，通过构建数理模型解释自然现象和工程现象，为解决实际问题提供理论基础，为科学研究提供有效方法，为工程决策提供重要理论依据，使技术人员能够通过数理模型进行相关数据的预测，使科学家能够更深入地研究自然界的规律，为指挥决策提供科学依据。数学物理建模是一种具有广泛应用价值的跨学科领域的理论，为解决城市内综合预测预警有关的实际问题提供了实用的科学工具。

3. 数值计算

数值计算是一种使用数字计算机求数学问题近似解的方法与过程的相关理论。主要研究如何利用计算机更好地解决各种数学问题，包括连续系统离散化和离散形方程的求解，并考虑误差、收敛性和稳定性等问题。它利用计算机科学、数学和物理学等，通过编写程序和算

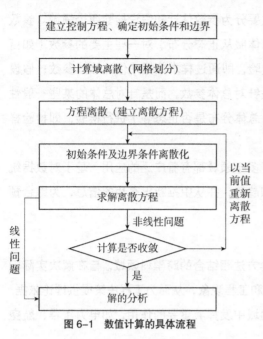

图 6-1　数值计算的具体流程

法,将复杂的数学和物理问题转化为数值计算的问题,从而为实际问题提供解决方案。通过将实际问题抽象为数学模型,再将其转化为计算机可处理的形式,进而考虑算法的复杂度、计算精度和计算效率等因素,选择合适的算法,将数学模型转换为数值计算。具体来说,数值计算就是把原来空间及时间坐标上连续的物理场(如速度场、温度场、压力场等),用一系列有限个离散点(节点)上的值的集合来代替,通过离散方程建立离散点上变量值之间的关系,求解这些离散方程,最终获得所求解变量的近似值。数值计算的具体流程如图 6-1 所示。

数值计算方法是科学计算的核心内容,它既有纯数学高度抽象与严密科学的特点,又有应用的广泛与实际实验的高度技术的特点,主要从问题描述、算法设计、编程实现和结果验证等方面进行具体实现。通过明确实际问题的背景和要求,将实际问题描述为数学模型,选择合适的算法,并设计算法的实现细节,编写程序代码,在编程实现中考虑算法的正确性和可靠性,以及程序的效率和可维护性。最后,对计算结果进行测试验证,以确保数值计算的正确性和可靠性。目前,数值计算在实际中的应用主要是采用 6 种方法,分别是有限元法、多重网格方法、有限差分方法、有限体积法、近似求解的误差估计方法、多尺度计算方法。通过应用数值计算理论,可以极大提升城市电网综合预测预警的准确性。

6.2　城市电网内部诱因脆弱性评估

6.2.1　内部因素对城市电网脆弱性的影响

城市电网设备众多,从电能变换和传输角度分类,分为变电设备、输电线路设备、配电设备及相关保护装置。影响脆弱性的内部因素主要是指设备的制造水平及状态参数,从电网设备管理系统中可获得的设备参数主要有:电压等级、运行年限、巡视记录、检修记录等。设备内部因素所反映的脆弱性水平主要表现在暴露程度、敏感性、自身结构的脆弱性等方面。

1. 暴露程度

指在外部条件下影响范围内的设备数量或设备价值,是在自然灾害下设备脆弱性存在的主要反映。气象条件的危害程度和气象影响区域内的设备总数量共同决定设备的暴露程度。设备暴露程度既能表现出设备的脆弱性,也能在一定程度上反映电网的稳定性。

2. 敏感性

指设备本体在存在干扰的条件下,在接受一定程度的干扰后,性能改变的难易水平。这种特性取决于设备本身的性能,通过自身性能决定设备的坚强与否。

3. 结构性脆弱

指对电网结构的评价,与外部环境的不利条件有关,通过评价电网结构的薄弱环节,预防事故发生,如杆塔无塔基、易倾倒、无法承载多回线路。这种情况取决于设备自身结构,而不是自然气象灾害条件或者偶然的变化。

6.2.2 城市电网设备脆弱性的内因量化

城市电网设备自身因素表征设备当前的运行状态,自身的易损性和敏感性,设备在运行过程中的安全程度。根据电网设备历史事故统计分析结果可知,设备缺陷、技术状态、设备安全系数、故障停运率等方面,是导致设备故障的自身原因。电网设备脆弱性内因指数的确定在下述指标的量化中确定。

1. 设备安全系数

是反映设备基本物理属性的安全程度指标,在结构、材料等方面反映设备自身抗干扰和抵御破坏的能力。

2. 设备技术状态

要综合多方面的数据,包括电网生产调控、地理信息系统获取设备台账信息运行资料、检修消缺记录、综合设备运行年限、运行工况等因素,确定设备的运行状态。

3. 设备缺陷

是指运行或设备发生异常或存在的隐患,这些异常或者隐患将影响人身、设备和电网安全运行。设备缺陷按严重程度分为紧急缺陷、重大缺陷和一般缺陷 3 类。紧急缺陷是指严重程度已经使设备不能继续安全运行的缺陷,需立即对其进行处理,否则可能造成严重的人身、电网事故;重大缺陷是指缺陷程度比较严重,但设备在一定范围内可坚持短期运行,不及时处理有可能造成事故的设备缺陷;一般缺陷是指对近期设备安全运行影响不大,设备可继续运行,短时之内不会恶化为重大缺陷、紧急缺陷的设备缺陷。

4. 故障停运率

故障停运率是指电网设备因故障退出运行,引起的各类输变电设备停运电网设备脆弱性内因指标的量化采用通用量化赋值方法，应用危险指数法的计算思路，将每类设备设置为一级指标，指标取值范围为 0~10，下设三级指标评价体系通过三级指标的量化与加权计算得一级指标值。以变压器为例，具体说明赋值方法，即变压器内因三级指标，见表 6-1，展示了设备因素的三级指标评价体系。

变压器内因三级指标　　　　　表 6-1

一级指标	二级指标	三级指标
T 变压器	T1 技术状态	T11 状态分类
	T2 运行缺陷	T21 电压等级
		T22 运行年限
	T3 故障停运率	T31 电压等级
		T32 运行年限
	T4 设备响应	T41 巡视消缺

对于变压器设备，选取了技术状态等 4 项指标作为二级指标，每个二级指标值通过三级指标量化分级得到。对于技术状态指标通过状态分类取值，根据国家电网有限公司等电网企业对输变电设备的评估规范，各种输变电设备按相应的评估准则被划分为 4 类：一、二、三、四类，一类设备指设备性能状况完好、运行稳定、无缺陷，技术资料齐全的设备；二类设备指设备性能状况较好，运行稳定，虽存在一般缺陷，但不影响设备稳定运行；三类设备指设备性能状况合格，运行状态基本满足要求，存在一定的缺陷，能够影响系统安全运行；四类设备指设备性能较差，存在严重缺陷，直接威胁电网安全稳定运行。因此每类设备都应参考相应的标准，将技术状态分为一、二、三、四级，用于表征设备技术状态指标，变压器技术状态指标见表 6-2。

变压器技术状态指标　　　　　表 6-2

状态分级	取值范围
一级	0~2.99
二级	3~4.99
三级	5~6.99
四级	7~10

运行缺陷指标的量化方法，参考《国家电网公司电网设备运行分析年报》中统计数据，根据相应电压等级发生故障次数占年度总故障次数的比例进行确定，运行年限指标的取值同理。以某种设备为例的赋值数据如表 6-3、表 6-4 所示。

运行缺陷—电压等级取值表　　　　　　　　表 6-3

电压等级	取值范围
35kV	0.598
110kV	7.020
220kV	2.021
330kV	0.064
500kV 及以上	0.297

运行缺陷—运行年限取值表　　　　　　　　表 6-4

运行年限	取值范围
1 年以内	0.330
2～5 年	3.429
6～10 年	3.096
11～15 年	1.562
15 年以上	1.583

表 6-3 是根据近 5 年不同电压等级设备的运行缺陷次数的占比进行赋值，表 6-4 根据不同运行年限设备的运行缺陷次数的占比进行赋值。对于每种设备的运行缺陷指标，按照电压等级和运行年限这两种因素进行综合评定，分别赋权重 0.5 然后加权求和，得出运行缺陷指标值。参考《国家电网公司电网设备运行分析年报》，按照与运行缺陷指标的处理方法，对故障停运率与设备响应指标进行处理，赋值原理和格式与运行缺陷指标相同，在此不作赘述。

将设备因素 4 项二级指标求和得一级指标值，一级指标最大值为 40，在求得每类设备实际一级指标值后除以最大指标指数，即可得到城市电网设备的脆弱性内因指数。内因指数在此将不再表述。

6.3　城市电网灾害事件损失模型

6.3.1　地震灾害灾损模型

当前，最主要和最常用的表征地震动峰值的强度指标有地震动峰值加速度（PGA）、地震动峰值速度（PGV）和地震动峰值位移（PGD）。PGA 是最早使用，也是目前大多数国家最广泛采用的地震动强度指标，但是 PGA 主要体现地震波的局部高频成分的幅值特性，而高频成分对结构地震响应并不起到关键作用，将会导致结构地震响应计算结果的离散性较大。PGV 是另一个重要的地震动强度指标，日本的抗震设计规范采用 PGV 来与地震烈度相对应以指导工程结构的抗震设计。三者的表达式见式（6-1）~式（6-3）：

$$PGA = \max|a(t)| \tag{6-1}$$

$$PGV = \max|v(t)| \tag{6-2}$$

$$PGD = \max|d(t)| \tag{6-3}$$

式中　$a(t)$——t 时刻的地震动加速度，cm/s²；

　　　$v(t)$——t 时刻的地震动速度，cm/s²；

　　　$d(t)$——t 时刻的地震动位移，cm。

地震动衰减关系是表征地震动参数随震级、距离、场地等因素变化规律的函数关系。工程中常见的地震动参数包括地震动烈度、加速度、速度、位移峰值，以及地震动反应谱、地震动持时和地震动包络函数等，目前在国际上对衰减关系更常见的称呼是地震动预测方程。

衰减关系描述了地震对不同条件下场地的不同影响，在地震区划、工程场地地震安全性评价和震害预测等方面具有广泛的用途，在工程上具有重要研究意义。地震区划和小区划均需要利用衰减关系确定地震动输入参数。强地震动衰减关系能够根据表征震源、传播路径和局部场地条件，大致确定工程场地在地震过程中受到的影响，因此在地震风险性评估中具有重要作用。

最早有记载的经验衰减关系由 Esteva 和 Rosenblueth 于 1964 年提出，见式（6-4）：

$$a = ce^{\alpha M} R^{-\beta} \tag{6-4}$$

式中　a——地震动峰值加速度，cm/s²；

　　　c——衰减关系系数；

　　　α——衰减关系系数；

　　　M——震级；

　　　R——与震中距离，km；

　　　β——衰减关系系数。

两人使用美国西部地震动记录数据，确定了衰减关系中的系数：$c=2000$，$\alpha=0.8$，$\beta=2$。

由于历史条件所限，基于较少的观测记录，最初的衰减关系考虑的因素往往十分简单。随着地震动记录的逐渐累积，和观测手段的逐渐改善，开始出现了考虑到更多复杂条件的衰减关系。

Campbell C 选取了全球 27 个地震的 229 条水平加速度记录，用加权的最小二乘法回归了峰值加速度，得到衰减关系，式（6-5）：

$$\ln Y = -4.1414 + 0.868M - 1.09\ln(D + 0.0606e^{0.7M}) \tag{6-5}$$

式中　Y——峰值加速度，cm/s^2；

M——震级；

D——与震中距离，km。

他所选取的记录没有对震级、断层类型、记录场点的地质条件等进行限制，对以往简单的场地划分方法，即基岩和上层分别作了更细致的分类。在其论文的后续比较中指出了这种分类思路的重要性和必要性。

而霍俊荣则选取了美国西部 41 个地震的 329 条加速度记录，不区分记录来自基岩或是上层，而是将其混用分别用单随机变量和多随机变量方法对峰值加速度和绝对加速度反应谱进行了回归得到式（6-6）：

$$\lg Y = -0.935 + 1.24M - 0.046M^2 - 1.904\lg(D + 0.3268e^{0.6135M}) \tag{6-6}$$

另外，他们对资料进行了加权处理，以确保权系数之和在 M-R 平面（震级与震中距组成的平面图）内均匀分布，且对震级和距离作了分档处理。

总体上，衰减关系是地表峰值加速度随地震烈度与震中距的变化关系，大多为拟合得到。俞言祥、肖亮等在《中国地震动参数区划图》GB 18306—2015 中给出了东部强震区的研究成果。

当震级 $M<6.5$ 时为式（6-7）：

$$\ln Y = A_1(T) + B_1(T)M - C(T)\ln[R + D\exp(E \times M)] + \varepsilon \tag{6-7}$$

式中　　　　Y——峰值加速度，cm/s^2；

T——时间，s；

R——与震中距离，m；

M——震级；

A_1、B_1、C、D、E——回归系数；

ε——标准差。

1. 城市电力设施地震动致灾机理

当前，最主要和最常用的表征地震动峰值的强度指标有地震动峰值加速度（PGA）、地震动峰。

电网设备遭受不同损坏程度的概率可用累积对数正态分布函数描述为式（6-8）：

$$p_k^{DMG}(PGA) = \int_0^{PGA} \frac{1}{\sqrt{2\pi}\xi_k S}\exp\left(-\frac{1}{2}\frac{\ln s - \lambda_k}{\xi_k}\right)dS \tag{6-8}$$

式中 　　PGA——地震动峰值加速度，cm/s^2；

S——地震强度；

k——1、2、3、4 表示 4 种损坏状态：轻度损毁、中度损毁、重度损毁、完全损毁；

$p^{DMG}(PGA)$——设备达到第 k 种损坏状态的概率，与其所处地区地震动强度有关，%；

λ_k——设备在第 k 种极限损坏状态下脆弱性曲线的对数均值；

ξ_k——设备在第 k 种极限损坏状态下脆弱性曲线的标准差。

式（6-8）是建筑设施、运输系统、生命线系统等在地震下损毁程度分析的通用公式，被世界各国广泛应用于对地震灾害下城市电力设施的损坏率计算。

对于部分电网设备，损毁程度曲线如图 6-2 ~ 图 6-13 所示，中国东部地区地表峰值加速度衰减关系如图 6-14 所示。

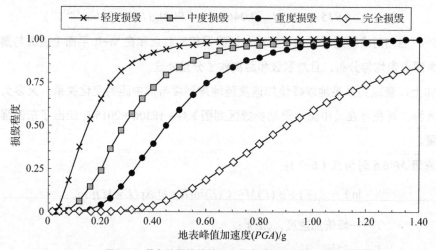

图 6-2　具备抗震构件的低压变电站损毁程度曲线

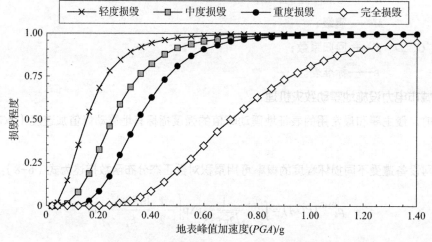

图 6-3　具备抗震构件的中压变电站损毁程度曲线

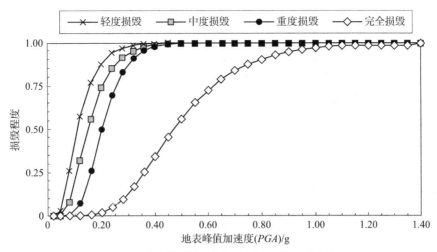

图 6-4　具备抗震构件的高压变电站损毁程度曲线

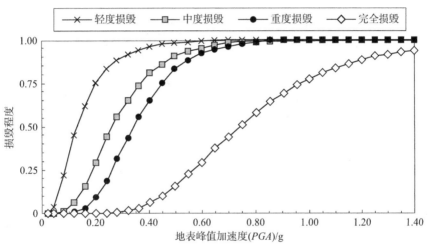

图 6-5　无抗震构件的低压变电站损毁程度曲线

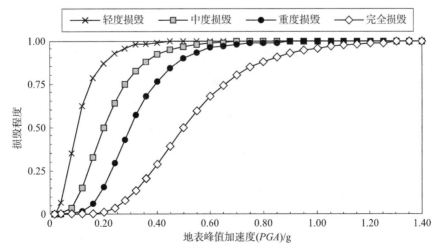

图 6-6　无抗震构件的中压变电站损毁程度曲线

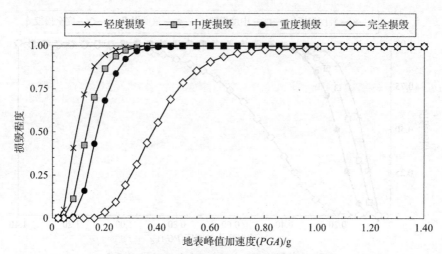

图 6-7 无抗震构件的高压变电站损毁程度曲线

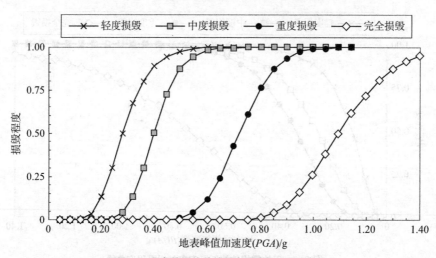

图 6-8 具备抗震构件的配电线路损毁程度曲线

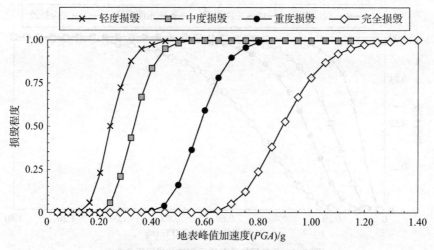

图 6-9 无抗震构件的配电线路损毁程度曲线

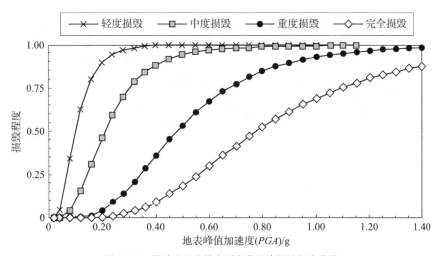

图 6-10 构件均固定的小型发电设施损毁程度曲线

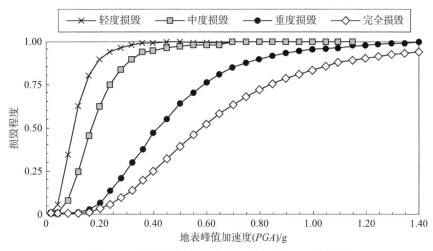

图 6-11 具有未固定构件的小型发电设施损毁程度曲线

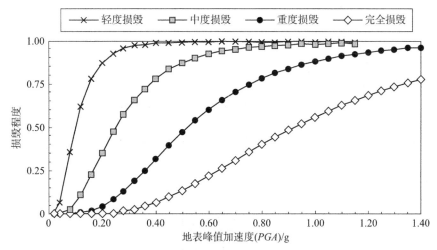

图 6-12 构件均固定的中大型发电设施损毁程度曲线

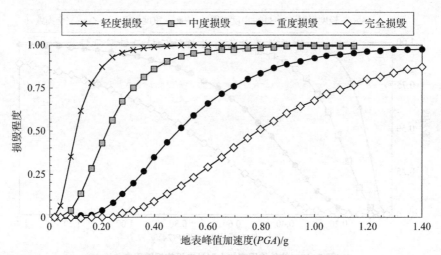

图 6-13 具有未固定构件的中大型发电设施损毁程度曲线

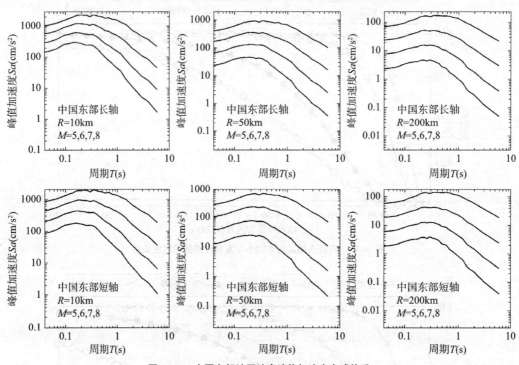

图 6-14 中国东部地区地表峰值加速度衰减关系

一次地震中电网设备综合受损比例 p^{DMG} 可表示为式（6-9）、式（6-10）：

$$p^{\mathrm{DMG}} = \sum_{k=1}^{4} \omega_k Z_k p_k^{\mathrm{DMG}}(PGA) \tag{6-9}$$

$$\omega_k = \frac{p_k^{\mathrm{DMG}}(PGA)}{\sum_{1}^{4} p_k^{\mathrm{DMG}}(PGA)} \tag{6-10}$$

式中 p^{DMG}——损毁加速度，cm/s²；

p_k^{DMG}——第 k 种状态下的损毁峰值加速度，cm/s²；

ω_k——电网设备在第 k 种极限受损状态下的权重系数，根据区域 PGA 的大小按脆弱性曲线的比例动态设置；

Z_k——第 k 种极限受损状态下对应的电网设备受损比例。

设备的轻度、中度、高度以及完全损坏的比例分别为 4%、12%、50% 和 80%，即 Z_1=4%，Z_2=12%，Z_3=50%，Z_4=80%。以配网线路为例，配网线路受损比例如图 6-15 所示。由图 6-15 中可知，配网线路发生故障的比例随着震级增大或震中距减小呈增大的趋势，当震级大于 6.5 级时，无论震中距远近，配网线路的受损比例都急剧增加。

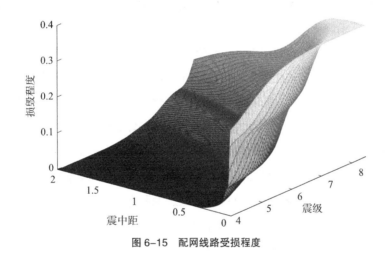

图 6-15 配网线路受损程度

本节介绍了地震灾损分析可通过地震动峰值加速度（PGA）的计算，结合损失概率函数，定量描述一定强度地震下城市电网设备的损毁程度。

6.3.2 滑坡灾害灾损模型

工程上常用的边坡稳定性分析理论是建立在莫尔—库仑强度准则基础上的极限平衡法。极限平衡方法具有两个基本特点，一是只考虑了力学平衡条件和土的莫尔—库仑破坏准则，二是通过引入一些简化假定，使问题变得静定可解。其表达式为：

$$\tau_f = c' + \sigma' \tan\phi' = c' + (\sigma - u)\tan\phi' \tag{6-11}$$

式中 τ_f——剪应力，Pa；

c'——有效黏聚力，Pa；

σ——总应力，Pa；

σ'——有效法向应力，Pa；

ϕ'——有效内摩擦角，°；

u——孔隙水压力，Pa。

1. 渗流边坡失稳

边坡失稳的根本原因是位于土体内部某个面上的剪应力超出或者处于它的抗剪或抗裂强度的临界值，致使土体内部失去平衡。由于剪应力加大或者土体自身抗剪强度减弱使得剪应力达到甚至超出其本身的抗剪或抗裂强度，这种破坏和滑动会由于降雨入渗的作用而加大。例如入渗的雨水使得开始状态为非饱和的土体达到饱和状态从而导致其密度增加，土体内部的剪应力加大，伴随降雨渗入量的不断增多，土体含水量持续增大，强度也会产生变化。在降雨入渗下，在对孔隙水压力即流体在土颗粒孔隙间的产生的渗流水压力进行稳定性的计算时，沿圆弧滑动面上的孔隙水压力虽然都通过滑动圆心导致不产生滑动力矩，但其能够在一定程度上减少有效应力，从而使其抗剪强度降低，对稳定有很大的影响。

对降雨入渗对边坡稳定产生的影响进行分析，重点探讨渗流水体对边坡产生的作用，包括动水荷载和静水荷载。所谓动水荷载，即水流在土体中流动时，流体对土粒有一定的冲击力或者拽力而对边坡稳定所造成不利影响，尤其当坡面有顺坡流出或同时存在渗透力时，对边坡稳定大为不利。所谓静水荷载，即边坡非饱和区土体含水量随着降雨入渗不断增大时，密度增加，同时孔隙水压力也有可能随之增大，进而导致剪应力增大或土体本身抗剪强度减小。

一般情况下，同性质的非饱和土在强度上超过饱和土，只有当非饱和土含水量增大时，吸力才会大幅度降低，土体强度也会大幅下降。但无论饱和黏性土还是非饱和黏性土，其有效内摩擦角 ϕ' 受外力或基质吸力的影响都较小。

原属于非饱和区土体会随着降雨入渗过程含水量不断增大，从而使得部分非饱和土体向饱和土体转变，抗剪强度下降，同时基质吸力降低，进一步使得非饱和区土体的抗剪强度下降。相关资料表明，雨水入渗引起非饱和土中基质吸力的丧失或减小对非饱和岩土体的抗剪强度有较大的影响，基质吸力通过影响边坡岩土体的抗剪强度进而影响边坡的稳定性。

雨水入渗先使表层的土饱和度增加，然后逐渐向下部入渗，先在坡脚部不透水层积聚，使得坡脚处形成浸润线，这是由于坡脚处渗透路径较短，坡脚饱和度增高快。之后，随着降雨的持续，坡脚部的浸润线的不断上升和移动。土体含水量增加即土体由非饱和状态转变为饱和状态，主要发生在浸润界线以内。孔隙水压上升、土强度降低和土体密度增加也是导致边坡失稳的直接原因。

综上所述，坡面坡度不同以及土质不同受降雨的影响程度也是有很大差别的，土质边坡也要随着降雨强度与类型的不同而受到不同程度的影响。不同的土质其渗透性不同，对斜坡稳定性影响的机理不同；坡面坡度越大，降雨作用下其稳定性越小；日平均降雨强度越大，土坡安全系数越低（土坡表层在遭遇强降雨时会形成瞬态的饱和区，从而土体的入渗能力降低，雨水无法入渗而溢出）；降雨强度变化越小的雨型，对应的安全系数较低。

2. 地震边坡失稳

目前地震边坡稳定分析方主要基于极限平衡理论和应力—变形分析。对于饱和态土，由于土中的水不能提供抗剪力，所以根据摩尔—库仑强度理论以及有效应力原理，由式（6-11）中可知影响土体强度的因素是有效法向应力 σ'、有效黏聚力 c' 和有效内摩擦角 ϕ'。一般地震历时几秒至几十秒，这么短时间内致地震产生孔隙水压力 u 来不及消散，土体中的有效法向应力 σ' 降低。同时，有地震作用引起超孔隙水压会使土体含水量的增大从而削弱土有黏聚力 c' 和内摩擦角 ϕ'。

地震一直是边坡稳定分析要考虑因素之一。地震作用下边坡稳定性分析主要研究内容有：地震力如何计算；边坡失稳的位置及形状；判断地震作用下边坡失稳的可能性与因素；计算边坡失稳的永久变形或永久位移。其中前两个是研究前提，最后一个是重点研究内容。地震作用下边坡失稳的主要原因是地震力引起的惯性力和因循环退化导致的抗剪能力降低。通常就将地震边坡失稳分为惯性失稳和衰减失稳。

地震动力计算非常复杂，为简化计算，将地震动力统一简化为水平地震动力和竖向地震动力，以下分别从水平地震动力与竖向地震动力对边坡土体应力的影响进行分析。对于水平地震力，假设地震波为简谐波（主要是对地震进行定量表达），其水平地震动力如图 6-16 所示。

对于简单边坡，地震前，边坡土体内某土体单元应力状态如图 6-17 所示，其中：$\sigma_1=\gamma h$，$\sigma_3=k_0\gamma h$，对应莫尔应力圆中的实线圆。地震时，该土体单元在 t_2 时刻应力状态为：$\sigma_1=\gamma h$，$\sigma_3'=k_0\gamma h F_h$，对应莫尔应力圆中的虚线圆，如图 6-18 所示。虚线圆比实线圆更接近强度破坏线，说明地震动力的水平分量能使得土体应力状态接近破坏。

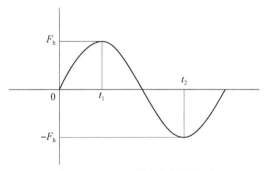

图 6-16 水平地震动力（简谐波）
F_h—地震动力；t_1—波峰时间；t_2—波谷时间

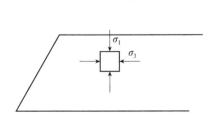

图 6-17 土体单元应力状态
σ_1—竖向地震动力；
σ_3—地震动力

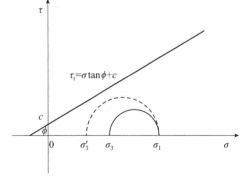

图 6-18 水平地震动力对土体单元应力状态影响
c—土体有效黏聚力；ϕ—内摩擦面；σ—破坏面上总应力；
σ_1—竖向地震动力；σ_3—地震动力；σ_3'—有效水平地震动力

坡顶附近与坡面附近，h 较小，当地震强烈时，主应力 $\sigma_3'=k_0\gamma h F_h$ 小于 0，即在坡顶与坡面部位有可能出现拉力，这就很好地解释了地震时边坡为什么首先在坡面和坡顶处出现破坏。

竖向地震动力是由地震波中的纵波所引起，其破坏力不容忽视。进行竖向地震力分析时，也可以按上述水平地震动力对土体单元受力状态影响分析的方法进行，即竖向地震力凡随时间的变化采用简谐波形式。地震前，边坡土体内某单元的应力状态如图 6-19 中的实线圆，$\sigma_1=\gamma h$，$\sigma_3=k_0\gamma h$；地震时，该单元在 t_1 时刻应力状态为：$\sigma_1'=\gamma h+F_h$，$\sigma_3=k_0\gamma h_h$，为图 6-19 中的虚线圆（σ 为破坏面上总应力，σ_1 为竖向地震动力，σ_3 为水平地震动力，σ_3' 为有效水平地震动力，γ 为滑块土体重度，h 为滑块体的厚度，F_h 为地震动力，k_0 摩擦因数）。虚线圆比实线圆更接近强度破坏线（实直线），说明地震动力的竖直分量使得第一主应力的增大，进而引起土体单元应力状态濒临破坏状态。t_2 时刻，F_h 与重力反向，$\sigma_1' = \gamma h-F_h$，此时该土体单元的抗剪强度可表示为图 6-19 中的虚直线。可见 t_2 时刻的竖向地震动力同样导致土体强度降低，造成边坡失稳破坏。因此，在进行地震边坡稳定性分析时应充分考虑竖向地震动力的影响。

综上所述，降雨会降低边坡体强度，而地震力（包括地震水平动力与竖向动力）同样对坡体强度有影响。在某种特定条件下，如大地震后持续降雨、降雨充沛地区发生特大地震、大地震后发生余震和持续降雨，地震和降雨的持续影响效应可能会对边坡体稳定性产生削弱作用，进而产生滑坡灾害。

Newmark 滑块位移法最早是基于极限平衡理论提出的用于分析地震作用下堤坝稳定性的方法，在之后的研究中由于模型物理意义清晰，原理简单而广泛应用于边坡稳定性分析。Newmark 滑块位移法需假设滑动体为刚体，滑动过程中不发生变形破坏，忽略发生滑动过程中抗剪强度的变化。为使模型简单易操作，仅考虑水平地震动且沿坡面方向作用，滑块仅在向下发生滑动时产生位移，临界加速度保持不变。

Newmark 滑块位移法原理如图 6-20。假设质量为 m 的滑块位于坡度为 θ 的斜坡，同时受到沿斜坡向上的摩擦力 F_f 和沿斜坡向下的合力 F_S，其中 σ 是重力 mg 产生的正应力，τ 重力 mg 产生的剪应力，γ 滑块土体重度，滑动块体的厚度为 h，a 是临界加速度。

正应力和剪应力分别满足 $\sigma=\gamma h\cos\theta$，$\tau=\gamma h\sin\theta$。由于抗滑力受到土体抗剪强度的影响，因此 $F_f=TA$，T 是抗剪强度，$T=C+\sigma\tan\varphi$，C 是滑坡图纸的等效黏聚力，φ 是等效内摩擦角，A 是滑块底面积，则抗滑力可写为式（6-12）：

$$F_f = （C+\gamma h\cos\theta\tan\varphi）A \qquad (6-12)$$

下滑力可表示为 $F_S=\tau A$，则进一步可表示为式（6-13）：

$$F_S = \gamma h\sin\theta A \qquad (6-13)$$

根据运动方程可知 $F_f - F_S=ma$，其中 $m=hA$（γ/g），结合上式可知临界加速度 a 为式

(6-14):

$$a = g\left[\frac{C}{\gamma h} + \cos\theta\tan\varphi - \sin\theta\right] \quad (6\text{-}14)$$

令 $F_S = a/a'$，其中 a' 为任意时刻地震动加速度，则为式（6-15）：

$$F_S = \frac{g}{a'}\left[\frac{C}{\gamma h} + \cos\theta\tan\varphi - \sin\theta\right] \quad (6\text{-}15)$$

若考虑孔隙水影响，可将安全系数公式改写为式（6-16）：

$$F_S = \frac{g}{a'}\left[\frac{C}{\gamma h} + \cos\theta\tan\varphi\left(1 - \frac{t_w\gamma_w}{\gamma}\right) - \sin\theta\right] \quad (6\text{-}16)$$

式中　t_w——滑块内饱和水厚度与滑块厚度的比值；

γ_w——水的重度，N/m³；

F_S——安全系数，$F_S>1$ 表示斜坡处于稳定状态，$F_S=1$ 表示极限平衡状态，$F_S<1$ 表示斜坡失稳。

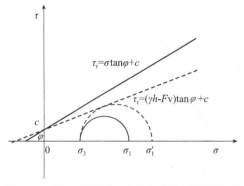

图6-19 竖向地震动力对土体单元应力状态影响图
σ—破坏面上总应力；σ_1—竖向地震动力；
σ_3—地震动力；σ_3'—有效水平地震动力

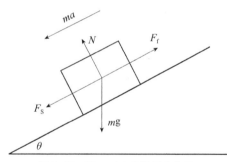

图6-20 Newmark滑块受力分析
ma—动力加速度；F_f—摩擦力；mg—重力；
N—支撑力；F_S—合力

根据研究区降雨量、河流径流量统计以及取样点含水率，研究区斜坡含水率较低，t_w 服从正态分布，均值为0.3，方差为0.15。对于滑坡厚度取值，由于Newmark滑块位移法适用于天然浅层滑坡危险性评价，故取滑坡体厚度 $h=3\text{m}$。

当坡体受到地震作用时，输入地震动大于临界加速度会导致坡体失稳，沿坡面下滑发生位移，停止地震动输入后，滑坡发生的总位移 D 可通过对地震动加速度 $a'(t)$ 大于临界加速度 a 的部分进行二次积分得到式（6-17）：

$$D = \iint (a'(t) - a)\,\mathrm{d}t \quad (6\text{-}17)$$

式中　D——累积位移，cm。

由于场地类型对累积位移模型中的回归系数影响不大，累积位移 D 与地震动参数 PGA 以及临界加速度 a 的关系如式（6-18）：

$$\log D = 0.194 + \lg\left[\left(1 - \frac{a}{PGA}\right)^{2.262}\left(\frac{a}{PGA}\right)^{-1.754}\right] \pm 0.371 \quad (6-18)$$

判定系数为 $R^2=91.4\%$，显示模型与回归数据具有很好的相关性。累积位移的 D 表征地震动对斜坡的破坏程度，一般地，5cm 可认为是斜坡失稳时累积位移的临界值，因此临界加速度为 a 的斜坡在强度值为 x 的地震动作用下失稳概率 $P(\text{slop}|x)$ 可表示为式（6-19）：

$$P(\text{slop}|x) = P(D \geq 5\text{cm}|x, a) \quad (6-19)$$

式中　$P(D \geq 5\text{cm}|x, a)$——临界加速度为 a，输入地震动为 x 后，斜坡产生的位移 D 大于 5cm 的概率。

通过以上分析可知，研究人员借助于 NewMark 滑块位移法理论分析了地震对土质边坡的冲击与影响，地震诱发滑坡的评估与机理研究也逐渐由定性向定量化转变。

考虑岩体失稳下滑对杆塔冲击破坏过程，旨在建立滑坡体导致杆塔变形的数学模型，岩体滑坡致使杆塔变形过程示意如图 6-21 所示。

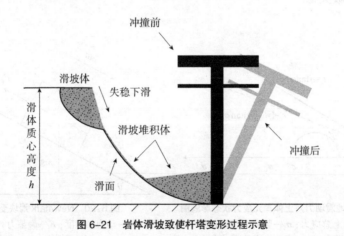

图 6-21　岩体滑坡致使杆塔变形过程示意

从能量角度看，滑坡体由高势能位置向低势能位置滑动过程中将伴随着巨大能量释放，基于滑坡体运动耗能机理可得滑坡体作用于输电杆塔的等效冲击力 F。

$$F = \sqrt{\frac{6mghE_1(1-\mu\cot\theta)}{x^3}} \quad (6-20)$$

式中　x——F 作用于输电杆塔时距离塔基的等效高度，m；

　　　m——滑坡体总质量，kg；

　　　h——滑坡体质心高度，m；

　　　E_1——输电杆塔的抗弯刚度，Nm；

　　　μ——滑面摩擦系数；

　　　θ——斜坡体倾斜角度，°；

　　　g——重力加速度，常取 9.8，N/kg。

结构力学中把立式杆塔等物体轴线在垂直于轴线方向的线位移定义为挠曲度,用来衡量物体的弯曲变形程度。因此采用输电杆塔的挠曲度作为控制指标并基于悬臂梁简化法求取抗弯刚度为 E_1 的输电杆塔顶端挠曲度为 ω,即式(6-21):

$$\omega(x) = -\frac{Fx^2}{6E_1}(3H-x) \tag{6-21}$$

式中 H——输电杆塔的整体高度,m。

ω 值为负,值越小,说明杆塔偏移越厉害。

有实验指出,正态分布能够精确表达滑坡体致使输电杆塔变形的概率分布特性。通常用弹性悬臂梁中点挠曲度 ω 和变异系数 δ 表示,可写为式(6-22):

$$f(\omega) = \frac{1}{\sqrt{2\pi}\sigma}\exp[-\frac{(\omega-\mu)^2}{2\sigma^2}] \tag{6-22}$$

式中 $f(w)$ ——杆塔变形概率密度函数;

ω ——实际挠曲度,mm;

μ ——均值,常取 ω_c;

σ ——标准差,常取 $\delta\omega_{max}$。

由于输电杆塔地处不同环境和不同降雨气象条件下其分散性的不同,变异系数取 0.02 ~ 0.12 不等。

输电杆塔损毁的概率密度函数 $f(r,\omega)$ 为一个条件概率密度函数,引发岩土滑坡事件与滑坡体致使杆塔变形事件之间相互独立。因此,输电杆塔损毁密度函数 $f(r,\omega)$ 是滑坡与杆塔变形概率密度函数的乘积,为式(6-23):

$$f(r,\omega) = f(r)f(\omega) \tag{6-23}$$

式中 $f(r)$ ——引发岩土滑坡概率密度函数。

则输电杆塔损毁概率 $F(r,\omega)$ 为式(6-24):

$$F(r,\omega) = \iint f(r,\omega)drd\omega \tag{6-24}$$

式中 r ——岩土滑坡事件。

一条输电线路由几十甚至上百座杆塔组成,一场降雨可能覆盖多座杆塔,线路中任一杆塔损坏都将导致整条线路停运,则第 k 条线路的损失概率 p_k 为式(6-25):

$$p_k = 1 - \left\{\prod_{m=1}^{n+1}[1-F_m(r,\omega)]\right\} \tag{6-25}$$

式中 $F_m(r,\omega)$ ——第 m 个输电杆塔损毁的概率,%;

n ——第 k 条输电线路的挡距数。

本节介绍了定量评估滑坡灾害对于城市输电杆塔的影响,以及如何计算线路损毁概率。

6.3.3 台风灾害灾损模型

1. 地震边坡失稳台风风场计算模型

目前，对热带气旋风场的环流风速分量进行求解的方法大体上可以分为两类：第一类方法是先求解热带气旋的气压分布，再根据梯度风速公式推导热带气旋的环流风速分布。常用的热带气旋气压分布模型有高桥模型、藤田模型、Myers 模型、Holland 模型、Jelesnianski 模型、Shapiro 模型等；第二类方法是根据热带气旋环流风速分布的经验模型，由最大风速和最大风速半径等参数直接给出热带气旋环流风场分布，无需求解气压分布。该类方法中的环流风速分布经验模型均是通过最大风速、最大风速半径等热带气旋特征量反映出热带气旋风场沿径向从风眼区至云墙区（由冷暖空气峰面交汇所致）风速逐渐增大、从云墙区至外层区风速又逐渐衰减的特性。常用的环流风速分布经验模型主要有 Rankine 模型、Jelesnianski（1965）模型、Jelesnianski（1966）模型、陈孔沫（1994）模型、Miller 模型、Chan and Williams（1987）模型等。

根据环流风速分布经验模型求解热带气旋风场的方法无需首先求解气压分布，故具有原理简单、计算简便的优点。但由于环流风速分布经验模型和移行风速模型中均包含最大风速半径这一关键参数，故需要首先对最大风速半径进行较为准确的辨识。

1）环流风速计算模型

一般情况下，台风过境会导致杆塔大量倒塌，经过分析发现，杆塔倒塌与风力、杆塔设计强度、杆塔结构、地理位置等因素有关。

计算环流风速的典型模型有以下 6 种。

（1）Rankine 模型

$$V_r = \begin{cases} (r/R_{max})V_{rmax} & r \in [0, R_{max}] \\ (R_{max}/r)V_{rmax} & r \in (R_{max}, \infty) \end{cases} \quad (6-26)$$

（2）Jelesnianski（1965）经验模型

$$V_r = \begin{cases} (r/R_{max})^{1.5}V_{rmax} & r \in [0, R_{max}] \\ (R_{max}/r)^{0.5}V_{rmax} & r \in (R_{max}, \infty) \end{cases} \quad (6-27)$$

（3）Jelesnianski（1966）经验修正模型

$$V_r = \frac{2(r/R_{max})}{1+(r/R_{max})^2}V_{rmax} \quad r \in [0, \infty) \quad (6-28)$$

（4）陈孔沫（1994）经验模型

$$V_r = \frac{3(R_{max}r)^{1.5}}{R_{max}^3 + r^3 + (R_{max}r)^{1.5}}V_{rmax} \quad r \in [0, \infty) \quad (6-29)$$

（5）Miller 模型

$$V_r = \begin{cases} (r/R_{\max})V_{r\max} & r \in [0, R_{\max}] \\ (R_{\max}/r)^x V_{r\max} & r \in (R_{\max}, \infty) \end{cases} \quad (6\text{-}30)$$

（6）Chan and Williams（1987）模型

$$V_r = V_{r\max}(r/R_{\max})e^{\frac{1}{d}[1-(r/R_{\max})^d]} \quad r \in [0, \infty) \quad (6\text{-}31)$$

上述诸式中　V_r——热带气旋风场中某点处的环流风速，m/s；

$V_{r\max}$——其最大值，m/s；

d——模型的形状参数；

r——热带气旋风场中某点处与风场中心的距离，km；

$R_{\max}$——热带气旋风场最风圈半径，km。

若横轴取 $r/R_{\max}$、纵轴取 $V_r/V_{r\max}$，则上述各模型对应的环流风速模型比较如图 6-22 所示。由图 6-22 可知，各模型的环流风速分布总体趋势相同：随着观测点逐渐远离热带气旋中心，环流风速先增大，在最大风速半径处增大到环流最大风速后，再逐渐减小，且各模型的区别在于环流风速上升或衰减的快慢存在不同。

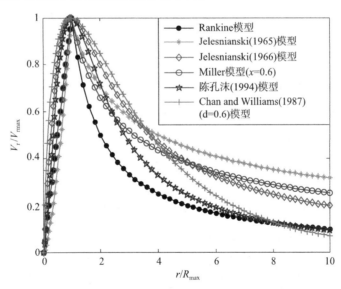

图 6-22　环流风速模型比较

2）最大风速半径计算模型

Graham 和 Nunn 研究了美国东海岸及墨西哥湾内的热带气旋情况，绘制了中心气压、地理纬度和移行风速对最大风速半径的影响曲线，并提出了最大风速半径的参数化方案，如式（6-32）：

$$R = 28.52\tanh[0.0873(\varphi-28)] + 12.22\exp(\frac{P_c-1013.2}{33.86}) + 0.2V + 37.22 \quad (6\text{-}32)$$

式中　R——热带气旋最大风速半径，km；

　　　φ——地理纬度，°；

　　　V——移行风速，m/s；

　　　P_c——热带气旋中心气压，hPa。

江志辉依据《热带气旋年鉴》中心气压和最大风速半径资料，分析最大风速半径的平均变化趋势，给出了最大风速半径 R 之于热带气旋中心气压 P_c 的幂指数型经验公式 [式（6-33）]：

$$R = 1.119 \times 10^3 \times (1010 - P_c)^{-0.805} \tag{6-33}$$

Willoughby 基于美国国家海洋和大气管理局（NOAA）发布的 1977—2000 年大西洋和东太平洋热带气旋飞行探测记录，得到最大风速半径 R 随飞行层最大风速和地理纬度变化的指数型关系，如式（6-34）：

$$R = 51.6 \exp(-0.0223 V_{\text{fmax}} + 0.0281 \varphi) \tag{6-34}$$

式中　V_{fmax}——飞行层最大风速，m/s；

　　　φ——地理纬度，°。

Kato 在日本沿海风暴潮模拟评估工作中，指出最大风速半径 R 之于热带气旋中心气压的线性表达式如式（6-35）：

$$R = 80 - 0.769(950 - P_c) \tag{6-35}$$

台风风场模型给出了局部区域内的气旋方向、风速，以及移动路径等信息，可为电网设备台风灾害评估模型的建立提供支撑与前提。

2. 风速与风向变化研究

水平风的不均匀性是工程建设的重要危险源，这与结构的风激振动和变形有关。风切变可以表明水平风的非均匀性。水平风切变和垂直风切变都导致结构破坏。对于工程建设，水平风切变会比垂直风切变造成更严重的破坏，尤其是靠近最大风速半径和眼壁区域。这里主要关注的是水平风速切变，如式（6-36）：

$$S_{\text{h}} = \sqrt{\left(\frac{\partial \vec{V}_{\text{h}}}{\partial x}\right)^2 + \left(\frac{\partial \vec{V}_{\text{h}}}{\partial y}\right)^2} = \sqrt{\left(\frac{\partial u}{\partial x}\right)^2 + \left(\frac{\partial u}{\partial y}\right)^2 + \left(\frac{\partial v}{\partial x}\right)^2 + \left(\frac{\partial v}{\partial y}\right)^2} \tag{6-36}$$

式中　V_{h}——水平风速，m/s；

　　　u——水平风速的 x 分量，m/s；

　　　v——水平风速的 y 分量，m/s；

　　　S_{h}——水平风速切变模块，反映风场的水平非均匀性，m/s。

台风风速运行、最大 10m 水平风速切变如图 6-23、图 6-24 所示。台风通过琼州海峡时最大水平风速切变如图 6-23、图 6-24 所示。两者不同的原因是因为其结构不同。图 6-24

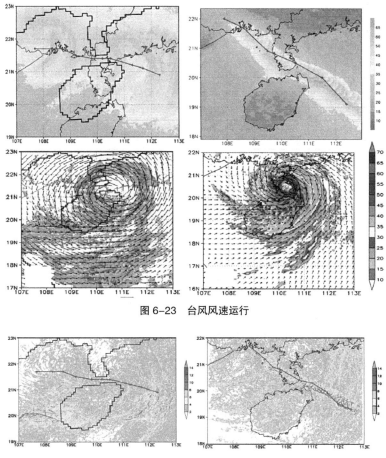

图 6-23 台风风速运行

图 6-24 最大 10m 水平风速切变

说明水平风速切变在眼壁和螺旋雨带区域最为显著，而其水平切变风速在眼壁附近最为显著，因其强度更强，结构更紧凑。

风场的非均匀性不仅表现在空间上，而且表现在时间上。在一个移动和旋转系统中，热带气旋风矢量的变化会引起时间的变化，从而出现异常情况。风速和风向被用来量化这些突变。其被定义为 t 时刻风速风向与上一时刻（$t-1$）之差，如图 6-25 所示。

从图 6-25 中可以明显看出，对于热带气旋，最大值主要是最大值从 15～35m/s 不等，沿轨迹分布。相比之下，台风强度越大，风速的时间变化越剧烈，在登陆前为 50m/s。对于 30min 的风向变化，最大值主要分布在台风眼区域。

综上所述，风速的时间变化在眼壁上最为显著，体现在螺旋雨带区域。对于风向，则发生最大的时间变化在台风眼区域。这两个参数都能反映热带气旋核心风速的快速变化，这些地区对工程结构特别危险。此外，高值的风向时间变化可以直观地跟踪热带气旋眼，其中预计风险会很高。

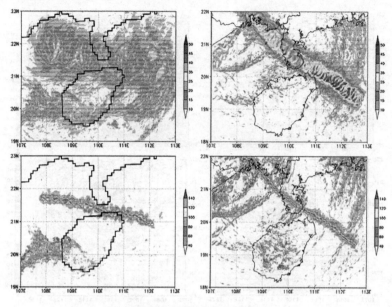

图 6-25 风速最大时间变化

3. 台风灾害城市电力设施灾损模型构建

在台风行进过程中,处于不同地理位置的风险杆塔,从开始受到台风影响到影响结束会持续一段时间。在不断增长的持续时间累积作用下,杆塔的可靠性将会随着杆塔塑性疲劳损伤的增加而不断降低。同时,在这一段持续时间内,台风中心与杆塔的相对位置不断变化,加之台风自身风场强度也在不断变化,从而导致杆塔受到的风速也不断变化。

如图 6-26 所示,与某风险杆塔距离风险风圈半径 R_{risk} 的 O'、O'' 分别为初始影响和结束影响杆塔的台风中心点。

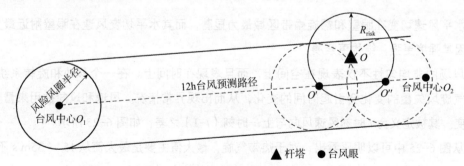

图 6-26 短期预测下杆塔受台风影响示意图

在短期直线预测路径下,O' 和 O'' 两交点经纬度可由联合计算,其中风险杆塔经纬度坐标为 (x_g, y_g),台风中心 O_1 和 O_2 经纬度坐标分别为 (x_{o_1}, y_{o_1}) 和 (x_{o_2}, y_{o_2}),(x, y) 为台风中心处于 O_1 和 O_2 之间的某点坐标。

$$\left[(x - x_g) \frac{\pi R}{180°} \cos y_g \right]^2 + \left[(y - y_g) \frac{\pi R}{180°} \right]^2 = R_{risk}^2 \tag{6-37}$$

$$\frac{y-y_{o_1}}{x-x_{o_1}} = \frac{y_{o_2}-y_{o_1}}{x_{o_2}-x_{o_1}} \qquad (6\text{-}38)$$

式中 x——经度，°；

y——纬度，°；

R——地球半径，一般取 6371，km。

当 O' 和 O'' 经纬度一样时，杆塔只受台风风险风圈风速影响，并没有时间累积作用；否则，杆塔受台风影响持续时间为式（6-39）：

$$t_h = \frac{|O'O''|}{|O_1O_2|}\Delta T \qquad (6\text{-}39)$$

式中 t_h——杆塔受台风影响的持续时间，h；

$|O'O''|$——台风对杆塔开始作用到结束作用的风险区域长度，km；

$|O_1O_2|$——短期预测台风中心点 O_1、O_2 两点距离，km；

ΔT——短期预测时间长度，每 10min 为 1 单位。

台风期间，台风的移动使得杆塔与台风中心的距离不断发生变化，杆塔受到的风速也随之改变。根据历史台风信息，台风的移动风速一般远小于其环流风速，尤其在高等级风速中，环流风速比重更为明显，因此可近似认为杆塔在 10min 之内受到的台风环流风速是不变的，并将杆塔受台风作用的持续时间以 10min 为跨度划分成 n 个时间间隔，即式（6-40）：

$$n = \text{int}\left(\frac{60 \times t_h}{10}\right) \qquad (6\text{-}40)$$

记 (x_0, y_0) 为台风开始作用杆塔的中心 O' 经纬度坐标，假设台风在短期预测时间 ΔT 内做匀速运动，则经过第 i 个时间间隔后台风中心的经纬度 (x_i, y_i) 为式（6-41）~式（6-43）：

$$V_0 = \frac{|O_1O_2|}{\Delta T} \qquad (6\text{-}41)$$

$$\left[(x_i - x_{i-1})\frac{\pi R}{180°}\cos y_{i-1}\right]^2 + \left[(y_i - y_{i-1})\frac{\pi R}{180°}\right]^2 = \left(\frac{V_0}{6}\right)^2 \qquad (6\text{-}42)$$

$$\frac{y_i - y_{o_1}}{x_i - x_{o_1}} = \frac{y_{o_2} - y_{o_1}}{x_{o_2} - x_{o_1}} \qquad (6\text{-}43)$$

式中 V_0——台风开始对杆塔产生低周疲劳损伤的临界风速，m/s。

利用 Rankine 模型，杆塔受到的风速与杆塔到台风眼的距离有关，则不同的时间间隔内的距离可近似表示为式（6-44）~式（6-46）：

$$d_i^2 = \left[(x_i - x_g)\frac{\pi R}{180°}\cos y_g\right]^2 + \left[(y_i - y_g)\frac{\pi R}{180°}\right]^2 \qquad (6\text{-}44)$$

$$d_{i+1}^2 = \left[(x_{i+1} - x_g)\frac{\pi R}{180°}\cos y_g\right]^2 + \left[(y_{i+1} - y_g)\frac{\pi R}{180°}\right]^2 \quad (6-45)$$

$$r_i^{i+1} = \frac{1}{2}(d_i + d_{i+1}) \quad (6-46)$$

式中 d_i——距离，km；

r_i——台风半径，km。

式（6-44）为处于第 i 个时间间隔刚开始的台风中心到风险杆塔距离表达式，式（6-45）为处于第 i 个时间间隔刚结束的台风中心到风险杆塔距离表达式，r_i^{i+1} 为第 i 个时间间隔内杆塔到台风眼的近似距离。d_i 为第 i 个时间间隔刚开始的台风中心到风险杆塔距离，d_{i+1} 为处于第 i 个时间间隔刚结束的台风中心到风险杆塔距。将台风移动下台风最大风速半径和最大风速视为线性变化，利用可求得不同时间间隔台风预测路径下杆塔受到的台风环流风速。

强台风登陆后一般会维持两天左右的大风，登陆前后若干小时内会对杆塔带来低周疲劳损伤，杆塔容易进入塑性状态从而产生疲劳失效问题。根据实验结果分析，结构的疲劳损伤与风荷载之间呈现出指数的关系，而风荷载与风速的平方成正比，则强台风下杆塔的疲劳损伤模型可以由杆塔所受风速给出式（6-47）：

$$D_j = \begin{cases} 0 & V_i \in [0, V_0) \\ a\mathrm{e}^{bV_i^2} & V_i \in [V_0, V_m) \\ 1 & V_i \in [V_m, \infty] \end{cases} \quad (6-47)$$

式中 a、b——模型系数，与杆塔的材料强度相关，材料不同，同一风速下疲劳损伤值不一样，因而系数大小也有差别，对于具体材质的杆塔则可利用杆塔生产设计时疲劳实验数据确定 a、b 系数；

V_i——第 i 个时间段杆塔受到的台风风速，m/s；

V_0——台风开始对杆塔产生低周疲劳损伤的临界风速，m/s；

V_m——台风对杆塔达到一次加载破坏的极限风速，m/s；

D_j——单位分钟内杆塔的低周疲劳损伤。

根据 Palmgren-Miner 线性疲劳损伤准则，杆件的总疲劳累积损伤 D 可以通过单次疲劳损伤叠加所得，当 D 等于 0 时，认为杆件没有损伤，当 D 等于 1 时，则认为杆件发生疲劳损伤。

强台风天气下输电杆塔的故障率与疲劳损伤累积时间有关，考虑到泊松模型能够有效地预测短时间天气情况下元件的失效率情况，杆塔在前 i 个时间间隔不发生倒塔的概率模型可以修正为式（6-48）：

$$P_{toi} = e^{\left[\sum_{j=1}^{i}(-\frac{D_j}{1-D_j}\Delta t)\right]} \quad (6\text{-}48)$$

式中 P_{toi}——杆塔在前 i 个时间间隔不发生倒塔的概率，%；

Δt——为段时间间隔长度，每 10min 为 1 单位。

则在前 i 个时间间隔发生倒塔的概率为式（6-49）：

$$P_{towerloss\,i} = 1 - P_{toi} \quad (6\text{-}49)$$

式中 $P_{towerloss\,i}$——杆塔在前 i 个时间间隔发生倒塔的概率。

由式（6-47）~ 式（6-49）可见，当 $D_j = 0$ 时，无论台风对杆塔的作用时间有多长，杆塔倒塔为不可能事件；当 $D_j = 1$ 时，杆塔倒塔为必然事件。

本节介绍了台风灾害对输电杆塔影响的计算与评估方法，基于台风风场分析结论，综合考虑风速与风向变化，构建了城市电网输电杆塔灾损评估模型，可在台风灾害发生后给出输电杆塔损毁概率，为应急救援决策提供辅助。

6.3.4 暴雨洪涝灾害灾损模型

1. 降雨量预测模型

1）基于历史降雨量推算模型

城市内涝主要是由短时强降水造成，滑坡、泥石流等与 24h 日降雨量和前期 10d 累计降雨量有关，在对致灾因子危险性进行实时评估时，提取前一天 1 小时降雨量最大值 P_{1h}、前一天 3 小时降雨量最大值 P_{3h}、前一天日降雨量 P_{1d}、当日降雨量（预报值）P_{1df}、前十天有效降雨量 P_{10d} 进行计算，计算表达式如式（6-50）：

$$H = 0.253 X_{1h} + 0.1342 X_{3h} + 0.3300 X_{1d} + 0.0958 X_{1df} + 0.1870 X_{10d} \quad (6\text{-}50)$$

式中 H——致灾因子危险性评估参数；

X_{1h}——1h 实况；

X_{3h}——3h 实况；

X_{1d}——1d 实况；

X_{1df}——1d 预报；

X_{10d}——前 10 天有效降雨量的归一化指数。

前 10 天有效降雨量 P_{10d} 计算如式（6-51）、式（6-52）。

$$P_{10d} = \sum_{t=0}^{10} f(t) P_t \quad (6\text{-}51)$$

$$f(t) = 60.96 \exp(-1.93 t)/100 \quad (6\text{-}52)$$

式中 t——评估计算当前时刻的前 t 天，$t = 0$ 为当天；

P_t——t 天前的降雨量；

$f(t)$——t 天前降雨的权重，mm。

考虑在雨涝再分配过程中起重要作用的因素有：地形的高低起伏、河网密度、植被覆盖度。暴雨灾害造成的损失最终反映在承灾体上，电力设施暴雨灾害的承灾体就是电力设施。电力设施越集中，离地高度越低，暴雨造成的损失越大。

2）基于统计学理论的 POT 模型

导致绝缘子闪络和变压器进水受潮的气象条件通常为暴雨或大暴雨等恶劣天气。因此，大量的降雨是造成绝缘子闪络、变压器进水受潮的直接原因。考虑到洪涝灾害下电力设施的故障概率预测可等价为降雨强度超过某一阈值（超过该阈值设施会发生故障）的概率，故可用极值理论模型（Peaks Over Threshold，POT）对其进行分析。该模型把降雨强度观测值中所有达到或超过某一阈值的各个超限样本作为分析样本，拟合广义帕累托分布（GPD）。理论证明，随着选取的阈值增大，所有分布的尾部分布都近似于广义帕累托分布。POT 模型是基于广义帕累托分布所建立的模型。在 POT 模型中，假定降雨强度 v 序列 $\{v_t\}$ 的样本个数为 N，$F(v)$ 为其分布函数。定义 $F_u(w)$ 为降雨强度的条件超限分布（Conditional Excess Distribution Function，CEDF），指降雨强度超过阈值 u 的条件分布函数，可表示为式（6-53）：

$$F_u(w)=\frac{F(u+v)-F(u)}{1-F(u)}=\frac{F(v)-F(u)}{1-F(u)} \quad w\geq 0 \quad (6\text{-}53)$$

式中 $F(u+v)$——降雨强度 v 序列与阈值 u 加和的分布函数；

$F(u)$——降雨强度 u 序列的分布函数；

$F(v)$——降雨强度阈值 v 的分布函数。

w——降雨强度的降雨超限值。

当 u 足够大时，存在广义帕累托分布，即式（6-54）：

$$F_u(w|\xi,\sigma)=\begin{cases}1-\left(1+\xi\dfrac{w}{\sigma}\right)^{-\frac{1}{\xi}} & \xi\neq 0 \\ 1-\exp\left(-\dfrac{w}{\sigma}\right) & \xi=0\end{cases} \quad (6\text{-}54)$$

式中 $F_u(w|\xi,\sigma)$——降雨强度的条件超限分布；

ξ——形状参数；

$\dfrac{1}{\xi}$——尾部指数；

σ——规模参数。

当 $\xi=0$ 时，F_u 为 Gumbel 分布；当 $\xi<0$ 时，F_u 为韦伯分布；当 $\xi>0$ 时，F_u 为 Frechet 分布。

而大于 u 的降雨强度的密度函数 $f(v)$ 如式（6-55）：

$$f(v) = \begin{cases} \dfrac{N_u}{N_\sigma}\left(1+\xi\dfrac{v-u}{\sigma}\right)^{-\frac{1}{\xi}-1} & \xi \neq 0 \\ \dfrac{N_u}{N_\sigma}\exp\left(-\dfrac{v-u}{\sigma}\right) & \xi = 0 \end{cases} \quad (6\text{-}55)$$

式中 N_u——降雨强度超过阈值 u 的 v 序列样本个数；

N_σ——降雨强度超过阈值 σ 的 v 序列样本个数。

考虑致灾因子危险性、孕灾环境敏感性、承灾体暴露性和防灾减灾能力4个因素的综合作用，构架电网的暴雨灾害实时风险评估指标体系。电网暴雨灾害实时评估模型从风险评估风险四要素出发，进行了暴雨对电网安全影响的等级划分，采用指数法计算如式（6-56）。

$$FDRI = (H^{W_h})(S^{W_s})(E^{W_e})(1-R)^{W_r} \quad (6\text{-}56)$$

式中 $FDRI$——电网的暴雨灾害风险评估指数，其值越大，电网的风险越高越容易发生故障；

H——致灾因子危险性；

S——孕灾环境敏感性；

E——承灾体暴露性；

R——防灾减灾能力；

W_h——致灾因子危险性权重；

W_s——孕灾因子危险性权重；

W_e——承灾因子危险性权重；

W_r——防灾因子危险性权重。

如表6-5所示。所有指标都分为5个等级：极低、低、中、高、极高。除致灾因子外，其他指标的分级均采用自然断点法，指标权重如表6-6所示。

电网风险评估指标分级标准　　　　　　　表6-5

指标等级	极低	低	中	高	极高
致灾因子危险性	0	（0，0.08）	[0.08，0.29）	[0.29，0.51）	≥0.51
孕灾环境敏感性	<0.41	[0.41，0.54）	[0.54，0.72）	[0.72，0.89）	≥0.89
承灾体暴露性	<0.05	[0.05，0.15）	[0.15，0.28）	[0.28，0.47）	≥0.47
防灾减灾能力	<0.05	[0.05，0.11）	[0.11，0.30）	[0.30，0.64）	≥0.64
电网风险评估	<0.08	[0.08，0.20）	[0.20，0.30）	[0.30，0.43）	≥0.43

指标权重　　　　　　　表6-6

目标层	准则层	权重
电网暴雨灾害风险评估体系	致灾因子危险性	0.43
	孕灾环境敏感性	0.21
	承灾体暴露性	0.24
	防灾减灾能力	0.12

降雨量是暴雨洪涝灾害的关键参数，降水量预测模型可为本节后续的灾损评估提供支撑。

2. 暴雨灾害城市电力设施灾损评估模型构建

1) 绝缘子闪络

绝缘子是一种特殊的绝缘控件，在架空输电线路中起支撑导线和防止电流回地的作用。高压电网一旦发生绝缘子闪络，将造成输电线路短路故障，导致输电线路停运。在因暴雨等恶劣气象条件引发的洪涝灾害下，绝缘子闪络是造成输变电线路发生停运故障的主要原因之一。

海拔高度对绝缘子闪络特性的影响主要在于大气压对绝缘子闪络特性的影响。随着大气压降低，绝缘子的直流和交流闪络电压降低，绝缘子闪络电压 U_f 与气压 P 呈非线性关系，即式（6-57）：

$$U_f = U_0 \left(\frac{P}{P_0}\right)^n \quad (6-57)$$

式中　P_0——标准大气压，Pa；

　　　U_0——标准大气压下绝缘子的闪络电压，V；

　　　n——下降指数，反映大气压对闪络电压的影响程度。

大气压强主要与所在位置的海拔高度有关，函数关系可表示为式（6-58）：

$$P = P_0 \left(1 - \frac{H}{44330}\right)^{5.25} \quad (6-58)$$

式中　H——绝缘子的海拔高度，m。

随着淋雨时间的延长，干燥的绝缘子表面电导波动更加强烈，绝缘子受雨淋而的电导波动很大。当绝缘子表面的雨水达到稳定时，电导也将达到稳定。绝缘子受雨淋而达到稳定时的表面电阻 R_w 可表示为式（6-59）：

$$R_w = c\rho (A + 0.02)^{-0.44} \quad (6-59)$$

式中　c——常数；

　　　ρ——雨水电阻率，Ωm；

　　　A——降雨强度，mm/h。

式（6-59）表明，绝缘子达到稳定淋湿状态后，其表面电阻受雨水电阻率的影响比受雨水强度的影响更大。针对绝缘子闪络机理及特性，在标准大气压下绝缘子的闪络电压与淋雨表面电阻的指数函数呈线性关系，即标准大气压下的绝缘子闪络电压 U_0 为式（6-60）：

$$U_0 = a\exp(R_w) + b \quad (6-60)$$

式中　a、b——常数。

综合以上公式，绝缘子闪络电压 U_f 可表示为式（6-61）：

$$U_f = \{a\exp[c\rho(A+0.02)^{-0.44}] + b\}\left(\frac{P}{P_0}\right)^n \quad (6-61)$$

另外，在洪涝灾害下，当水和风的联合作用力超过输电线路或杆塔的抵抗能力时，将造成断线、倒杆等破坏。一些跨河输电线路的杆塔建在河边，很容易被淹没，甚至冲毁。在暴雨和风的作用下，树枝易被折断，被折断的树枝压在架空输电线路上，造成输电线路断线。除此之外，暴雨对输变电线路上的电抗器、避雷器、电容器、互感器，以及熔断器等架空设备具有不同程度的影响。

2）变压器故障

电力变压器是电力设施的核心设备之一，变压器是输变电网络的节点，其安全可靠运行是电力系统可靠供电的必要前提。变压器故障一直是危及电力设施安全的主要因素。变压器故障率最大的部位是变压器的内绝缘，主要故障特点是变压器的绝缘材料受潮。在洪涝灾害下，造成变压器进水受潮的原因主要有两点：(1)洪涝灾害下，空气湿度极大，套管顶部连接帽密封不良，空气中的水分沿引线进入绕组绝缘内，引起击穿事故；(2)在变压器运行时，若呼吸器内充填的干燥剂失效，防爆管密封不严或潜水泵吸入侧渗漏时，外界降雨或潮湿空气就会通过这些途径进入变压器，致使绝缘材料受潮，造成绝缘事故。

水分对变压器中绝缘介质的电气性能有极大的危害。其中，水分对变压器中绝缘油的火花放电电压的影响如图 6-27 所示；水分对变压器中油浸纸击穿电的影响如图 6-28 所示。

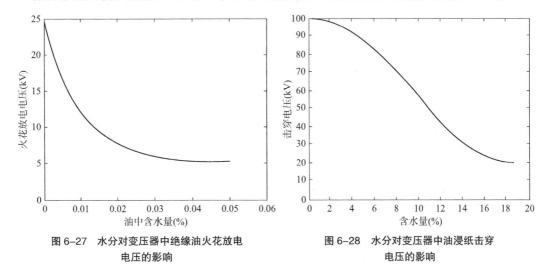

图 6-27　水分对变压器中绝缘油火花放电电压的影响　　　图 6-28　水分对变压器中油浸纸击穿电压的影响

针对变压器运行特征，暴雨灾害下变压器中绝缘油水分含量 W_1 和油浸纸水分含量 W_2 可表示为式（6-62）、式（6-63）。

$$W_1 = a_1 \frac{N}{\pi}\sqrt{A^{0.949}} + b_1 \left(\frac{P}{P_0}\right)^{n_1} \quad (6-62)$$

$$W_2 = a_2 \frac{N}{\pi} \sqrt{e^{A^{1.323}} + b_2} \left(\frac{P}{P_0}\right)^{n_2} \tag{6-63}$$

两式中　　　　　N——降雨的持续时间，h；

　　　　　　　　A——降雨强度，mm/h；

　　　　　　　　P——变压器所在位置大气压，Pa；

　　　　　　　　P_0——标准大气压，Pa；

a_1、a_2、b_1、b_2、n_1、n_2——常数。

输电线路故障和变压器故障均可导致输变电线路发生停运故障。因此，可通过研究输电线路的绝缘子闪络概率及变压器故障概率来计算暴雨灾害下输变电线路停运故障概率。若绝缘子人工淋雨实验测得的绝缘子闪络电压临界值 U_ζ，则绝缘子闪络的降雨强度临界值 A_ζ 可表达为式（6-64）：

$$A_\zeta = \left\{ \frac{\ln\left[\dfrac{U_\zeta}{a(P/P_0)^n}\right] - \dfrac{b}{a}}{cP} \right\}^{\frac{1}{0.055}} - 0.02 \tag{6-64}$$

式中　a，b，c——经验常数；

　　　n——下降指数，反映大气压对闪络电压的影响程度。

若降雨强度密度函数为 $f(x)$，可得到单个绝缘子闪络概率 $P_{\text{insulator}}$ 为式（6-65）：

$$P_{\text{insulator}} = 1 - \int_0^{A_\zeta} f(x) \mathrm{d}x \tag{6-65}$$

式中　x——降雨强度，mm/h。

3）变压器故障概率计算

假设降雨时间为常数，则绝缘油火花放电临界降雨强度 $A_{1\zeta}$ 和油浸纸被击穿的临界降雨强度 $A_{2\zeta}$ 可表示为式（6-66）、式（6-67）：

$$A_{1\zeta} = \left\{ \left[\frac{W_1 \pi}{a_1 N} \left(\frac{P_0}{P}\right)^{n_1} \right]^2 - b_1 \right\}^{\frac{1}{0.949}} \tag{6-66}$$

$$A_{2\zeta} = \left\{ \ln\left[\frac{W_2 \pi}{a_2 N} \left(\frac{P_0}{P}\right)^{n_2} \right] - b_2 \right\}^{\frac{1}{1.323}} \tag{6-67}$$

式中　W_1——暴雨灾害下变压器中绝缘油水分含量，mg/L；

　　　W_2——油浸纸水分含量，mg/L；

　　　N——降雨持续时间，h。

基于变压器运行特性，变压器故障概率 $P_{\text{transformer}}$ 可表示为式（6-68）：

$$P_{\text{transformer}} = P_{\text{transformer1}} + P_{\text{transformer2}} - P_{\text{transformer1}} \times P_{\text{transformer2}} \quad (6\text{-}68)$$

式中　　$P_{\text{transformer1}}$——绝缘油火花放电概率；

$P_{\text{transformer2}}$——油浸纸被击穿的概率。

其中，可得到绝缘油火花放电概率和油浸纸被击穿概率分别为式（6-69）、式（6-70）：

$$P_{\text{transformer1}} = 1 - \int_0^{A_{1\zeta}} f(x)\mathrm{d}x \quad (6\text{-}69)$$

$$P_{\text{transformer2}} = 1 - \int_0^{A_{2\zeta}} f(x)\mathrm{d}x \quad (6\text{-}70)$$

4）输变电线路停运概率计算

假设在受灾区域内，该条输电线路的绝缘子数目为 n，当超过 $s\%$ 的绝缘子发生闪络时，输电线路将发生停运故障。

$$m = [n \times s\%] \quad (6\text{-}71)$$

式中　m——发生闪络的绝缘子数量；

[ ]——向正无穷方向取整。

若不考虑其他设备对输电线路的影响，则至少有 s 个绝缘子闪络，才会造成输电线路停运，由 Bernolli 概率模型可得，n 个绝缘子中至少有 m 个发生闪络的概率为式（6-72）：

$$P_{\text{line.insulator}} = \sum_{i=m}^{n} C_n^i (P_{\text{insulator}})^i (1 - P_{\text{insulator}})^{n-i} \quad (6\text{-}72)$$

式中　　$P_{\text{line.insulator}}$——$n$ 个绝缘子中至少有 m 个发生闪络的概率；

$P_{\text{insulator}}$——单个绝缘子闪络概率。

绝缘子闪络和变压器故障中，任一事件发生都将造成输变电线路的停运。假设绝缘子闪络和变压器故障为相互独立事件，则输电线路停运概率为式（6-73）：

$$P_{\text{line}} = P_{\text{iline insulator}} + P_{\text{transformer}} - P_{\text{iline insulator}} \times P_{\text{transformer}} \quad (6\text{-}73)$$

式中　　P_{line}——输电线路停运概率；

$P_{\text{iline insulator}}$——输电线路绝缘子闪络概率。

暴雨灾害严重影响了输电线路及变压器正常运行，通过式（6-57）~式（6-73）可计算暴雨灾害对输电线路及变压器的损毁概率，进而定量分析评估电力设施受到的影响。

3. 洪涝灾害城市电力设施灾损评估模型构建

分析洪涝灾害对电力设施的影响是评估洪涝灾害下电力设施损失的关键。随着科技的进步，收集洪涝灾害下的气象数据、地理数据、电力数据的技术也有了较大发展。如何有效地从数据中挖掘出有用的信息，进而更加深入地定量探究洪涝灾害对电力设施的影响尚待解决，而统计建模是目前处理这一问题的最有效手段。

建立洪涝灾害对电力设施的影响模型时，通常尽可能多地选择影响因素，以减小因缺少重要因素而出现的模型偏差。但实际建模过程中，需要寻找对设备影响变量最具有解释性的影响因素子集，即特征量提取（或称模型选择、变量选择），以提高模型的解释性和预测精度。洪涝灾害下，在众多导致电力设备发生故障的影响因素中选取特征量是合理分析电力设备故障的关键。考虑到洪涝灾害本身的复杂性和随机性，基于洪涝灾害对电力系统的影响分析，建立洪涝灾害对电力设施的影响模型，并采用最小二乘法求得参数。

洪涝灾害对电力设施的发电、输电，以及配电设备有着重大的影响。电力设备分布广、种类多，洪涝灾害对其影响高度复杂。电力设施受到洪涝灾害破坏的程度主要由洪涝灾害的严重程度以及电力设施本身的特征所决定。一方面，洪涝灾害的产生、发展主要受气象因素和地理因素的作用和制约。因此，在分析洪涝灾害对电力设施的影响时，气象因素和地理因素不可缺少。例如洪涝灾害下的降雨量、降雨强度等气象因素。另一方面，电力设施的自身条件（包括运行状态、运行年限等）也是影响电力设备灾害损失的主要因素。

洪涝灾害影响及其影响因素如表 6-7 所示。

洪涝灾害影响及其影响因素　　　　　　表 6-7

影响因素	说明
设备故障率 P	灾害发生后，指定范围内电力设备的故障率，[0，100%]
日平均气温 x_1	℃
日平均风速 x_2	m/s
日最大风速 x_3	m/s
日降雨量 x_4	mm
最大降雨强度 x_5	单位时间内降水量 mm/min
空气湿度 x_6	单位体积空气中含水量 g/mm^3
河网密度 x_7	单位流域内河流长度 km/km^2
河流径流量阀值 x_8	单位时间内的流水量 m^3/s
灾害前河流径流量 x_9	单位时间内的流水量 m^3/s
指定范围内最高海拔 x_{10}	m
指定范围内最低海拔 x_{11}	m
平均海拔 x_{12}	m
植被覆盖率 x_{13}	$x_{13} \in [0, 1]$
平均土壤深度 x_{14}	m
土壤湿度 x_{15}	单位体积的土壤含水量 %
日平均负荷 x_{16}	MW

令 $y = \ln \dfrac{P}{1-P}$，y 与上表中各影响变量的关系可写为式（6-74）：

$$y = \beta_0 + \beta_1 x_1 + \cdots + \beta_{16} x_{16} + \varepsilon \tag{6-74}$$

式中 $\beta_0, \cdots, \beta_{16}$——统计参数；

$x_1, \cdots, x_{16}$——影响类型，见表 6-7；

ε——模型误差，具有无偏性、等方差性、不相关性。

对于不同区域内电力设备，根据所处环境特点，从 $x_1, \cdots, x_{16}$ 中选择合适的、具有代表性的影响因素作为影响因素集 $\{a_1, \cdots, a_n\}$，描述洪涝灾害对电力设备的影响。收集 N 次洪涝灾害下电力设备灾害影响变量 y 和影响因素集的观测值作为样本集 $\{(A_t, Y_t), t=1, 2, \cdots, n\}$。各组样本值均满足以下关系：

$$y_t = \beta_0 + \beta_1 a_{t,1} + \cdots + \beta_n a_{t,n} + \varepsilon_t \quad t = 1, 2, \cdots, n \tag{6-75}$$

式中 y_t——第 t 次洪涝灾害下电力设备的影响变量；

$a_{t,n}$——第 t 次洪涝灾害下第 n 个影响因素值。

ε_t——常数。

若将上式写为矩阵形式，则有式（6-76）~式（6-80）：

$$Y = A\beta + \varepsilon \tag{6-76}$$

$$Y = (y_1, y_2, \cdots, y_n)^T \tag{6-77}$$

$$\beta = (\beta_0, \beta_1, \beta_2, \cdots, \beta_n)^T \tag{6-78}$$

$$\varepsilon = (\varepsilon_0, \varepsilon_1, \varepsilon_2, \cdots, \varepsilon_n)^T \tag{6-79}$$

$$A = \begin{pmatrix} 1, & a_{1,1} & \cdots & a_{1,n} \\ \vdots & & & \vdots \\ 1, & a_{t,1} & \cdots & a_{t,n} \end{pmatrix} \tag{6-80}$$

设 Q 为模型的误差平方和，则有式（6-81）：

$$Q = \varepsilon^T \varepsilon = \sum_{t=1}^{n} (y_t - \beta_0 - \sum_{i=1}^{n} \beta_i a_{t,i})^2 \tag{6-81}$$

Q 反映了模型的误差程度。Q 越小，模型越精确。因此，使得 Q 达到最小值的 $(\beta_0, \beta_1, \beta_2, \cdots, \beta_n)$，即为模型参数的最佳估计。为此，采用最小二乘法估计模型参数，即求解如式（6-82）优化问题：

$$(\hat{\beta}_0, \hat{\beta}_1, \cdots, \hat{\beta}_n)^T = \underset{\beta_0, \beta_1, \cdots, \beta_n}{\arg\min} \left\{ \sum_{t=1}^{n} (y_t - \beta_0 - \sum_{i=1}^{n} \beta_i a_{t,i})^2 \right\} \tag{6-82}$$

对上式 β_i 求偏导，并令偏导数等于 0，可获得式（6-83）：

$$\sum_{t=1}^{n} y_t a_{t,i} = \sum_{j=1}^{n} \beta_j \left[\sum_{j=1}^{n} a_{t,j} a_{t,i} \right] \quad i = 1, 2, \cdots, n \tag{6-83}$$

解得式（6-84）：

$$\hat{\beta}=L^{-1}A^{\mathrm{T}}Y \qquad (6-84)$$

式中　L^{-1}——$A^{\mathrm{T}}A$。

将解得的结果代入式（6-74），即得出洪涝灾害下影响因素 $\{a_1, \cdots, a_n\}$ 对电力设备的影响。

式（6-74）~式（6-84）给出了洪涝灾害对电网的影响，洪涝灾害电网设备灾损评估方法涉及诸如地形条件、降水强度、地质水文，以及设备设施抗灾能力、应急处置能力等多方面因素。整体而言，洪涝灾害电力设施灾损分析需综合考虑多类型参数的影响。

6.3.5　雨雪冰冻灾害灾损模型

1. 覆冰气象成因

中国北部的寒冷空气和南面温度高、湿度大的暖空气，在每年冬季严寒至春季的初期，相互交汇形成"静止峰"以及其延伸的"准静止峰"。当遇到冷气流比较强时，会导致冷锋气象条件，此时抬升的暖湿气流就会有大量的水分子被稀释出来，当其位置处在0℃温度线上面或者刚好处在冻结高度层上方，就会变化产生雪花、冰晶，以及过冷却水滴（也称为过冷却云）。

以往研究表明，水云和冰云的出现，尽管与温度有关，但作为冰芯的"尘埃"是其产生的关键因素。温度当低于 -18 ~ 20℃时，大多数云是由下面的过冷水滴组成，并且在低于 -25℃，大多数属于冰云。过冷水滴在次稳态（相对不稳定），与物体表面接触会冻结在体内，形成冰。许多危险的天气现象的存在则是由过多的过冷却水滴（云）造成，如雨凇、飞机云中积冰等。在中国西南及华中地区"静止锋"及"准静止锋"往往能维持很长时间，一般在锋面覆盖下的地区会出现阴雨连绵的"冻雨"天气。通常冰晶或雪花两者就出现在凝结高度以上。此时冰晶、雪花，以及过冷却水滴的高度都在超过0℃的大气层时，一旦过冷却水滴的温度升高，冰晶、雪花或全部融化，或部分融化（若气温在0℃以上的大气层不够高）。若持续下降，直到0℃以下的大气层，具有接触外表面的过冷却水滴，在下落途中大多数会碰到可作为冰核的尘埃（如火山喷尘、陨石灰）并形成冰粒落到地面上，这种情况下该物体被叫作"雪子"。但是在输电线路上雪子无法坚固地附着在上面，因此对架空输电线路不会造成大的危害。过冷却水滴若是比较小，"尘埃"难被完全包含在其中，过冷却水滴曲率较大，表面张力也大，其结构难以被更改。故即使在0℃以下的温度，但依旧是过冷却水滴的形态下落到地面上，称之为"冻雨"。这些过冷却水滴处于亚稳定状态，如果地面上较冷的物体遇上它们，水分子会因碰撞振动而获得能量，造成部分水分子"活化"形成冰核，固态冰便形成。并且，水滴会因为碰撞而产生形变，表面弯曲程度变小，造成表面张力同时变小,而在输电线路导线的表面具有捕获水滴的功能,因此过冷却水滴就会在导线表面冻结成冰。

一般过冷却水滴越小越易冻结成雾凇。海拔超过1000m的高原地区例如中国的云贵高原常常能够见到雾凇。当海拔达到或者超过2000m以上,这种情况十分常见。而雨凇通常出现在海拔较低的地区,因为此高度内过冷却水滴通常较大,容易冻结。雨凇常出现在湖南、湖北、河南、贵州等山区。中国北方由于不在静止锋的影响范围之内,架空导线覆冰呈现为筱雪或雾凇现象,如东北、华北、西北等地。此外不仅静止锋能够产生冻雨覆冰现象,另外一种重要的覆冰形式就是云雾冷却凝聚在导线上导致覆冰,尤其在中国西南高原地区这类覆冰现象也比较常见。此外,四川、贵州、云南等地的某些山区,在严冬初春季节的夜间若是无风且温度较低,则会因为辐射冷却会出现升华覆冰,导致晶状雾凇形成,但晶状雾凇生长缓慢,一般对架空线路不会构成大的危害。形成覆冰的过程及条件如下。

1)形成过程

当在冬季严寒和春季来到的季节,在 $-10 \sim 0℃$ 的温度,风力达到 $1 \sim 10m/s$ 时,输电线路运行环境遇到浓雾或小雨情况下,导线上会产生雾凇或雨凇,若气候变晴,温度升高,冰开始融化,天气一直放晴,则导线上的冰会完全融化。然而在冰融化过程中如天气又突然变寒冷,温度下降,则刚开始融化存在在雾凇上的水膜就在导线上冰冻成为雨凇层。若气温持续降低,覆冰会一直变化,在导线表面又会遮盖上一层雾凇。持续交替下去,导致在导线表层上产成混合凇,即雾凇—雨凇反复层叠导致的混合冰冻物。导线发生覆冰时,刚开始往往出现在迎风面。此时若风向不随意产生改变,冻结在导线表层迎风面的覆冰,也会随着风速、温度变化增加厚度。当其到达一定厚度时,覆冰本身包含的偏心重量会导致扭矩发生改变,进而使得导线产生扭转。导线扭转后,原先背风面的导线转向成迎风面,这过程发生后原来覆冰较少的导线侧就能够捕获过冷却水滴,导致覆冰的增加,圆形或者是椭圆形的冰就这样最终形成在导线表面上。大多数条件下,小截面的导线相对抗扭性较弱,所以其表面的覆冰一般为圆形,而大截面的导线由于抗扭性能强,因此它们的表面覆冰的截面类型以椭圆形或新月形为主。

2)形成的基本条件

形成覆冰的基本条件如表6-8所示。

形成覆冰的基本条件　　　　　　　　　表6-8

序号	形成条件
1	具有足够可以冻结水滴的气温及导线表面温度,0℃以下,一般为 $-200 \sim -2℃$,能使液滴在冻结时即时释放出潜热
2	空气中具有过冷却水滴或云雾
3	具有较高的湿度,因为空中过冷却的液态水是各种覆冰的来源,空气相对湿度一般在85%以上

续表

序号	形成条件
4	具有可使空气中的过冷却水滴或过冷却云粒产生运动的相应风速，以便水滴与导线发生碰撞，被导线捕获，一般风速为1~10m/s；而当空气相对湿度很小或无风和风速很低时，即使温度很低，导线也基本上不发生覆冰现象

通常情况下，直径比较大的水滴，其过冷却的转变过程相对较慢，水滴碰撞率也比较高，当遇到周边温度较高的情况时，就会发现此时水滴潜在的热量也挥发得很慢，这种情况下形成雨凇的概率很大。若是直径比较小的水滴，其过冷却的转变过程相对较快，水滴碰撞率就比较小，当遇到周边温度较低的情况时，这时候水滴潜在的热量挥发得相当迅速，这种情况下形成雾凇的概率就很大。当然在实际环境当中，上面的两种转变互相牵制、互相影响变化，因此常常输电线路导线表面还会产生一种混合冻结物，称之为混合凇。

影响导线覆冰的因素很多，主要包括气象条件、地形和地理环境、海拔高度及导线本身等。

（1）气象因素

影响导线覆冰的气象因素主要包括气温、空气湿度、风速风向、云中过冷却水滴的直径与体积及凝结高度等参数，见表6-9。

影响导线覆冰的气象因素汇总表　　表6-9

序号	气象因素	气象特征
1	气温	气温对覆冰的影响极大。一般最易覆冰的温度为0~6℃，若气温太低，则过冷却水滴都变成了雪花，形成不了导线覆冰
2	空气湿度	空气湿度的大小对导线覆冰影响甚大。湿度大，一般在85%以上，不仅较易引起导线覆冰，而且还易形成雨凇
3	风速风向	由于风起着对云和水滴的输送作用，故对导线覆冰有重要影响。无风和微风时，有利于晶状雾凇的形成；风速较大时则有利于粒状雾凇的形成。一般而言，风速越大（0~6m/s范围内），导线覆冰越快。而风向主要对覆冰形状产生影响，当风向与导线垂直时，结冰会在迎风面。上方先生成冰，产生偏心覆冰，而当风向与导线平行时，则容易产生均匀覆冰
4	云中过冷却水滴直径与体积	过冷却水滴的直径大小与气温有关，它主要影响导线覆冰的种类。水滴体积的对数与水滴的过冷却度之间呈线性关系
5	凝结高度	指云中的过冷却水滴全部变成冰晶或雪花时的海拔高度，是随着不同的地面气温和露点温度而变化的，地面气温和露点温度而变化的

雨凇覆冰时，过冷却水滴直径大，一般为10~40μm，中值体积水滴直径为25μm左右，是毛毛细雨；雾凇覆冰时，水滴直径在1~20μm，中值体积水滴直径为10μm左右；而对于混合凇，其水滴直径在5~35μm，中值体积水滴直径为15~18μm。

（2）地形、地理条件

在受风条件比较好的突出地形，如山顶、垭口、风道和迎风坡，空气水分较充足的江河、湖泊、水库和云雾环绕的山腰、山顶等处都是极易覆冰的地点，且覆冰程度也比较严重。

（3）海拔高度及导线悬挂高度

通常情况下导线的覆冰与所处环境的海拔高度密切相关，高度越高覆冰越厚，并且多数冻结物为雾凇，若线路所处海拔高度比较低，那么导线覆冰也较薄，并且多数冻结物为雨凇或混合凇。同时随着导线悬点高度的提升，覆冰厚度也会加重，是近地层内风速和雾的密度随离地高度的增加而增大的缘故。冰厚随高度变化的规律可用乘幂律表示：

$$\frac{b_z}{b_0} = \left(\frac{Z}{Z_0}\right)^\alpha \tag{6-85}$$

式中 b_z——Z 处的覆冰厚度，mm；

b_0——Z_0 处的覆冰厚度，mm；

Z——高度，m；

Z_0——参考高度，m；

α——乘幂律参数，与近地层内风速和雾的浓度有关。

（4）导线

导线本身条件包括导线的直径、刚度，通过的电流大小等。对导线直径而言，它对导线覆冰的影响主要表现为其对导线捕获空气中过冷却水滴的有效性，即对收集系数的影响。根据流体力学理论，可得气流中过冷却水滴的 Stokes 数可表示为式（6-86）：

$$S_t = \frac{2\rho_d r^2 v}{9\mu R} \tag{6-86}$$

式中 S_t——气流中过冷却水滴的 Stokes 数；

ρ_d——空气和水滴密度，kg/m^3；

r——水滴半径，mm；

v——风速，m/s；

R——导线半径，mm；

μ——空气的动力黏滞系数。

由式（6-86）可知，过冷却水滴的 Stokes 数与 R 成反比，即导线半径越大，过冷却水滴的 Stokes 数越小。而过冷却水滴撞击导线的撞击率与过冷却水滴的 Stokes 有关，过冷却水滴的 Stokes 数越小，其撞击导线的概率越小。所以，导线的半径越大，撞击率越小。而撞击率是影响导线覆冰增长的一个重要因素：

$$\frac{dm}{dt} = 100\alpha_1\alpha_2\alpha_3 R v \omega \tag{6-87}$$

式中 m——质量，g；

t——时间，s；

α_1——碰撞率，%；

α_2——捕获率，%；

α_3——冻结系数；

ω——空气中液态水含量，g/m³。

由式（6-87）可知，撞击率越小，导线覆冰增长越慢。以往研究得到了覆冰厚度和导线半径的关系如图6-29所示。

导线抗扭转的性能取决于它本身的刚性强度，并且是影响导线截面覆冰形状的主要因素。刚性强度较小的一般多为细长型的导线，容易发生扭转，导线截面覆冰一般多为圆形。

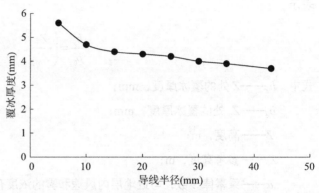

图6-29 覆冰厚度与导线半径的关系

输电线路周边存在的电场会对周围空气中的水滴粒子产生吸引和极化的作用，无论水滴粒子内部的电荷随电场发生怎样的变化，其作用力始终是引用导线的一种吸引力。所以，当周边是浓雾或者是小雨时，这吸引力的存在会导致更多的水滴粒子朝导线表面移动。导线表面的覆冰厚度也就随之增长。同时，导线覆冰还跟经过的负荷电流相关，在负荷电流不够大的情况下，电流所产生的热量不能够维持导线表面温度持续在0℃以上，会加剧导线覆冰厚度的增长。若经过的负荷电流足够大的情况下，电流所产生的焦耳热量能够维持导线表面温度持续在0℃以上，导线表面的覆冰厚度就会降低，覆冰量的减少能够起到输电线路自然防冰的效果。

综上，线路覆冰受到风速、温湿度，以及降水类型等多种因素的影响，成冰类型也因环境条件不同而各有差异，在构建覆冰增长模型时需考虑多类型因素的影响。

2. 输电线路覆冰模型

1）Chaine 和 Skeates 模型

对于水平面而言，假设温度接近或低于零度，L_H 代表整个冻雨降水过程中所观测到的降水量，并假设它被全部冻结为冰，则为式（6-88）：

$$L_H = P \times t \tag{6-88}$$

式中 P——降水率，%；

t——降水时间，h。

当表面与风向成某一角度时，表面上的雨凇覆冰量将超过降水率。为了计算出垂直方向的覆冰厚度 L_v，假设在与风向垂直的 $1m^2$ 平板表面上形成的雨凇层的质量增长率与降雨率有关：

$$L_v = 0.195EvP^{0.88}t \quad (6-89)$$

式中　v——平均风速，m/s；

E——收集系数，对于垂直的平板而言，假设收集系数为 1。

当覆冰在导线上产生时，借用当量径向厚度的概念，即假设覆冰在导线上均匀分布。则导线雨凇覆冰的当量径向厚度 ΔR 为式（6-90）：

$$\Delta R = \left[\frac{3.23kR_0}{\sqrt{\left(L_H^2 + L_v^2\right)}} + R_0^2 \right]^{\frac{1}{2}} - R_0 \quad (6-90)$$

式中　R_0——导线半径，mm；

k——修正系数，如表 6-10 所示：

覆冰形状修正系数　　　　表 6-10

覆冰种类	覆冰附着物	覆冰形状修正系数
雨凇、雾凇或两者混合	电力线、通信线	0.8 ~ 0.9
雨凇、雾凇或两者混合	树枝、杆件	0.4 ~ 0.7
湿雪	电力线、通信线、树枝、杆件	0.8 ~ 0.95

2）Lenhard 模型

Lenhard 在经验数据的基础上提出了一个简单模型，每米长导线的冰重 M 可写为式（6-91）：

$$M = C_3 + C_4 Hg \quad (6-91)$$

式中　Hg——覆冰过程中的总降水量，mm；

C_3、C_4——常数。

这一模型中忽略了风速、气温等参数的影响。

3）Goodwin 模型

Goodwin 等人假设所有被导线收集或捕获的过冷却水滴均在导线表面冻结成冰。换句话说，即覆冰为干增长模型。因此，每米长导线的覆冰率为式（6-92）：

$$\frac{dM}{dt} = 2Rwv_i \quad (6-92)$$

式中　R——导线半径，mm；

　　　w——空气中的液态水含量，g/mm³；

　　　v_i——过冷却水滴的冲击速度，m/s。

在时刻 t 时，单位长导线长的覆冰量为式（6-93）：

$$M = \pi \rho_i (R_2 - R_0)^2 \tag{6-93}$$

式中　ρ_i——冰的密度，一般为 0.8 ~ 0.9，g/cm³；

　　　R_2——单位长导线覆冰后的半径，mm。

结合上述公式，得出式（6-94）：

$$\frac{dR}{dt} = \frac{wv_i}{\pi \rho_i} \tag{6-94}$$

式中　t——单位时间，s。

对式（6-94）积分，得到时段 t 内导线上覆冰的径向冰厚 $\Delta R = R - R_0$ 为式（6-95）：

$$\Delta R = \frac{wv_i}{\pi \rho_i} t \tag{6-95}$$

雨滴冲击速度为式（6-96）：

$$v_i = \sqrt{v_d^2 + v^2} \tag{6-96}$$

式中　v——雨滴水平漂移速度，m/s；

　　　v_d——雨滴的下落速度，一般为 6 ~ 13，m/s。

此处假设风向与导线架向垂直。空气中的液水含量 w 可以和覆冰时间 t 内所测得的降水厚度联系起来：

$$\rho_w H g = v w_d t \tag{6-97}$$

式中　ρ_w——空气中液水含量密度，g/m³；

　　　w_d——降雨过程中的空气液水含量，g/m³。

合并以上公式，则有式（6-98）：

$$\Delta R = \frac{\rho_w H g}{\pi \rho_i} \sqrt{1 + \left(\frac{v}{v_d}\right)^2} \tag{6-98}$$

式中　ΔR——导线覆冰增长量，mm；

　　　ρ_i——冰的密度，g/m³。

4）Mc Comber 和 Govoni 雾凇覆冰模型

Mc Comber 和 Govoni 于 1978—1980 年在新罕布什尔州的华盛顿山上进行了雾凇实验。实验导线是一个架设于离地高 2.5m，直径为 64mm 的钢丝纹线，导线架向与主导风向垂直。实验测量了气温、风速、液水含量、液滴直径、冰重、最大覆冰直径等参数。在选择的 5 组覆冰数据进行分析时，均发现覆冰率随时间的增加而增加。因此，McComber 和 Govoni 建议使用指数增长模型。即式（6-99）、式（6-100）：

$$M = M_0 e^{kt} \tag{6-99}$$

$$k = 4 \times 10^{-2} \frac{E w v_m}{\rho_i D_0} \tag{6-100}$$

两式中　M——每米长导线的冰重，g/m；

　　　　M_0——每米长导线的平均初始冰重，g/m；

　　　　k——常数；

　　　　t——覆冰时间，s；

　　　　v_m——平均风速，m/s；

　　　　E——收集系数；

　　　　D_0——导线直径，mm。

系数 4×10^{-2} 包括将时间由秒变为小时的换算关系以及平均典型覆冰直径的修正等内容。Mc Comber 和 Govoni 发现，他们在实验中所测得的数据与指数增长模型吻合。

整体而言，线路覆冰涉及相变过程，其受到多种因素影响，覆冰增长机制复杂，在实际问题中需考虑覆冰种类、气象条件与线路类型，选择合适的覆冰增长模型。

5）考虑融冰过程的雨雪冰冻灾害电网设备灾损评估模型修正

覆冰在导线上的融化过程可以划分为两个阶段，如图 6-30 所示，首先冰筒和导线紧密接触，此时融冰速率最高。然后，导线表面出现一层薄液膜，冰与导线在上部被液膜隔离。在下部为水汽空间所分离，融冰速率降低。图 6-30（左）是融冰的第一阶段示意图，因为导线上部一直与冰全面接触，所以融冰率较高；图 6-30（右）是融冰的第二阶段示意图，只有少量冰表面与导线接触，且随着时间的推移其接触面积越来越小，故融冰速率较低。只要通电导线将冰筒融破，随着冰面与导线接触面积的不断减小，过一段时间后，挂在导线上的残冰就会在风力和重力的作用下脱离。

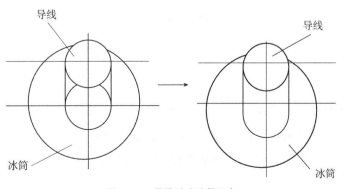

图 6-30　导线融冰阶段示意

融冰过程中，热平衡表达式可写为式（6-101）：

$$q_J \Delta t - q_c \Delta t = Q_{融化} = \rho[l + c_p(t_0 - t_s)]V_{融化} \quad (6\text{-}101)$$

式中 q_J——单位长度导线产生的焦耳热，J/m；

　　Δt——融冰时间，s；

　　q_c——冰外表面与周围空气对流换热量，W/m²K；

　　$Q_{融化}$——融化覆冰所需的热量，J；

　　ρ——覆冰平均密度，g/cm³；

　　l——冰的融化潜热，J/kg；

　　c_p——冰的比定压热容，J/kgK；

　　t_0——冰融化温度，°；

　　t_s——覆冰表面平均温度，°；

　　$V_{融化}$——融冰体积，cm³。

又根据传热学中圆柱体导热模型可知，q_c可写为式（6-102）：

$$q_c = \frac{t_0' - t_a}{\dfrac{\ln(r_i/r_c)}{2k_i\pi} + \dfrac{1}{2r_i\pi h}} \quad (6\text{-}102)$$

式中 t_0'——大气温度，°；

　　t_a——冰的融化温度，°；

　　r_i——导线覆冰圆柱的半径，mm；

　　r_c——导线的半径，mm；

　　h——大气气流横掠结冰导线的对流换热系数，它的值与冰筒的直径、表面粗糙度，以及风速有关；

　　k_i——覆冰的导热系数。

联立式（6-101）、式（6-102），可知融冰体积可写为式（6-103）：

$$V_{融化} = \frac{\left[I^2 R - \dfrac{t_0' - t_a}{\dfrac{\ln(r_i/r_c)}{2k_i\pi} + \dfrac{1}{2r_i\pi h}}\right]\Delta t}{\rho\left[l + c_p(t_0 - t_s)\right]} \quad (6\text{-}103)$$

综上，本书给出了多种线路覆冰增长量模型，可计算随时间增长线路覆冰增量。若在实际灾损分析过程中已采取了融冰措施，则可将式（6-101）~式（6-103）相关研究结论作为覆冰增长模型的补充项，在计算覆冰增长的同时考虑融冰过程。

3. 雨雪冰冻灾害城市电力设施灾损评估模型构建

1）电网覆冰灾害的危害形式

冰雪事件对电力设施的运行影响为渐变过程，时间尺度从几小时到几天不等。当遭遇严重冰雪灾害天气时，线路、杆塔、绝缘子等这些暴露在环境中的主设备表面覆冰厚度增加，相应的机械部件受外力增大，包括覆冰的重力和因线路受风面积的风力，绝缘子绝缘水平降低，这些因素将共同导致系统主设备的安全水平降低。

绝缘子上的覆冰会致使绝缘子强度降低，因其会在绝缘子表面覆盖一层水膜，使得绝缘子易发生表面闪络进而造成跳闸并导致强度进一步降低，从而形成恶性循环。对于线路和杆塔来说，覆冰的持续增加最终将导致相应的电力元件不能承受覆冰重量而发生断线或倒塌等事故。无论是绝缘子闪络跳闸、线路断线还是杆塔倒塌，都将引起系统潮流的变化，对电力传输造成影响。同时，长时间、大范围的冰灾也会影响交通运输，可能导致火电厂燃料供给不足、发电量受限，在电源侧给电力设施以巨大威胁。

2）覆冰灾害下城市输电线路载荷计算模型

（1）线路故障率计算

根据强度与应力干涉模型的原理，当覆冰线路承受的荷载大于其自身的强度时线路就会发生故障。首先定义极限状态方程为式（6-104）：

$$Z(t) = R(t) - S(t) \tag{6-104}$$

式中　t——时间，s；

$Z(t)$——极限状态下线路发生故障的荷载情况，N；

$R(t)$——t 时刻的线路强度，N；

$S(t)$——t 时刻覆冰线路承受的总荷载，N。

根据应力与干涉理论可知，$Z(t)$ 大于 0 时线路可靠，$Z(t)$ 小于 0 时线路退出运行。

根据应力与强度干涉模型，可以计算出 t 时刻线路的动态可靠度指标 $\beta(t)$：

$$\beta(t) = \frac{\overline{R}(t) - \overline{S}(t)}{\sqrt{\sigma_{R(t)}^2 + \sigma_{S(t)}^2}} \tag{6-105}$$

式中　$\sigma_{R(t)}$——预测强度的标准差；

$\sigma_{S(t)}$——预测总荷载的标准差。

跨越率指元件在 t 时刻正常运行，在经过 Δt 时刻以后因故障退出运行的概率 $h(t)$，可写为式（6-106）：

$$h(t) = \lim_{\Delta t \to 0, \Delta t > 0} \frac{P[Z(t) > 0 \cap Z(t+\Delta t) \leq 0]}{\Delta t} = \frac{\Phi[\beta(t) - \beta(t+\Delta t) \rho_z(t, t+\Delta t)]}{\Delta t} \tag{6-106}$$

式中　P——概率值，%；

$Z(t)$——在 t 时刻极限状态下线路发生故障的荷载情况，N；

$Z(t+\Delta t)$——经过 Δt 时刻后，极限状态下线路发生故障的荷载情况，N；

Φ——二维标准正态分布函数；

$\beta(t)$——t 时刻的动态可靠度指标；

$\beta(t+\Delta t)$——$t+\Delta t$ 时刻的动态可靠度指标；

$\rho_z(t,t+\Delta t)$——对应两时刻极限状态方程的相关系数。

式（6-106）计算得到的跨越率其实就是前述的输电线路故障率，表征的是输电线路在 $[t, t+\Delta t]$ 内的平均失效率。

（2）覆冰线路的荷载计算

冰灾气候下的输电线路所承担的总荷载包括冰荷载、风力荷载，以及重力荷载。其中，风力荷载 q_m 的计算公式为式（6-107）：

$$q_m = 0.735\alpha(d+2\Delta r)v^2 \quad (6\text{-}107)$$

式中 v——风速，m/s；

d——导线直径，mm；

Δr——覆冰厚度，mm；

α——风速不均匀系数，见表 6-11。

风速不均匀系数取值 表 6-11

风速 v（m/s）	小于 20	20 ~ 30	30 ~ 35	大于 35
风速不均匀系数 α	1.0	0.85	0.75	0.70

输电线路的冰荷载 F_i 为式（6-108）：

$$F_i = 9.82\times10^{-9}\rho_i\pi d(d+\Delta r)L_h \quad (6\text{-}108)$$

式中 F_i——冰荷载，kN；

ρ_i——冰密度，kg/m³；

d——导线直径，mm；

L_h——杆塔的垂直挡距，m。

当风向与冰荷载方向相同时，总荷载最大，有式（6-109）：

$$S(t) = G+F_i(t)+F_w(t) = G+Q(t) \quad (6\text{-}109)$$

式中 $S(t)$——总荷载，N；

$F_w(t)$——风荷载，N；

G——重力荷载，N；

$Q(t)$——t 时刻的冰、风荷载，N。

理论上冰、风荷载 $Q(t)$ 服从正态分布，其 t 时刻的预测值以 $\overline{Q}(t)$ 表示；以 σ_R^2 表征预测误差导致的荷载不确定性。一般地，可认为 $\sigma_Q(t) = 0.15\overline{Q}(t)$。另外，由于线路除冰风载荷外的其他载荷值较为稳定，因此线路总载荷服从正态分布，满足 $\sigma_{S(t)} = 0.15Q(t)$。

3）覆冰线路强度处理

线路强度 R 同样服从正态分布，其标准值为 $\overline{R}$，线路在生产和安装过程中难免存在误差造成强度偏离标准，以 σ_R 表示线路强度的不确定性。冰灾期间，积雪与强风都会对线路强度造成影响，使线路强度下降，而这种变化是与时间相关的，因此写出线路设计强度 R 计算公式：

$$R = R(0) - [R(0) - S_i]\left(\frac{t_i}{T}\right)^c \tag{6-110}$$

式中　$R(0)$——线路设计强度，N；

S_i——线路承受的总荷载，N；

t_i——线路承受载荷的持续时间，年；

T——线路的设计投入使用寿命，年；

c——取大于 i 的常数。

在漫长的输电线路设计寿命面前，线路的覆冰持续时间显得微不足道，t_i 与 T 的比值为极小值，因此可以忽略覆冰期间线路的强度损耗，即在计算覆冰线路可靠度时认为线路的强度是一个时不变参数：

$$R = R(0) \tag{6-111}$$

线路强度的计算公式为式（6-112）、式（6-113）：

$$R = 1.0917 T_d \tag{6-112}$$

$$T_d = 0.6 T_m / k \tag{6-113}$$

式中　R——线路强度，N；

T_d——线路最大使用张力，N；

T_m——拉断张力，N；

k——安全系数，一般取值为 2.5。

当总载荷 $S > R$ 时，线路损毁。

综上所述，本节介绍了根据覆冰类型与气象条件，构建覆冰增长率模型，计算线路风冰载荷，结合线路设计承载能力给出线路损毁判别条件，提出并构建了雨雪冰冻灾害下城市电力线路损毁评估模型，为城市电力设施安全预测预警提供了参考思路。

6.4 城市电网损失预测技术

6.4.1 城市电网损失预测技术概述

城市电网损失预测技术主要包括电网应急数据库融合技术与模糊动态电网多灾损失预测技术两个方面。信息融合可总结为 3 个层次上的融合：数据级融合方法、特征级融合方法和决策级融合方法。针对不同类型、不同结构的多源数据，需要从实际应用的角度出发，充分利用不同时间和空间的多源信息资源，采用计算机技术对按时序获得的各数据在一定准则下加以自动分析、综合、支配和使用，从而获得与被测对象的一致性描述与解释，以完成所需的决策和估计任务，使系统获得比它的各组成部分更优越的性能。为实现上述数据融合，主要通过人工神经网络、贝叶斯估计、模糊理论、卡尔曼滤波理论等手段对各类信息数据进行处理。模糊动态预测技术是一种基于模糊集合和动态规划方法的组合技术，它是一种非线性、非参数化和自适应的方法，可以处理不确定性、不完整性和不精确性等信息，将原有集合中的隶属关系扩大到能够取 0 和 1 之间任意的数据值，从而实现对模糊对象的有效刻画，解决复杂的决策问题。模糊动态预测技术的核心思想是将预测对象的各种不确定因素量化为模糊集合，然后利用动态规划方法对这些模糊集合进行建模和分析，从而得到预测结果，解决预测问题。

6.4.2 电网应急数据库融合技术

1. 数据融合技术与方法

1）人工神经网络

人脑是由极大量神经元组成的极复杂的信号处理系统，众多神经元之间相互连接的方式非常复杂，并且运用一种高度复杂的、非线性的、并行处理的方式处理信号。人工神经网络（Artificial Neural Network，ANN），是借鉴人脑中神经元对信号处理的方式和特点，构建出类似人脑神经元的节点，并用数学方式，将节点互连组成一个非线性的、并行处理功能的动力学系统。人工神经网络虽是一种模仿大脑的运算模型，但它与大脑神经运作方式无法相比。人工神经网络是对人脑神经元网络的信息处理方式进行抽象、简化，拟定出相应的数学模型，再利用计算机技术进行仿真。大脑神经过抽象、简化后形成神经元，神经元是人工网络的基本处理单元，大量元连接起来分布并行。这种神经之间连接的核心思想是"信号"传递，关键在于神经元之间的可变权值。BP 神经网络（Back Propagation neural network），其中 Back Propagation 是反向传播的意思。实际上是指误差按网络方输入层在系统中相当于外界刺激，中间区域的隐含层，是信号在神经网络内传递过程表示外界的隐含层，是信号在神经网络内传递过程表示外界元经过多次传播后的结果。BP神经网络构架如图 6-31 所示。

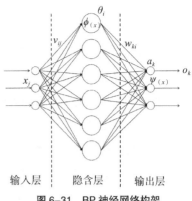

图 6-31　BP 神经网络构架

图 6-31 中变量含义如下所示：

x_j 表示输入层第 j 个节点的输入 $j=1, \cdots, M$；

v_{ij} 表示隐含层第 i 个节点到输入层第 j 个节点之间的权值；

θ_i 表示隐含层第 i 个节点的阈值；

$\Phi(x)$ 表示隐含层的激励函数；

w_{ki} 表示输出层第 k 个节点到隐含层第 i 个节点间的权重值，$i=1, \cdots, q$；

a_k 表示输出层第 k 个节点的阈值，$k=1, \cdots, L$；

$\Psi(x)$ 表示输出层的激励函数；

o_k 表示输出层第 k 个节点的输出。

2）粒子群算法

粒子群算法（Particle Swarm Optimization，PSO）是在 1995 年由 Eberhart 和 Kennedy 提出，其基本思想源于鸟群捕食行为的启发。在粒子群算法中，粒子（Particle）相当于鸟群中个体的鸟，可以是一个数或向量等。每个粒子通过适应度函数来评价它的适应度，粒子有它的位置，还有一个飞行速度值。设 $X_i=(x_{i1}, x_{i2}, \cdots, x_{in})$ 为粒子 i 的当前位置，$V_i=(v_{i1}, v_{i2}, \cdots, v_{in})$ 为粒子 i 的当前飞行速度，$P_i=(p_{i1}, p_{i2}, \cdots, p_{in})$ 为粒子 i 所经历的适应值最好的位置，粒子在搜索的过程中，根据如式（6-114）、式（6-115）来更新自己的速度和位置：

$$vid = w_{vid} + c_1 randid(pid-xid) + c_2 randpd(pgd-xid) \quad (6-114)$$

$$xid = xid + vid \quad (6-115)$$

式中　w_{vid} ——粒子惯性权重；

　　　xid ——粒子当前位置向量，m；

　　　vid ——粒子运动速度向量，m/s；

　　　pid ——粒子个体位置最优值，m；

　　　pgd ——群体最优值，m；

　　　c_1、c_2 ——加速因子；

$randid$、$randpd$ ——随机数。

这样，依据自己个体的极值和全局极值，各个粒子进行反复动态调整。直到找到最优解。

3）数据清洗技术

电力灾害大数据的规模庞大、增长迅速、类型繁多、结构差异已成为不得不面对的问题。"脏数据"会影响数据的质量，因此数据清洗是必不可少的步骤。只有通过数据清洗后得到的干净、有意义、高质量的数据，才可能通过之后的分析与挖掘技术得到让人放心的、有具体意义的情报。

（1）数据清洗技术概述

电力灾害统计数据需要从多个业务系统中抽取已存在的或者新输入的数据，这样极有可能会带来错误、互相冲突的数据，这类数据不可加以利用的，称其为"脏数据"。数据库中的"脏数据"一般会表现出如下情况：错误值、重复记录、拼写问题、不符合要求的值、空值、不一致值、破坏数据实体完整性、参照完整性与用户定义完整性等。另外，从多种数据库源头提取数据时，因为数据库的逻辑结构、物理结构设计形式各异，当在多数据源抽取数据时，会存在不一致或冗余的信息。若不实施清洗，这些"脏数据"会污染已存储的信息，降低数据库的执行效率，破坏数据之间的一致性，影响数据库实用价值。简单来说，通过检测和处理"脏数据"，合成和消解一部分数据等方式，提升数据质量的这个过程就可以认为是数据清洗技术。

（2）数据清洗的基本流程

数据清洗的核心思想是回溯。一般情况下，数据清洗的基本流程主要包括4个部分，其BP数据清洗流程如图6-32所示。

①数据分析

数据分析指分析数据库中"脏数据"的产生原因、类型、定义规则等。挖掘数据属性之间存在的约束关系。数据分析技术可以纠正错误值、填充缺失值、识别多数据源带来的重复记录问题。

②定义清洗转换规则

根据数据源的个数、数据源中"脏数据"的

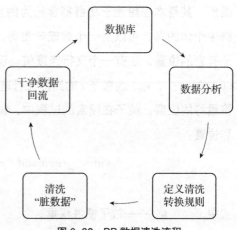

图6-32 BP数据清洗流程

数量与合适的算法来定义数据清洗的规则。需要验证和评估所定义的规则的正确性和效率，可以利用小范围的数据样本进行清洗实验，根据清洗的反馈结果不断调整和改进规则。

③清洗"脏数据"

为防止清洗过度与失误，清洗之前需要备份源数据；然后根据"脏数据"的特征与性质，进行不同步骤的清洗工作。

④干净数据回流

数据进行过清洗以后，"洁净"的数据就可以代表整个数据集合。如此便可以提高数据质量，减少重复工作，节省物力人力成本。

(3) 数据清洗的对象

按模式概念来区分，数据清洗的主要对象分为：一类与模式层数据有关；另一类则与实例层数据有关。数据清洗的技术也因二者有所不同。

① 模式层的数据清洗方法

模式层的数据主要有：命名冲突、属性冲突与结构冲突。

命名冲突包括两部分：同名异义和异名同义。前者指不同含义的数据对象在不同的应用中采用相同的名称，后者指同一含义的数据对象在不同应用中具有不完全一致的名称。命名冲突可能会发生在实体、联系或属性上；

属性冲突可分为属性域、属性取值单位冲突，前者包括属性值的类型、取值范围等；

结构冲突指同一数据对象在多个数据源头中使用不同的表示而导致的。例如有类型不一致、关键字相异、破坏唯一值约束、破坏参照完整性约束、破坏用户定义完整性等。

② 实例层的数据清洗方法

实例层"脏数据"清洗方法主要分为属性值错误与重复记录两种情况。

属性值错误主要有，空值与错误值。空值又可分为两种：一是指数据本来存在但并未存入数据库，二是数据本身就不存在；错误值指原始数据录入产生错误或者由于一些其他原因导致数据发生错误。

重复记录：数据清洗中最常见的问题也有多数据源带来的重复信息。冗余的数据可能会影响数据仓库查询与更新效率的低下，大幅度降低数据库使用价值。按数据源个数区分，数据清洗的对象又可分为单数据源数据和多数据源数据两方面，与提及的模式层、实例层数据做简单组合之后，可以将数据质量问题归结为 4 类：单数据源模式层问题、单数据源实例层问题、多数据源模式层问题、多数据源实例层问题。

(4) 属性值清洗

数据清洗主要包括：检测、清洗属性值错误的方法和重复记录的算法。具体的 BP 数据清洗工作划分如图 6-33 所示。

清洗属性值错误，先要检测其存在的错误，将错误值转换为空值，再针对空值进行处理。当数据集规模较大的时候，可以大幅度减少工作量，提高属性值错误的清洗效率。

① 属性值清洗

检测属性值错误的方法大致有：聚类算法、关联规则算法与基于概率统计的方法。

聚类算法亦可被称为点群剖析，它是研讨如何分类多因素的一种方法。其核心思想按照样本属性，用数学的方法根据某种相似性、差异性指标确定样本之间的亲疏程度，并使用不同的算法对样本按照亲疏程度进行聚类；

关联规则算法由两个步骤组成：第一步利用已知知识修改规则，采用迭代算法是找出

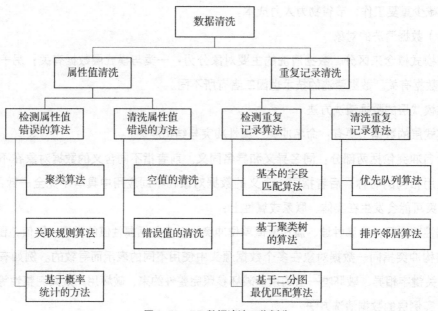

图 6-33 BP 数据清洗工作划分

所有频繁的、精确的、可能的规则集合；第二步采用启发式的方法构造分类；

最常见的基于概率统计的方法就是切比雪夫定理。任意一个数据集中，求出其平均数与标准差，位于其平均数的 n 个标准差范围内的比例总是至少为 $1-1/n^2$ cn 为大于 1 的任意正数），或可以表述为位于其平均数的 n 个标准差范围外的比例总是不多于 $1/n^2$。对于某一数据集，若 $n=2$，表示至少有 75% 的数据位于数据集平均数的 2 个标准差范围内；若 $n=3$，至少有 88.9% 的数据位于数据集平均数 3 个标准差范围内。切比雪夫定理计算公式通常表示为式（6-116）：

$$P（\mu-n\alpha<X<\mu+n\alpha）\geqslant 1-1/n^2 \quad (6-116)$$

式中　$P（\mu-n\alpha<X<\mu+n\alpha）$——切比雪夫定理所计算出的概率值；

　　　　X——数据集；

　　　　n——标准差的个数；

　　　　μ——数据集均值；

　　　　α——数据集的标准差。

②检测属性值错误的算法比较

聚类算法按照某种标准将数据集分组为若干簇，具有高度相似性的数据一般进入同一簇中，簇间差异较大。聚类算法多用于检测一些偏离正常数据程度较大的孤立点；关联规则算法不太容易受到数据分布情况的干扰，虽然可以检测出较多的"脏数据"，但很难检测出异常的孤立点。为了兼顾聚类算法检测孤立点的能力和关联规则算法检测大量数据的特性，采用基于概率统计的方法即可，该方法能快捷、高效的检测出这些"脏数据"。

（5）重复记录清洗

数据源为多个时，在集成的过程中可能存在输入错误，数据的格式与拼写各异，导致数据库管理系统无法识别一个对象的多条重复记录。如此，会降低数据库数据的利用率。

重复记录的危害主要有以下两点。破坏一致性，在数据库中使用不尽相同的关键字来标识同一记录，虽可在一定程度上互为补充，但会造成数据冗余，甚至导致数据矛盾。对象状态发生改变的时候，数据库管理员或数据库管理系统在某些情况下可能只会更新重复记录中的某一部分记录，剩余记录维持原态，这样就可能造成同一对象的多个记录所含意义不再一致，破坏信息的一致性，导致今后数据利用的不便与低效。资源浪费，重复记录不仅会带来数据冗余，还会占用数据库存储空间，提高管理成本，降低数据库性价比，甚至会滋生数据用户的不满情绪。

重复记录清洗的本质是数据删除，对提高、优化存储系统的存储性价比、操作性能、利用价值、使用效率有着重要作用。首先检测重复记录，得到已筛选的数据集之后，只保留每一批重复记录的第一条记录，其余每批中重复的记录直接删除。最简单的检测办法是直接两两比较数据仓库中每条记录，但该算法过于繁琐过于耗费资源，时间复杂度较高，比如记录的总数为 N，只是检测重复记录就需要 $N \times (N-1)/2$ 次比较，时间复杂度为 $O(N^2)$。所以采用"排序合并"方法，此方法亦简单明了，核心思想为：首先对待检测的数据集进行排序操作，再比较相邻记录是否相等，若相等则进行记录合并或删除置空。

排序邻居算法（Sorted-Neighborhood Method，SNM）包括以下3步：从数据仓库中选取关键词；对记录排序；最后进行检测，在有序的记录集上顺序移动滑动窗口，只比较窗口内的记录判定其是否重复。

排序首先是需要从数据仓库中选取关键词，这里选取评估指标作为关键词。其次采用基数排序进行关键字的排序。因为统计的电力灾害数据大致处于同一范围之内而且用指标属于关键字排序，由于电量数据的特点具有时序性，统计数据大致逐渐递增，已大致有序，选取基数排序更为方便高效。

基数排序利用"分配"和"收集"两类基本操作进行排序。这里只介绍最低位优先排序：假设待排序记录表是由结点 $(a_0, a_2, \cdots, a_{n-1})$ 构成，d 元组 $(kj_{d-1}, kj_{d-2}, \cdots, kj_1, kj_0)$ 组成每个结点的关键字，其中 $0 \leq kj_i \leq r-1$（$0 \leq j < n$，$0 \leq i \leq d-1$）。排序时利用 r 个队列 $(Q_0, Q_1, \cdots, Q_{r-1})$。排序过程如下。

首先对（$i = 0, 1, \cdots, d-1$），依次做一次"分配"与"收集"；

其次分配：开始时，把 $(Q_0, Q_1, \cdots, Q_{r-1})$ 队列置空，然后依次考察线性表中的每一个结点 a_j（$j = 0, 1, \cdots, n-1$），如果 a_j 的关键字 $kj_i = k$，就把 a_j 放进 Q_k 队列中；

最后收集：先首尾相接各个队列中的结点，得到新的结点序列组成新的线性表。每趟排序需要的辅助空间为 r（r 个队列），因此基数排序的空间复杂度为 $O(r)$。再来考虑时间复杂度，基数排序需要 d 次分配与收集，每趟分配的时间为 $O(n)$，每趟收集的时间为 $O(r)$，故基数排序总的时间复杂度为 $O[d(n+r)]$。

在已有序的数据集设定一个判断窗口，窗口大小小于数据集大小，用于查找、判断重复记录。每次只针对滑动窗口内部的记录进行判断，通过一一比较判断其是否存在重复。如果窗口大小为 w 个记录，当窗口移动时，原窗口中的第一条记录移出，新进来的记录与原 $w-1$ 条记录比较判定是否重复。在利用 SNM 算法发现重复记录之后，保留重复的第一条记录，剩余记录直接合并删除。SNM 判断重复记录算法示意如图 6-34 所示。

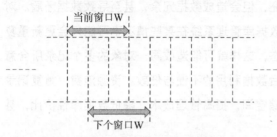

图 6-34　SNM 判断重复记录算法示意

4）多源数据一体化融合技术研究

（1）数据融合基本原理

数据融合的基本原理像人脑综合处理信息一样充分利用多个传感器资源，通过对这些传感器及其观测信息的合理支配和使用，把多个传感器在时间和空间上的冗余或互补信息依据某种准则进行组合，以获取被观测对象的一致性解释或描述。

数据融合系统也就是将由来自各数据源的各种实时、非实时、准确、模糊、速变、渐变、相似或矛盾的数据进行合理的分配和使用，依据某种特定规则对这些冗余或互补的信息进行综合分析处理，从而获得对被测量对象的综合性描述。

多源数据融合的原理如下：

①对目标进行多类数据采集；

②对收集的数据进行特征提取，提取表示目标测量数据的特征矢量；

③利用人工智能或其他的可以将目标的特征矢量转换成属性判决的模式识别等方法对特征矢量进行有效的模式识别处理，完成各传感器数据关于被测目标的说明；

④根据前一步的结果，将目标的说明数据进行同一目标的关联分组；

⑤利用适当的融合算法将按每个目标的分组数据进行合成，得到被测目标的更精确的一致性解释与描述。

（2）数据融合层次

根据各预警监测手段获得的识别、告警结果数据，构建电力设施应急指挥综合数据库与灾损模型库，按照数据特性将其分类为非结构化、半结构化与结构化数据，采用信息融合技术将三者完成融合。结构化数据由明确定义的数据类型组成，其模式可以使其易于搜索，对于计算机而言，结构化数据的读取与处理相对便捷；非结构化数据具有内部结构，但不通过预定义的数据模型或模式进行结构化；半结构化数据，虽不符合关系型数据库或其他数据表的形式关联起来的数据模型结构，但包含相关标记，用来分隔语义元素以及对记录和字段进行分层。

针对电力设施应急指挥综合数据库与灾损模型库数据，充分利用不同时间和空间的多源信息资源，采用计算机技术对各类数据信息在一定准则下加以自动分析、综合、支配和使用，从而获得与被测对象的一致性描述与解释，以完成所需的决策和估计任务，使系统获得比它的各组成部分更优越的性能而进行的数据处理过程。根据数据抽象的层次来分类，即把数据融合分为3级：数据级融合、特征级融合和决策级融合。

以多传感器数据融合为例。数据级融合过程如图6-35所示，首先将全部传感器的观测数据融合，然后从融合的数据中提取特征向量，并进行判断识别。数据级融合是直接在采集到的原始数据层上进行的融合，在各种传感器的原始测量未经处理之前就进行数据的综合和分析，这是最低层次的融合。

数据级融合的优点是能保持尽可能多的现场数据，提供其他融合层次所不能提供的细微信息。但其所要处理的基础数据量太大，处理代价高，处理

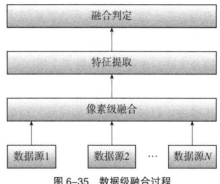

图6-35 数据级融合过程

时间长，实时性差。这种融合是在信息的最底层进行的，传感器原始信息的不确定性、不完全性和不稳定性要求在融合时有较高的纠错能力。数据级融合是在原始数据经过很小程度的处理后进行的，因此保留了较多的原始信息。融合结果具有最好的精度，可以给人更加直观、全面的认识。但这种融合方式的数据处理量大，实时性差。

特征级融合过程如图6-36所示。从各个数据器提供的原始数据对有代表性的特征进行提取，把这些特征融合成单一的特征向量，然后用模式识别的方法进行处理。因此，在融合前进行了一定的信息压缩，有利于实时处理。同时，这种融合可以保持目标的重要特征，提供的融合特征直接与决策推理有关，基于获得的联合特征矢量能够进行目标的属性估计。其融合精度比像素级差。

决策级融合过程如图6-37所示，决策级融合是指在融合之前，各传感器数据源都经过变换并获得独立的身份估计。信息根据一定准则和决策的可信度对各自传感器的属性决策结果进行融合，最终得到整体一致的决策。这种层次所使用的融合数据是一种相对最高的属性层次。这种融合方式具有好的容错性和实时性，可以应用于异质传感器，而且在一个或多个传感器失效时也能正常工作。其缺点是预处理代价高。

（3）多源信息融合

多源信息融合又称多传感器信息融合，是指充分利用不同时间和空间的多传感器信息

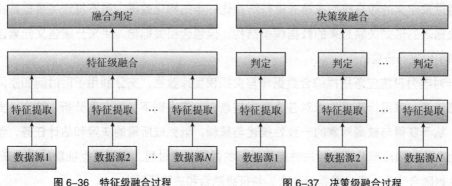

图 6-36　特征级融合过程　　　　图 6-37　决策级融合过程

资源,在一定准则下采用计算机技术对按时序获得的多传感器观测信息加以自动分析、综合和支配,为完成所需的决策和估计任务而进行的信息处理过程。图 6-38 表示了多源信息融合体系,虚线框内为融合主体。

多源信息融合充分利用并合理分配多传感器资源,检测并提取观测数据,然后把多传感器在时间或空间上的冗余、竞争、互补和协同信息,在领域知识的参与指导下,依据相关准则来指导及管理传感器以最佳能效比进行融合。相比单个传感器以及系统各组成部分的子集,整个系统不但具有更精确、更明确的推理,以及更优越的性能,而且还具有减少状态空间的维数、改善量测精度、降低不确定性、提高决策鲁棒性、解决冲突问题和节约成本等特点。由此可知,多传感器系统是多源信息融合的硬件基础,多源信息是加工对象,协调优化和综合处理是核心。多源信息融合强调信息的全空间性、综合性和互补性。

多源信息融合有数据级融合、特征级融合和决策级融合。数据级融合是直接对传感器的观测数据进行融合处理,然后基于融合后的结果进行特征提取和判断决策;特征级融合是每个传感器先抽象出自己的特征向量,然后由融合中心完成融合处理;决策级融合是每个传感器先基于自己的数据做出决策,然后由融合中心完成局部决策。数据融合层次模型如图 6-39 所示。

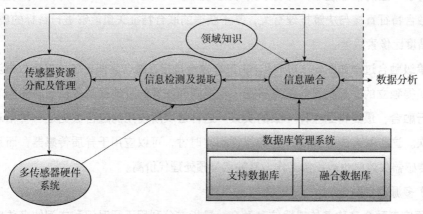

图 6-38　多源信息融合体系

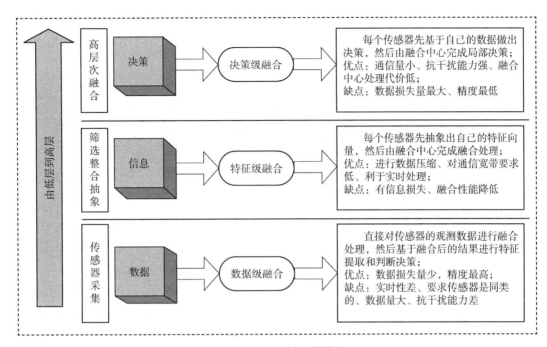

图 6-39 数据融合层次模型

2. 多元信息采集—灾损模型库—应急指挥综合数据库信息集成融合技术方案

1) 多元信息采集研究

（1）现场信息采集

现场信息包括设备状态、灾损情况，以及现场环境参数等。本书中采集现场数据主要计划通过传感器以及图像识别得到。

电力传感器常见于输变电设备信息采集。对于输电设备，主要监测内容以输电设备运行状况及运行环境为主，可有效提升对输电线路发生覆冰、杆塔倾斜、导线风偏垂弧等情况的感知及预警能力，对于实现输电设备运行状态的动态全时监测有重要推动作用。对于变电设备，主要包括变压器铁芯电流、油色谱、GIS 局放和避雷器绝缘等内容。以电力物联网传感器技术为基础的在线监测一方面可以实现设备运行信息的高敏采集，另一方面可以实现变电设备预试项目的在线化管理，从而进行设备运行状态的在线诊断与评估。

图像识别技术主要用于电力设备总体损毁情况的识别，机器视觉智能识别采集技术原理如图 6-40 所示。识别算法的研究将主要从应急处置需求的角度出发，算法识别的结果将用于完成电力设备维修所需投入资源数量的估算以及后续研究工作，为应急决策提供直接参考信息。采用图像信息对电力设备进行识别流程如下。

①图像预处理

图像获取过程和传输过程造成图像存在着噪声和其他不利于图像分析的因素，因此图

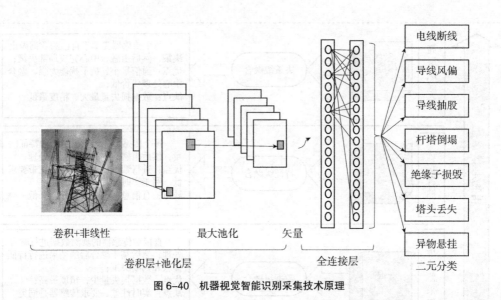

图 6-40 机器视觉智能识别采集技术原理

像分析的首要步骤是前期处理工作,提高图像的质量。主要利用低通滤波去除图像噪声,提高图像的质量。

②图像配准

不仅由红外图像到可见光图像识别电力设备需要图像配准,在巡视获取的图像与历史数据库图像比对中,由于拍摄存在着角度和局部区域的差异,为方便后面的特征提取工作,要对这些存在着偏差的图像进行配准也是必要的一步。可采用基于特征匹配的方法,利用 SIFT 算法提取特征点,并处理两幅图像之间发生平移、旋转、仿射变换、视角变换等情况下的匹配问题,使光照变化具有很好的鲁棒性,可以以很高的概率进行匹配。

③图像特征提取

图像特征是指图像场的原始特性或属性。其中有些是图像直接感受到的自然特征,有些是需要通过变换或测量才能得到的人为特征。在巡视中,图像的颜色、形状和纹理都可作为自然特征,而灰度、直方图和红外温差的均可作为人为特征。特征提取要着重考虑提取的特征对后面识别过程的准确、快速性带来的效益。

(2)公共信息采集

通过将分布在与电力相关部门的数据经数据中心完成数据交换,再通过数据交换与共享系统完成数据融合。政府专业部门告警、预警数据(如:气象、国土、森林等政府职能部门相关数据)通过数据接入平台接入数据,之后通过数据交换与共享系统完成数据交换、审核等工作,为系统的数据整合提供有效的技术解决方案。

2)灾损模型库构建

基于第 6.3 节构建的地震、滑坡、台风、暴雨洪涝、雨雪冰冻灾害城市电网灾害事件损失模型,使用编程语言构建数学模型,将灾害相关多元信息作为参数输入灾损评估模型,分析灾害对电网设备的影响。多元信息输入与灾损评估模型库示意如图 6-41 所示，将采集的现场以及公共应急信息作为输入参数，根据灾害种类，输入到对应的灾损评估模型中，得到灾损评估结果，为城市电网损失预测和应急指挥提供数据支撑。

3）应急指挥综合数据库与指挥系统研究

基于应急指挥基础信息与灾损评估信息，建立应急指挥综合数据库，如图 6-42、图 6-43 所示，综合分析应急指挥中现场信息、公共应急信息、电网运行信息、电力用户信息、应急队伍信息、应急资源信息，以及舆论舆情信息等，研究多元信息采集—灾损模型

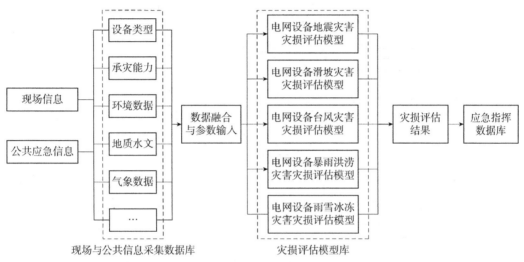

图 6-41 灾损评估模型库示意

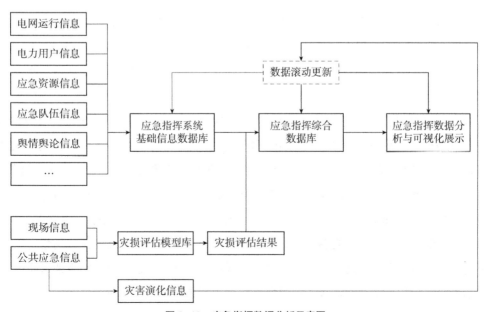

图 6-42 应急指挥数据分析示意图

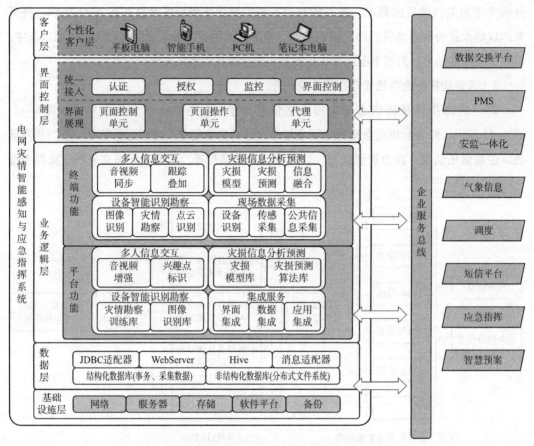

图 6-43 城市电网灾情智能感知与应急指挥原型系统功能框架图

库—应急指挥综合数据库信息集成融合方法,设计开发灾损预测与分析功能模块,该功能模块可接入城市电网灾情智能感知与应急指挥系统。

通过该系统查看预警监测信息、台风监测信息、暴雨洪涝信息、雨雪冰冻信息、地震信息、滑坡信息、应急处置、工作交流、公共信息等模块。

台风监测信息包括台风路径、卫星云图、雷达图、全网站线、灾情速递、灾损感知,其中台风路径可以查看台风的实时路径、预测路径、台风风速、气压、移动速度等信息;卫星云图可以查看当前情况下的卫星云图信息,叠加显示卫星云图辅助判断台风发展趋势;雷达图可以查看当前情况下的雷达图信息,叠加显示雷达图辅助判断台风发展趋势;全网站线可以展示电网 GIS 站线信息,通过台风经过路径以及预测路径可以分析变电站、线路、台区用户的受影响情况,并能够预测台风发展路径的灾损情况;灾情速递分为信息快报和险情速递,信息快报主要是通过固定的信息模板报送当前的灾损信息,险情速递主要是通过移动端实现现场险情的快速报送;灾损感知分为灾损感知统计和灾损感知明细,通过无人机拍摄的画面,智能判断当前设备的灾损情况。

暴雨洪涝信息包括暴雨灾损预测、卫星云图、雷达图、全网站线、灾情速递、灾损感知，其中暴雨灾损预测可以查看当前的降雨地区、有效降雨量、降雨灾害概率等信息；卫星云图可以查看当前情况下的卫星云图信息，叠加显示卫星云图辅助判断降雨发展趋势；雷达图可以查看当前情况下的雷达图信息，叠加显示雷达图辅助判断降雨发展趋势；全网站线可以展示电网 GIS 站线信息，通过降雨范围及预测降雨量可以分析变电站、线路、台区用户的受影响情况；灾情速递分为信息快报和险情速递，信息快报主要是通过固定的信息模板报送当前的灾损信息，险情速递主要是通过移动端实现现场险情的快速报送，灾损感知分为灾损感知统计和灾损感知明细，通过无人机拍摄的画面，智能判断当前设备的灾损情况。

雨雪冰冻信息包括降雪灾损预测、卫星云图、雷达图、全网站线、灾情速递、灾损感知，其中降雪灾损预测可以查看当前的降雪地区、覆冰厚度、单位长度总负载率等信息，卫星云图可以查看当前情况下的卫星云图信息，叠加显示卫星云图辅助判断当前降雪发展趋势，雷达图可以查看当前情况下的雷达图信息，叠加显示雷达图辅助判断当前降雪发展趋势，全网站线可以展示电网 GIS 站线信息，通过降雪范围及预测降雪情况可以分析变电站、线路、台区用户的受影响情况，灾情速递分为信息快报和险情速递，信息快报主要是通过固定的信息模板报送当前的灾损信息，险情速递主要是通过移动端实现现场险情的快速报送，灾损感知分为灾损感知统计和灾损感知明细，通过无人机拍摄的画面，智能判断当前设备的灾损情况。

地震信息可以通过筛选条件查看 3 天、7 天、15 天不同时间段的各类地震信息，还可以通过筛选条件查看 4.0 级以下、4.0～6.0 级、6.0 级以上地震信息，震情速递可以查看当前地震发生的区域（含经纬度信息）、预测设备受损信息（含变电站、杆塔信息），卫星云图可以查看当前情况下的卫星云图信息，叠加显示卫星云图辅助判断当前天气情况，雷达图可以查看当前情况下的雷达图信息，叠加显示雷达图辅助判断当前天气发展趋势，全网站线可以展示电网 GIS 站线信息，通过地震信息可以分析变电站、线路、台区用户的受影响情况，灾情速递分为信息快报和险情速递，信息快报主要是通过固定的信息模板报送当前的灾损信息，险情速递主要是通过移动端实现现场险情的快速报送，灾损感知分为灾损感知统计和灾损感知明细，通过无人机拍摄的画面，智能判断当前设备的灾损情况。

滑坡灾害信息包括滑坡灾损预测、卫星云图、雷达图、全网站线、灾情速递、灾损感知，其中滑坡灾损预测可以查看当前的降雨滑坡地区、滑坡灾害概率等信息，卫星云图可以查看当前情况下的卫星云图信息，叠加显示卫星云图辅助判断当前降雨发展趋势，分析引发滑坡的可能性，雷达图可以查看当前情况下的雷达图信息，叠加显示雷达图辅助判断当前降雨发展趋势，辅助分析滑坡情况，全网站线可以展示电网 GIS 站线信息，通过降雨引发滑坡可以分析变电站、线路、台区用户的受影响情况，灾情速递分为信息快报和险情速递，信息快报主要是通过固定的信息模板报送当前的灾损信息，险情速递主要是通过移动端实现现场险情的快速报送，灾损感知分为灾损感知统计和灾损感知明细，通过无人机拍摄的画面，智能判断当前设备的灾损情况。

综上，本节介绍了数据融合技术与方法，给出了多元信息采集—灾损模型库—应急指挥综合数据库信息集成融合技术方案，设计了应急指挥综合数据分析模块在应急指挥系统中的功能与定位，可为应急指挥与决策提供数据支撑与辅助参考。

6.4.3 模糊动态电网多灾损失预测技术

地震、滑坡、台风、暴雨洪涝、雨雪冰冻等地质与气象灾害近年时有发生。这些灾害具有破坏性强，连锁反应显著的特点，给杆塔、线路、变电站等电力设施构成了极大的威胁。地质与气象类灾害往往不会单一出现，而是伴随着次生灾害或与其他灾害同时发生。对于单一发生的气象与地质灾害，当前的电力设施灾损预测技术能够基于灰色关联度、petri 网络、模糊评价、人工神经网络等方法得到较准确的预测结果。但是，对于多灾种并发或灾害链综合作用下的电力设施灾损预测则较为少见。灾害发生后，为尽快评估灾害损失，有必要研究多灾种融合灾损预测模型，实现对多灾种和灾害链综合作用下的电力设施损毁程度快速评估，预测电力设施受影响后产生的负荷损失以及经济损失，为应急决策提供依据。

模糊动态电网多灾损失预测可分为多灾种并发作用评估以及灾害链综合作用评估。如图 6-44，融合气象、设备、环境、灾害等多源信息，结合电网设备灾损评估模型，评估多灾种并发作用下的电网设备损毁情况，以及灾害链综合作用下的电网设备损毁情况。

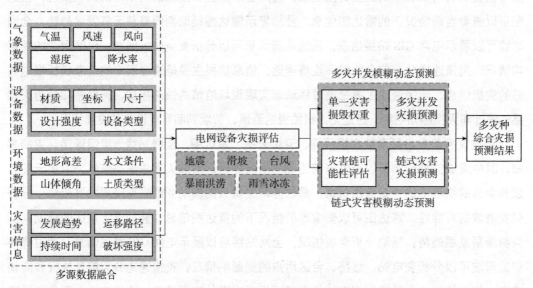

图 6-44 基于多源数据的模糊动态电网损失预测技术示意图

1. 多灾种并发作用城市电力设施灾损模糊动态预测

采用专家评价的方式对多灾种并发灾害进行灾损模糊动态预测。对于某一区域内电力设备，结合电力设备的设计、建造与使用状况、气象条件、地形地质条件、电力设备使用时间、维护频率、抗灾防护构造等实际情况，对受灾区域内地震、滑坡、台风、暴雨洪涝、雨雪冰冻灾害对于电力设备（杆塔、线路、变电站）的损毁程度进行评估，采用毕达哥拉斯模糊集的方式确定单一灾害损毁权重值 ω_i，进而得到单一灾种电网灾损预测结果 P_{d_i}。具体如下。

对于某一区域内电力设备，分别就地震、滑坡、台风、暴雨洪涝、雨雪冰冻灾害造成的单一灾害损毁权重值进行评价，确定各灾害评价指标隶属度 μ_i 与非隶属度 v_i（$i=1$、2、3、4、5 时分别表示地震、滑坡、台风、暴雨洪涝、雨雪冰冻，$j=1$、2……分别表示不同设备），结合毕达哥拉斯模糊集理论，计算犹豫度与毕达哥拉斯模糊熵，进而得到单一灾害损毁权重值 ω_i。

分别就地震、滑坡、台风、暴雨洪涝、雨雪冰冻灾害对电网设备造成的损毁严重程度进行预测计算，得到结果 P_{ij}。

计算单一灾种对电网设备的损毁预测结果，见式（6-117）：

$$P_{d_i} = \left[1 - \prod_{j=1,2,3}(1-P_{ij})\right]\omega_i \quad (6-117)$$

在分析区域发生两种或以上灾害之后，根据气象部门、地震部门灾害速报信息等，判定灾害种类，收集灾害基本信息，研判单一灾害影响范围，预测单一灾害对电网设备的损毁程度。根据单一灾害损毁权重值，评估多灾种并发作用下设备的损毁程度。对于一定区域内电网设备，多灾种并发作用下电网设备综合受损概率 P 可写为式（6-118）：

$$P = 1 - \prod_{i=1,2,\cdots}(1-P_{d_i}) \quad (6-118)$$

式中，i 的值由实际灾害种类决定，$i=1$、2、3、4、5 时分别表示地震、滑坡、台风、暴雨洪涝、雨雪冰冻灾害。而对于某一设备而言，多灾种并发作用下该设备损毁程度 P_s 可写为式（6-119）：

$$P_s = 1 - \prod_{i=1,2,\cdots}(1-\omega_i P_{ij}) \quad (6-119)$$

综上，可在上述介绍的基础上，评价单一灾种对电网设备损毁程度，在此基础上根据式（6-117）~式（6-119）计算多种灾害综合作用下的城市电网设备损毁概率，得到多灾种并发作用下电网设备灾损预测评估结果。

2. 链式灾害综合作用城市电力设施灾损模糊动态预测

对于链式灾害综合作用城市电力设施灾损模糊动态预测，基于某一灾害造成的电力设

备损毁程度 P_{d_i}，分析该灾害引发次生灾害或灾害链的可能性 ε。结合单一灾害灾损预测结果，评估灾害链综合作用下电网设备的损毁程度 P_H 可写为式（6-120）：

$$P_H = 1 - (1-P_{d_i})(1-\varepsilon \times P'_{d_i})(1-\varepsilon' \times P''_{d_i}) \times \cdots\cdots \qquad (6-120)$$

式中 P'_{d_i}——次生灾害电网设备的损毁程度；

ε'——二次次生灾害可能性；

P''_{d_i}——设备的损毁程度预测结果。

设备投入使用时间不同因而故障率具有差异，考虑设备故障率可提升预测准确性。设备生命周期分布可用威布尔分布描述，而故障率函数可写为式（6-121）：

$$h(t) = \frac{1}{2\sqrt{t}}[\alpha + \beta(1+2\lambda t)\exp(\lambda t)] \qquad (6-121)$$

式中 $h(t)$——设备在投运 t 年时的故障率；

t——投运时间，年；

α、β——形状参数，$\alpha \geq 0$、$\beta \geq 0$；

λ——加速参数，$\lambda \geq 0$。

则考虑设备故障率的某设备损毁程度 P_s 可写为式（6-122）：

$$P_s = 1-(1-P_s)[1-h(t)] \qquad (6-122)$$

对于链式灾害，除分析原生与次生灾害对电力设施损毁程度之外，还需考虑原生与次生灾害诱发关系，建立原生—次生灾害链关系式，综合评价链式灾害对城市电力设施的影响。

综上，本节介绍了多灾种并发情况下以及链式灾害作用情况下模糊动态电网多灾预测技术，构建了灾损评估模型，可实现多灾种并发以及链式灾害作用下的城市电力设施灾损的快速评估。

在调研国内外城市电力设施安全综合预测预警现状、电网灾损信息融合分析与预测技术研究成果的基础上，本章重点介绍了城市电网内部诱因脆弱性评估方法，以及地震、滑坡、台风、暴雨洪涝、雨雪冰冻5种灾害的城市电力设施灾损预测模型。基于内外因不同信息类型选取数据融合方法，提出了灾损多元信息采集—灾损模型库—应急指挥综合数据库信息集成融合方法与技术方法，研究了城市电网应急指挥综合数据库与灾损模型的信息融合技术、模糊动态电网损失预测技术，主要包括以下4点：

提出了城市电网内部诱因脆弱性评估方法，对城市电网脆弱性的内因进行了分析，对城市电网设备脆弱性的内因进行了量化；

提出了地震、滑坡、台风、暴雨洪涝、雨雪冰冻5种灾害的城市电网灾损模型，根据灾害信息快速评估城市电力设备灾损情况，为灾后应急决策提供依据；

根据数据类型，研究了多元数据融合技术，提出了灾损多元信息采集—灾损模型库—应急指挥综合数据库的信息集成融合方法，提出了多元信息采集—灾损模型库—应急指挥综合数据库信息集成融合技术方案，设计了应急指挥综合数据分析模块在应急指挥系统中的功能与定位；

提出了多灾种并发以及链式灾害作用下的模糊动态电网多灾预测模型，提高了灾害对城市电网的损毁结果评估准确性，可实现多灾害并发作用下城市电力设施的损毁程度快速评估，为应急决策提供依据。

相关技术可应用于城市电力设施安全预测预警中各类应急灾损救援、应急指挥、灾损现场分析预测等应急工作中，提升灾害智能感知能力、实时交互能力、融合分析能力、态势预测能力，提高现场应急抢修作业效率。实现在灾害发生后第一时间快速的预测灾损，为应急指挥人员提供辅助支撑。

第 7 章 城市电力设施安全应急保障

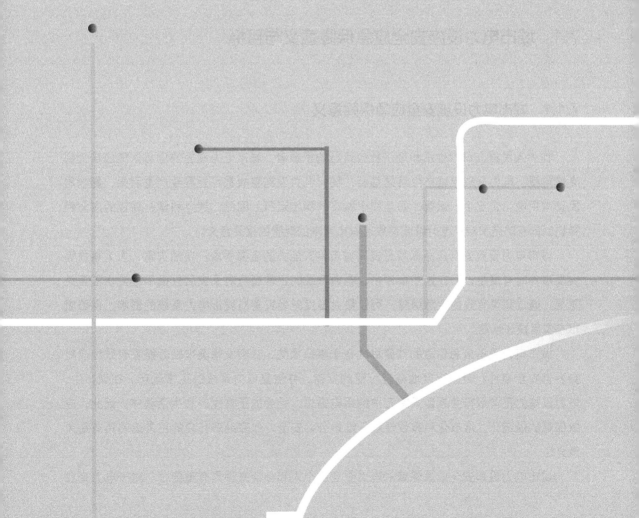

城市电力设施安全应急保障是现代城市管理不可或缺的一环，直接关系到城市居民的正常生活、社会经济的持续发展，以及城市基础设施的可靠运行。本章将深入研究城市电力设施安全应急保障的意义与目的、计划，以及技术与装备。着重讨论应急预案与资源保障、应急演练与技能培训、技术流程、应急联动，以及机制与责任等方面，通过对其现状和发展目标的探讨，旨在为建设更加安全、可靠的城市电力系统提供理论指导与实践支持。城市电力设施安全应急保障是确保城市电力系统在面临各类突发事件时能够迅速、有效应对的关键措施。

7.1 城市电力设施安全应急保障意义与目标

7.1.1 城市电力设施安全应急保障意义

作为人民群众日常生活和经济社会运行的承载者，城市电力设施的应急保障应当受到高度重视。电力是现代城市生活的基石，任何电力设施事故都可能导致严重后果，影响居民正常用电、企业生产运营，乃至整个城市的稳定运行。因此，建立科学、高效的应急保障机制具有防范和减轻电力设施事故对城市带来的危害的重要意义。

城市电力设施安全应急保障是提高城市抗灾能力的重要手段。自然灾害、人为事故等突发事件时有发生，而在这些事件中，电力系统的正常运行对于灾后救援和社会恢复至关重要。通过科学有效的应急保障，可以最大限度减轻灾害对城市电力系统的影响，保障城市在灾后快速恢复。

城市电力设备应急保障的首要目的在于事前预防，在突发情况来临时能够有效地应对突发性安全事件，最大程度地减轻可能的损害，并恢复电力系统的正常运行。在城市中，电力设施的正常运行关系到千家万户的用电需求，社会的正常生产和生活秩序。因此，应急保障的规范化、常态化和有效性对于维护公共安全、保障经济社会的正常运转具有重大意义。

城市电力设施安全应急保障对电力企业、个人和社会来说具有重要性。对于电力企业而言，规范化和常态化的电力应急保障，如应急预案、常态化应急演练和专项应急演练等能够减少事故的损失，保障电力系统的稳定和可靠，提升企业形象，降低经济损失。对于个人而言，电力是现代社会生活的基石，应急保障的成功将直接提升应急处置的有效性，并关系到居民的生活和安全。在社会层面，稳定的电力系统是经济、交通、医疗等各个领域正常运行的基础，应急处置的效果直接关系到社会的整体安全和稳定。

7.1.2 城市电力设施安全应急保障现状和目标

城市电力设施安全应急保障是城市运行的重要保障，涉及城市常态化运行、紧急自然灾害和重大活动保障等多个方面。针对这些情况，建立完善的保障预案、强化设备管理、优化调度运行、提供优质服务、加强电建安全和网络安全、确保应急资源后勤保障、加强综合协调等措施至关重要。应急保障的具体要素表现在应急电源保障、应急队伍保障、应急通信保障、应急物资保障、应急照明保障、应急后勤保障和应急指挥中心保障等方面。

城市常态化运行下，稳定的电力供应是城市经济社会发展的基础。为了保障城市的常态化运行，需要加强电力设施的管理和维护，确保电网设备的稳定和可靠。此外，优化电力调度运行，合理安排电力供需，保障城市各个领域的正常用电。

面对紧急自然灾害，如地震、台风等，电力设施安全应急保障显得尤为重要。在这种情况下，需要建立健全的应急预案，包括设备快速检修、电力调度调配、应急资源后勤保障等方面的措施。通过定期演练，提高各部门的应急处置能力，确保在灾害发生时能够及时有效地恢复电力供应。

承办重大活动期间，保障电力供应至关重要。除了设备管理和调度运行外，还需要提供优质的电力服务，确保活动期间各项电力设施运行稳定、安全。同时，加强电建安全和网络安全，防范各类安全风险，确保电力设施的安全运行。此外，加强应急资源后勤保障，确保在紧急情况下能够及时提供所需的物资和支援。综合协调各部门的工作，确保各项措施能够有效配合，保障重大活动的顺利进行。

1. 重大活动的应急保障现状与目标

1）现状

在重大活动中，城市电力设施安全面临着多方面挑战。活动期间电力需求可能剧增，电力设施的过载运行风险增加，同时可能受到人为破坏影响。当前，部分城市在重大活动前没有制定科学合理的电力设施安全应急保障计划，协同机制不够完善，导致在活动期间可能出现电力供应不稳定、故障处理滞后等问题。

2）目标

建立完备的城市电力设施安全应急保障体系。首先，制定科学合理的应急预案，包括对电力需求的精准估算、设备运行状况的实时监测等。其次，建立紧密的协同机制，包括与主办方、电力企业、交通等相关部门的密切合作，确保信息的及时共享和资源的有效协同。最后，通过多次演练和总结经验，逐步提高城市电力设施在重大活动期间的应急响应水平，保障电力系统的平稳运行。

2. 紧急自然灾害的应急保障现状与目标

1）现状

面对紧急自然灾害，城市电力设施安全应急保障现状也存在一些不足。自然灾害可能导致电力线路破坏、变电站受损等问题，影响电力供应稳定。目前，一些城市在自然灾害发生后，应急响应相对滞后，电力设施修复时间较长，给灾区居民和企业造成了不必要的困扰。

2）目标

提高城市电力设施对自然灾害的抗风险能力。首先，建立更为灵活、迅速的灾后电力设施修复机制，确保在自然灾害后能够迅速投入修复工作。其次，加强电力设施的抗灾设计，采用先进技术和材料，提高电力设备的抗灾能力。最后，通过提前对可能受灾区域的电力设施进行评估和强化，为自然灾害后的电力供应提供有力保障。

在应急保障的过程中，还应当注意建立更为紧密的协同机制。首先，城市电力设施安全应急保障需要涵盖多个部门、多个层级，要实现信息畅通、资源共享。通过建立联合指挥中心、跨部门应急联动机制，提高协同作战效率，确保在紧急情况下能够迅速响应。

其次，制定科学合理的应急预案。预案应基于先进的技术手段和科学的风险评估，提前制定不同场景下的应急措施，为应急决策提供明确的指导。通过不断优化和更新预案，确保其适应性和针对性。

最后，合理配置应急资源。城市电力设施安全应急保障需要明确资源的来源、储备和调配机制，确保在紧急情况下能够迅速调动所需的人力、物资和技术支持。

城市电力设施安全应急保障目标在不断加强和完善的过程中，要建立健全的保障预案和机制，强化设备管理和调度运行，提供优质服务，加强电建安全和网络安全，确保应急资源后勤保障，综合协调各方面工作，以应对城市常态化运行、紧急自然灾害和重大活动保电等各种情况，保证应急电源、应急队伍、应急通信、应急物资、应急照明、应急后勤和应急指挥中心等正常供应与运作，保障城市电力设施的安全稳定运行。城市电力设施安全应急保障在面临重大活动和紧急自然灾害两种状况时十分重要。当前的现状存在如协同机制不够紧密、应急预案不够科学、资源配置不够合理等问题。面对这些挑战，制定明确的发展目标势在必行。通过设立明确的目标，可以为城市电力设施安全应急保障提供明晰的方向和指引。

7.2 城市电力设施安全应急保障要素

城市电力设施安全应急保障是确保城市电力系统在突发事件和灾害发生时能够迅速、有效应对的核心工具。城市电力设施安全应急保障通常包含对应急电源、应急照明、应急队伍、应急通信、应急物资、应急指挥中心和应急后勤物资等要素,旨在建立一套科学合理、全面系统的指导方案,以提高城市电力设施的抗风险能力、保障电力供应的稳定性。

7.2.1 城市电力设施安全应急保障要素组成

城市电力设施安全应急保障是为了在灾害或紧急情况下确保城市电力系统能够高效、有序地应对的战略性措施。其重点是确保在紧急情况下能够有效、迅速地应对各种突发事件提供一套系统化、标准化的应急管理机制,为城市电力设施在面对各种紧急情况时能够有序、有效地进行应对提供了重要的保障和支持。

对于具体应急保障措施而言,主要包含应急电源、应急照明、应急通信、应急物资、应急后勤和应急队伍保障(图7-1)。

应急电源保障保证了城市电力设施供电的稳定,能够有效应对突发事件,提升电力设施抗灾能力。应急电源能够在主电源发生故障或灾害时提供备用电力,确保为城市电力设施的持续供电。这种备用电源可以是备用发电机、蓄电池或其他替代能源设备,能够在紧急情况下快速启动,减少停电时间,保障城市的基本生活和生产秩序。在自然灾害、恐怖袭击、事故等突发事件发生时,应急电源能够迅速投入使用,保障城市的基础设施和关键设施运行,维护公共秩序和社会稳定。例如,在地震、风暴或洪水等灾害中,应急电源可

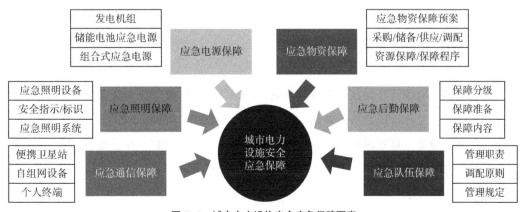

图 7-1 城市电力设施安全应急保障要素

以为医疗机构、交通系统、通信设施等提供必要的电力支持，保障救援工作和生活必需品的供应。通过建立完善的应急电源系统，提升城市电力设施的抗灾能力。即使面临严重的灾害或紧急情况，城市的电力供应仍能够得到有效保障，降低灾害造成的损失和影响。在应对极端天气、供电系统故障或人为破坏等情况时，应急电源系统能够起到关键作用，确保城市电力设施的运行稳定。

应急物资的储备可以增强电力设施的抗干扰能力。在面对恶劣天气、恐怖袭击或其他突发事件时，能够及时提供应急物资，有助于减少损失，保障城市电力供应的稳定和安全。

应急队伍保障保证了专业救援和维修能力，提供了专业的技术支持和指导，打造了一支"召之即来、来之能战、战之必胜"的专业队伍。应急队伍通常由经过专业培训的人员组成，具备故障诊断、修复和维护电力设施的专业能力。他们能够迅速响应、准确判断问题原因并采取必要的应急措施，从而保障电力设施的安全和稳定运行。应急队伍通常拥有丰富的经验和技术知识，能够为现场工作人员提供技术支持和指导。在应对复杂故障或灾害时，他们的专业建议和指导可以帮助现场工作人员更有效地开展工作，提高故障排除效率，降低事故风险。应急队伍在应急情况下扮演着组织和协调的角色，能够迅速调动资源、协调各方合作，组织应急行动。他们的存在可以有效整合现场资源，提高应对突发事件的整体效率和响应速度。

应急后勤保障明确了后勤保障的分级、准备和具体内容。应急后勤保障确保了必要的物资如燃料、备用设备、通信工具等的充足供应和有效管理。这些物资是维护电力设施安全运行的基础，能够在紧急情况下迅速提供必要支持，确保设施的连续供电。应急后勤保障提供了人员支援和调度的体系，能够迅速调配人力资源响应突发事件，包括人员安全、生活保障、交通调度等方面，保障应急队伍能够高效地到达事发现场并展开工作。后勤保障提供了通信设备和信息管理系统，确保在应急事件中各个部门之间能够及时、准确地传递信息和指令。这有助于协调各方合作、高效应对突发事件，并及时调整应急措施以应对不断变化的情况。

7.2.2 城市电力设施应急电源保障

应急电源保障保证了城市电力设施供电的稳定性，能够有效应对突发事件，提升电力设施抗灾能力。应急电源装备如柴油、汽油发电机组、UPS 电源、EPS 电源等是城市电力设施应急电源储备，且在应急响应时广泛使用。下面主要介绍额定交流电压 220～440V、额定频率 50Hz、额定容量 2.5～2000kVA 的电力应急电源的装备分类、工作环境条件、安全要求和性能要求等。

1. 应急电源分类

1）按移动方式分类

（1）固定式

采用永久安装方式的永久电源装备。

（2）非固定式

采用非永久安装方式的应急电源装备，有以下两种：

①移动式：车载式、可直接采用牵引或拖挂方式移动的应急电源装备；

②可运输式：需装载于运输工具上进行移动的或便携式可人力移动的应急电源装备。

2）按电源类型分类

（1）发电机组

发电机组有以下两种：

①柴油发电机组；

②汽油发电机组。

（2）储能式应急电源装备

储能式应急电源装备有以下 3 种：

①电池储能 UPS 电源；

②飞轮储能 UPS 电源；

③电池储能 EPS 电源。

（3）发电机组——储能组合式应急电源装备

发电机组——储能组合式应急电源装备有以下两种：

①柴油发电机组式＋电池储能组合式；

②柴油发电机组式＋飞轮储能组合式。

3）按工作方式分类

（1）在线式

公用电网经过变换器为负载提供能量，并监测、调整输出参数。

（2）互动式

公用电网正常时，通过稳压装置对负载供电，并对储能部件充电；公用电网异常时，储能部件通过变换器对负载供电。

（3）后备式

公用电网正常时，通过稳压装置对负载供电；公用电网异常时，通过逆变器对负载供电。

（4）接入式

公用电网异常后，应急电源装备接入负载供电。

2. 环境条件

1）正常环境条件

应急电源装备正常环境条件为：

（1）温度：-25 ~ 40℃；

（2）相对湿度：25% ~ 95%；

（3）海拔：小于等于2000m。

2）特殊环境条件

当使用环境与1）规定条件不同时，应符合用户和产品技术条件书要求。

3. 外观结构

1）一般要求

（1）外观应有防腐、防锈处理。涂漆部分漆膜均匀，无明显裂纹、脱落、划伤等现象；

（2）焊缝均匀，无焊穿、咬边、夹渣、气孔等缺陷；

（3）紧固件应无松动，并标记迟缓线，铆接应牢固；

（4）门锁应灵活可靠，不得自动脱落或开启；

（5）运动件布置及防护应确保正常使用时不对人员造成伤害，防护罩、防护屏等应有足够的强度，且只有用工具才能拆除；

（6）排烟系统应做绝热处理，其余正常操作时易触碰的高温部件应安装防护装置；

（7）发电机组裸露在外的排烟管，应采取必要的防雨装置；

（8）固定式装备应采用螺栓、焊接等固定安装方式，安装时应采取减振措施；

（9）非固定式装备厢体表面应平整，过渡圆滑。厢体结构强度应符合《系列1集装箱技术要求和试验方法》GB/T 5338—2023的规定，并应符合承载、运输及装卸要求。厢体应基于汽车底盘框架结构做减振处理，车厢内设备应采取减振措施。厢体应设置工作门，并应从内部可以打开，配置工作检修梯；

（10）移动式应安装底盘辅助支撑系统，支撑系统应实现手动及动力驱动，并应承载该装备的最大总质量，应有效减轻底盘钢板弹簧及轮胎的负重；

（11）车体外形尺寸、轴荷及质量限值应符合《汽车、挂车及汽车列车外廓尺寸、轴荷及质量限值》GB 1589—2016的规定；

（12）车辆应有照明及光信号装置，装置应符合《汽车及挂车外部照明和光信号装置的安装规定》GB 4785—2019的规定；

（13）车辆侧面及后下部防护应符合《汽车及挂车侧面和后下部防护要求》GB 11567—2017的规定；

（14）车身反光标识粘贴应符合《机动车运行安全技术条件》GB 7258—2017的规定；

（15）车辆尾部标志板应符合《机动车运行安全技术条件》GB 7258—2017和《车辆尾

部标志板》GB 25990—2010 的规定；

（16）集装箱式装备的箱体应符合《系列 1 集装箱 技术要求和试验方法》GB/T 5338—2023 的规定；

（17）可运输式应符合承载、运输及装卸要求。

2）外壳防护性

外壳防护应具有防止人体接近壳内危险部件、防止固体异物和水进入的外壳防护措施。外壳防护应根据贮存、工作状态，户内、户外等使用场合确定，并应符合表 7-1 的规定。

外壳防护　　　　　　　　　　　　　表 7-1

贮存状态		工作状态	
户内	户外	户内	户外
IP20	IP55	IP20	至少应满足以下其中一条： 将应急电源装备置于淋雨试验场地，降雨强度为 5～7mm/min，方向与铅垂线成 30°～45°，淋雨 30min 后，应运行正常，应无雨水渗漏痕迹； IP54

3）标识

（1）安全标志

安全标志应符合以下要求：

①具有触电、烫伤及其他安全风险的应急电源装备，应有禁止、警示、指令作用的安全标志，标志形式和内容应符合《安全标志及其使用导则》GB 2894—2008 的规定；

②有废气排放并可能在室内使用的应急电源装备应有"当心中毒"警示标志，有要求时，发电机组产生的有害物质浓度应按产品技术条件的规定排放；

③安全标志可有文字辅助标志说明，并应符合《安全标志及其使用导则》GB 2894—2008 的规定；

④安全标志应安装在对应风险部位，并易于查看。

（2）设备部件标识

设备部件标识应符合以下要求：

①应急电源装备接地点及其他重要设备、部件应有明显符号或文字标识，符号标识应符合《电气设备用图形符号 第 2 部分：图形符号》GB/T 5465.2—2023 的规定；

②移动式应急电源装备的发电机组、飞轮、电池或其他储能部件等关键设备应有单独的中文铭牌，应标明生产厂家、产品编号、重要特征参数等信息。

（3）操作指示标识

操作指示标识应符合以下要求：

①应急电源装备开关、旋钮等操作部件应有相应文字或符号标识;

②应急电源装备使用说明、电路图、操作注意事项、警示要求等应制成清晰的中文标牌,并安装在易于查看位置。

4. 安全要求

1)绝缘要求

(1)绝缘电阻

应急电源装备电力供电设备各独立电气回路对地及回路间的绝缘电阻应符合表7-2的要求,试验电压应按表7-2规定,试验时间不小于10s。

绝缘电阻 表7-2

被测回路额定电压 U(V)	试验电压 (V)	绝缘电阻 M(Ω)			
		发电机(组)		飞轮储能UPS电源	电池储能UPS和EPS电源
		冷态	热态		
U<100	250	≥10	≥0.5	≥2	≥10
100≤U<500	500				

环境温度为15~35℃、空气相对湿度为45%~75%。

(2)介电强度

应急电源装备电力供电设备各独立电气回路对地应承受表7-3规定的试验电压,历时1min;试验时,应急电源装备泄漏电流值不应大于100mA,试验过程中不应出现绝缘击穿或闪络现象。

介电强度 表7-3

被测回路额定电压(V)	交流试验电压(V)			直流试验电压(V)		
	发电机(组)	飞轮储能UPS电源	电池储能UPS和EPS电源	发电机(组)	飞轮储能UPS电源	电池储能UPS和EPS电源
≥100	1500	1800	2000	2120	2550	2830
<100	750	500	500	1060	710	710

注:发电机组发动机的电气部分、半导体器件及电容器等不做此项试验;
直流试验电压仅交流试验电压不适用时(如由于EMC滤波器件)使用。

2)接地要求

(1)固定式

固定式应急电源装备外部保护接地导体应始终保持连接,外部保护接地导体横截面积应符合表7-4的要求。

接地导体横截面积　　　　　　　　　　　表 7-4

相导体的横截面积 S（mm^2）	外部保护接地导体的横截面积 S'（mm^2）
$S \leqslant 16$	$S' = S$
$16 < S \leqslant 35$	16
$35 < S$	$S' = S/2$

注：只有当外部保护接地导体使用与相导体相同的金属时，本表的取值有效，否则，应使外部保护接地导体横截面。

（2）非固定式

非固定式应急电源装备应配有专用接地装置，接地装置应标有规定的符号或图形。接地装置应包括长度不少于 10m，截面积不小于 $25mm^2$ 的带透明绝缘护套接地线和长度不小于 900mm，直径不小于 $16mm^2$ 的接地棒。接地棒有效插入深度不应小于 600mm，接地线与接地棒的连接应可靠，禁止用缠绕方法连接。

车辆底盘、发电机组外壳、箱体及配电柜等应通过专用电缆可靠连接，并和保护接地导体保持有效连接，电缆应采用黄／绿双色导线。

3）防雷

户外用应急电源装备应配置防雷装置。

5. 性能要求

1）通用输出性能

（1）稳态输出性能应符合表 7-5 的规定。

稳态输出性能　　　　　　　　　　　表 7-5

序号	项目	输出性能参数		
1	稳态电压偏差	不超过 ±1%		
2	输出频率偏差（稳态频率带）	发电机组应急电源装备	不超过 ±0.5%	
		储能式应急电源装备	±0.5Hz	
3	输出电压不平衡度	发电机组应急电源装备	≤ 1%	
		储能式应急电源装备	≤ 5%	
4	输出电压谐波畸变率	电压总谐波畸变率	各次谐波电压含有率	
			奇次	偶次
		≤ 5.0%	≤ 4%	≤ 2%

注：单相机组和额定功率小于 3kW 的三相机组为 10%。

（2）瞬态输出性能应符合表 7-6 的规定。

瞬态输出性能 表7-6

序号	项目	输出性能参数	
1	瞬态电压偏差	电池储能 UPS 电源	不超过 ±5%
		飞轮储能 UPS 电源	不超过 ±5%
		发电机组	≤ +20%　　不超过 −15%
		EPS 电源	不超过 ±5%
2	瞬态电压恢复时间	电池储能 UPS 电源	≤ 40ms
		飞轮储能 UPS 电源	≤ 20ms
		发电机组	≤ 4s
		EPS 电源	≤ 50ms
3	瞬态频率偏差	发电机组	≤ +10%　　不超过 −7%
4	频率恢复时间	发电机组	≤ 3s

2）其他性能

（1）发电机组

①电压整定范围

在空载与额定输出之间的负载、商定功率因数内、额定频率下，发电机端子处额定电压与下降调节电压之间的范围不应大于额定电压的 5%；发电机端子处上升调节电压与额定电压之间的范围不应大于额定电压的 5%。在空载与额定输出之间的负载应由产品技术条件明确或在合同书中确定。

②冷热态电压变化

发电机组在额定工况下从冷态到热态的电压变化，采用可控励磁装置发电机的发电机组应不超过额定电压的 ±2%；采用不可控励磁装置发电机的发电机组应不超过额定电压的 ±5%。

③不对称负载要求

发电机组在一定的三相对称负载下，在其中任一相（对晶闸管励磁者指接晶闸管的一相）上再加额定相功率 25% 的电阻性负载，当该相总负载电流不超过额定值时应正常工作，线电压的最大或最小值与三线电压平均值之差不应超过三线电压平均值的 ±5%。

④温升

发电机绕组温度或温升应符合《往复式内燃机驱动的交流发电机组 第 3 部分：发电机组用交流发电机》GB/T 2820.3—2009 的规定，发电机组部件温度或温升应符合产品技术条件的规定。

⑤并机

型号规格相同和容量比不大于 3∶1 的机组在 20% ~ 100% 总额定功率范围内应稳定

地并机运行,且可平稳转移负载的有功功率和无功功率,有功功率和无功功率分配差度不应大于表 7-7 的规定。

有功功率和无功功率运行限值　　　　　表 7-7

参数		符号	运行限值
有功功率分配	80% 和 100% 标定定额之间	AP	≤ 5%
	20% 和 80% 标定定额之间		≤ 10%
无功功率分配	20% 和 100% 标定定额之间	AQ	≤ 10%

容量比大于 3 : 1 的机组并机,各机组承担负载的有功功率和无功功率分配差度应符合产品技术。

(2) 飞轮储能 UPS

①输入电压允许范围

飞轮储能 UPS 应急电源装备的输入电压允许范围为额定电压的 90% ~ 110%。

②输入频率允许范围

飞轮储能 UPS 应急电源装备的输入频率允许范围为额定频率大的 97% ~ 103%。

③输入电流总谐波畸变率

飞轮储能 UPS 应急电源装备的输入电流总谐波畸变率允许范围不应大于 5%。

④效率

飞轮储能 UPS 应急电源装备在正带工作模式时,不同负载条件下的效率应符合表 7-8 的规定。

飞轮储能 UPS 效率　　　　　表 7-8

负载	额定输出容量 S_N	效率
100% 额定阻性负载	< 100kVA	≥ 94%
	≥ 100kVA	≥ 95%
50% 额定阻性负载	< 100kVA	≥ 92%
	≥ 100kVA	≥ 93%
30% 额定阻性负载	< 100kVA	≥ 90%
	≥ 100kVA	≥ 91%

⑤切换性能

正常运行方式与储能供电运行方式切换,飞轮储能 UPS 应急电源装备工作于正常运行方式,电网供电与 UPS 供电切换时,在线式 UPS 切换时间应为 0ms,互动式 UPS 和后备式

UPS 切换时间不不应大于 10ms；旁路运行方式与逆变运行方式切换，飞轮储能 UPS 应急电源装备工作于正常运行方式。内部旁路供电与逆变供电的切换时间不应大于 4ms。

⑥飞轮放电时间

额定负载时，轮放电时间不应少于 14s；接入 50% 额定负载时，飞轮放电时间不应少于 28s。

⑦过载能力

公用电网正常供电的条件下，飞轮储能 UPS 应急电源装备输出端接入 125% 额定负载时，持续运行时间不应小于 10min。

3）电池储能 UPS

①输入电压允许范围

电池储能 UPS 应急电源装备的输入电压允许范围为额定电压 $U_e \times (100\% \pm 20\%)$。

②输入频率允许范围

电池储能 UPS 应急电源装备的输入频率允许范围为额定频率 $f \times (100\% \pm 5\%)$。

③输入电流总谐波畸变率

电池储能 UPS 应急电源装备在不同负载条件下的输入电流总谐波畸变率应符合表 7-9 的规定。

输入电流总谐波畸变率 表 7-9

负载	输入电流总谐波畸变率	备注
100% 额定阻性负载	＜15%	2～39 次谐波
50% 额定阻性负载	＜20%	
30% 额定阻性负载	＜25%	

④效率

电池储能 UPS 应急电源装备在正常工作模式时，不同负载条件下的效率应符合表 7-10 的规定。

电池储能 UPS 和 EPS 效率 表 7-10

负载	额定输出容量 S_N	效率
100% 额定阻性负载	$S_N \leq 10kVA$	≥90%
	$10kVA < S_N < 100kVA$	≥94%
	$S_N \geq 100kVA$	≥95%
50% 额定阻性负载	$S_N \leq 10kVA\%$	≥88%
	$10kVA < S_N < 100kVA$	≥92%
	$S_N \geq 100kVA$	≥93%

续表

负载	额定输出容量 S_N	效率
30% 额定阻性负载	$S_N \leq 10\text{kVA}$	≥ 85%
	$10\text{kVA} < S_N < 100\text{kVA}$	≥ 90%
	$S_N \geq 100\text{kVA}$	≥ 91%

⑤过载能力

电池储能 UPS 应急电源装备输出端接入 125% 额定负载时，持续运行时间不应小于 10min。

⑥切换性能

电池储能 UPS 应急电源装备工作于正常运行方式，电网供电与 UPS 供电切换时，在线式 UPS 切换时间应为 0ms，互动式 UPS 和后备式 UPS 切换时间不应大于 10ms；电池储能 UPS 应急电源装备工作于正常运行方式，内部旁路供电与逆变供电的切换时间不应大于 4ms。

4）电池储能 EPS

①过载能力

电池储能 EPS 输出端接入 125% 额定负载时，持续运行时间不应小于 10min。

②效率

电池储能 EPS 应急电源装备在正常工作模式时，不同负载条件下的效率同样应符合表 7-10 的规定。

7.2.3 城市电力设施应急物资保障

应急物资保障确保了保障设备、装备的维修和替换，保证了应急装备能够应对自然灾害，提高应急响应的速度和可靠性。在城市电力设施发生故障或自然灾害时，应急物资保障可以保证快速替换受损设备，尽快恢复电力供应，保障城市正常运转，减轻灾害造成的损失，降低事故扩大的可能性。

1. 总体原则

1）城市电力设施应急物资指为防范影响城市生产经营的突发事件（包括自然灾害、事故灾难、公共卫生、社会安全等事件），满足短时间恢复城市居民与重要用户供电需要的电力抢修设备材料、应急抢修工器具、应急救灾物资及装备、劳动保护用品等；

2）城市电力设施应急物资管理指为满足应急物资需求而进行的物资供应组织、计划、协调与控制。应急物资管理应遵循"集中管理、统一调拨、平时服务、灾时应急、采储结合、节约高效"的原则；

3）城市电力设施应急物资管理应建立省、地（市）、区（县）三级应急物资保障体系，包括组织保障、资源保障、程序保障和支撑保障；

4）城市电力设施应急保障应加强"平急结合"的应急采购、物资储备和调配体系建设，完善"日常准备、预警响应、调度指挥、总结评估"机制，确保应急状态下物资快速供应。

2. 职责分工

1）省级应急物资管理部门是城市电力设施应急物资工作的归口管理部门，其主要职责是：

（1）负责制订城市电力设施应急物资管理规章制度和办法；

（2）负责城市电力设施应急物资管理体系建设，组织开展应急物资采购、储备、供应、调配等工作；

（3）负责组织制定城市电力设施应急物资跨市调配方案，组织开展跨市应急物资调配。协调应急物资供应重大问题；

（4）负责组织制定城市电力设施应急物资保障预案，组织开展应急演练；

（5）负责组织开展公司应急物资保障工作的总结与评估；

（6）负责公司应急物资管理工作的指导、监督、检查和考核。

2）承担省级应急物资管理的具体实施工作的主要职责有：

（1）负责组织实施省级应急物资储备库物资采购与补库。指导、监督省级应急物资储备仓库日常管理；

（2）依托供应链运营中心，发布应急物资保障预警信息。制定应急物资跨省调配方案，组织实施跨省应急物资调拨与配送；

（3）负责收集、跟踪、反馈应急响应全过程信息。收集应急采购备案信息；

（4）根据应急物资管理安排，组织开展应急物资保障演练与应急物资保障人员培训；

（5）负责开展省级公司应急物资管理体系建设，开展应急物资保障工作总结与评估。

3）市级应急物资管理部门是该市级行政区所辖电力设施应急物资工作的归口管理部门，其主要职责是：

（1）负责该市应急物资管理体系建设，组织开展应急物资采购、储备、供应、调配等工作；

（2）负责组织实施应急物资实物储备和应急储备仓库管理。承担该省应急储备仓库日常管理工作；

（3）负责制定该市应急物资保障预案，组织开展应急演练；

（4）负责组织开展市内应急物资采购和调配工作，协调应急物资供应重大问题；配合实施跨市应急物资调配；

（5）组织开展该市应急物资保障工作的总结与评估；

（6）负责该市应急物资管理工作的指导、监督、检查和考核。

4）承担市域应急物资管理的具体实施工作的主要职责是：

（1）负责市域直管应急物资储备库物资采购、补库、出入库等业务实施工作，建立物资检查、保养、周转等机制。指导、监督市域应急实物储备仓库日常管理；

（2）依托市域供应链运营中心，发布应急物资保障预警信息，具体实施应急物资跨地市调配、省内应急物资采购、合同签订与结算、应急物资运输配送等工作；

（3）负责跟踪、反馈应急响应全过程信息；

（4）根据省级和市级应急物资管理部门安排，组织开展应急物资保障演练与应急物资保障人员培训；

（5）负责支撑市级应急物资管理部门开展应急物资管理体系、机制建设及相关工作，开展应急物资保障工作的总结评估。

5）区级应急物资管理部门是该区所辖城市电力设施所需应急物资储备、配送的具体实施单位，其主要职责是：

（1）负责该区城市电力设施应急物资管理体系建设。组织开展应急物资储备、供应、调配等工作；

（2）负责市级应急实物储备物资的催交催运和到货验收等工作。配合开展应急物资跨区调配；

（3）负责所辖范围内应急物资储备、供应、调配、仓库日常管理等具体实施工作。建立实物储备物资检查、保养、周转等机制；

（4）根据物资保障预警信息，做好应急物资保障准备工作。跟踪、反馈应急物资响应过程信息；

（5）根据省级和市级应急物资管理部门安排，开展应急物资保障演练与应急人员培训工作；

（6）负责该区应急物资管理工作的指导、监督、检查和考核。完成应急物资保障工作的总结与评估。

6）本区所辖应急物资储备、配送的具体实施单位的主要职责是：

（1）负责所辖范围内应急物资储备、供应、调配、仓库日常管理等具体实施工作。建立实物储备物资检查、保养、周转等机制；

（2）根据应急物资保障预警信息，做好应急物资保障准备工作。跟踪、反馈应急物资响应过程信息；

（3）根据省级和市级应急物资管理部门安排，开展应急物资保障演练与应急人员培训工作。

7）各级安监、设备、后勤等专业部门承担着应急物资储备目录及定额制定、储备需求申报及应急物资使用管理等工作。其主要职责如下：

（1）负责提出应急物资储备需求，组织开展应急实物储备物资到货验收工作；

（2）负责存储于项目单位专业仓的应急实物储备物资管理工作，配合开展应急物资调配；

（3）建立专业仓应急实物储备物资检查、保养、周转等机制；

（4）负责组织收集、汇总应急物资需求，配合开展应急物资寻源与应急采购工作；

（5）负责申请应急储备项目，办理物资领用等相关手续。

8）各级计划管理部门负责应急实物储备物资年度采购投资计划管理，完成应急实物采购项目立项。

9）各级财务部门负责根据批准的应急物资储备方案筹措、管理应急物资采购资金。

10）各直属单位参照省级单位应急物资管理模式，开展本单位应急物资管理工作。

3. 城市电力设施应急物资组织保障

1）在应急状态下，建立应急物资保障组织体系，成立应急物资保障工作组，并视情况成立现场物资保障部。

2）根据各级应急办公室发布的突发事件预警级别及其影响范围，在省、市应急物资管理部门适时成立应急物资保障工作组。

3）应急物资保障工作组统一组织开展应急物资保障工作。组长由物资部主任担任，副组长由物资部、物资公司应急物资保障分管领导担任，下设综合协调组、物资调配组、应急采购组，分别由物资部、物资公司及物资供应中心相关人员组成。

（1）工作组组长

研究决定物资资源调配、应急物资采购等应急物资保障重大事项，向应急领导小组呈报物资供应保障情况，根据事态发展适时组建现场物资保障部。

（2）工作组副组长

协助组长开展应急物资保障工作，协调各专业解决应急物资保障中遇到的重大问题，统筹协调资源调配、应急采购等保障工作。

（3）综合协调组

由应急物资管理部门、应急物资保障牵头处室（部室）相关人员组成。落实应急办安排的各项工作，协同物资调配组、应急采购组完成应急物资保障任务，做好应急物资保障信息跟踪反馈，适时开展应急评估总结。

（4）物资调配组

由各级供应链运营中心相关人员组成。启动24h值班和日报告机制，跟踪应急保障全过程信息。统筹物资资源，制定并落实物资调配方案；匹配协议库存合同，下达应急采购供货单，催交、催运应急采购物资，完成应急物资保障任务。

（5）应急采购组

由该应急物资管理部门、计划部门、招标采购处室（部室）相关人员组成。根据应急物资需求，组织开展应急物资采购工作。

4）应急物资保障工作组根据突发事件应急物资保障工作需要，组建现场物资保障部。现场物资保障部接受本级应急指挥部领导，开展应急物资保障工作。

（1）信息跟踪

对接现场应急物资需求，跟踪反馈现场物资保障情况。

（2）物资保障

按照应急物资保障工作组统一指挥，实施应急物资保障方案。

（3）现场服务

配合需求单位做好应急物资现场交接与验收工作，协调供应商提供安装、调试等技术服务。

4. 城市电力设施应急物资资源保障

1）应急物资资源主要分为物力资源和运力资源。物力资源包括实物库存资源、协议库存资源、办公用品及非电网零星物资资源、采购合同订单资源、应急物资采购资源等；运力资源包括框架协议运输服务商、社会物流企业及物资供应商的运输资源。

2）实物库存资源指存放在各级物资库、专业仓内，应急状态下可随时调用的物资资源，包括应急储备物资和日常周转物资两类。

（1）应急储备物资

采用定额方式，实物储备的应急装备、应急防护、安全工器具等应急物资。

（2）日常周转物资

采用集中储备或供应商寄存方式，用于日常周转的电网设备、材料等物资，应急状态下开展库存调配。

3）物资部门结合专业部门应急需求，开展应急储备物资采购、存储、周转、补库等工作。

（1）储备目录及定额

安监、设备、后勤等专业部门制定应急储备物资目录，明确应急储备物资品类和定额，原则上每年进行修订。

（2）物资采购

专业部门落实储备物资项目及资金，物资部门根据需求组织实施采购。

（3）在库管理

综合考虑地域特点、历史灾害等因素，应急储备物资就近存储在物资库、专业仓，分别由物资部门、专业部门负责实物管理。

（4）动态周转

各专业部门建立应急储备物资的日常检查、定期保养与动态周转机制，按保养周期对应急储备物资开展维护保养，确保状态优良、随时可用。

（5）物资补库

应急储备物资耗用后，领用单位根据耗用情况及时补报需求计划，物资部门根据需求计划完成采购补库。

4）依托供应链运营平台贯通物资库、专业仓实物信息数据，应急状态下统一调配实物库存资源。

5）对应急事件下临时借用的物资，借用单位完成抢险后，应按期归还，并组织现场验收，保证应急物资状态完好，及时办理相关手续。

6）协议库存资源是指应用协议库存合同采购结果，应急状态下调用供应商库存或安排紧急生产的应急物资保障资源。

（1）协议供应商名录。结合协议库存供应商物资保障情况，建立两级优质协议库存供应商名录，定期更新完善；

（2）信息可视共享。应急物资部门按照属地原则建立与协议供应商的信息共享机制，收集、汇总协议供应商库存物资情况，定期跟踪供应商产能；

（3）办公用品及非电网物资资源指应用寻源采购结果，应急状态下在选购专区选购的防护用品、零星物资等应急物资保障资源；

（4）采购合同订单资源指满足供货需要的在执行物资采购合同，应急状态下开展跨项目采购订单调配的应急物资保障资源；

（5）应急物资采购指当实物库存、协议库存、选购专区、采购合同订单等方式均无法满足应急抢修物资供应时采取应急采购方式。应急采购由灾害地区所在地省级单位组织开展。上级部门采购目录范围内物资应急采购后，报上级部门备案；

（6）运力资源指框架协议运输商、社会物流企业及物资供应商，应急状态下能够提供运输配送服务的应急物资运力资源。加强与物流承运商合作，依托电力物流服务平台，搭建运力资源池，确保灾时运输网络畅通。

5. 城市电力设施应急物资保障程序

1）应急物资保障按照日常准备、监测预警、应急响应、物资保障、后期处置阶段开展保障工作。

2）日常准备阶段，建立组织保障机制，按照应急保障组织体系明确的岗位人员，可立即组建应急物资保障工作组。建立库存盘点及检查机制，实时掌握库存台账，按照定额补库到位，做好随时调用准备。建立供应商与物流商快速联络机制，优选供应商和物流商名单，能够在应急状态下快速响应应急需求。

3）监测预警阶段，畅通突发事件信息获取与应急预警发布渠道，及时做好应急物资队伍和应急物资保障准备工作。

4）各级供应链运营中心与本单位安监应急系统贯通，实时获取突发事件预警信息，并自上而下逐级发布应急保障预警信息。

（1）省级供应链运营中心根据政府部门和公司应急办发布的突发事件预警信息，即时向相关地域及周边地域的市级供应链运营中心发布应急保障预警信息，并提前做好应急物资跨省调配准备工作；

（2）市级供应链运营中心在接受上级供应链运营中心预警信息后，或根据当地政府部门及本单位应急办发布的突发事件预警信息，即时向相关区县公司发布应急保障预警信息，并提前做好应急物资跨地市调配准备工作。

5）不可预测的恶劣自然灾害等突发事件发生后，事发地市公司物资部应迅速以快报方式报送至省级供应链运营中心。

6）应急响应阶段，各级应急物资保障工作组根据公司发布的突发事件类型、预警等级，启动应急物资保障预案，由供应链运营中心统筹开展应急物资保障。

7）应急事件发生后，建立值班报告机制，供应链运营中心适时启动24h应急值班和日报告机制，密切关注事态发展，做好信息跟踪与反馈。供应链运营中心及时向本单位应急办和上一级供应链运营中心报送应急保障过程信息，包括基本情况、事件影响、应急需求、需要协调的问题等。

8）物资保障阶段，各级物资部门按照"效率优先"原则，开展应急物资保障工作。在时效相同情况下，按照"先实物、再协议、后订单"顺序，统一调配应急物资。调配物资无法满足需求时，可组织应急采购。

（1）综合考虑实物调配、协议匹配、订单调配、应急采购时效性和经济性，制定应急物资保障方案；

（2）各单位优先使用实物库存资源满足应急物资需求。在本单位实物库存资源无法满足需求时，可向省级供应链运营中心提出应急调配申请；

（3）省级供应链运营中心接受调配申请后，统筹所辖范围内实物库存资源，对库存能够满足供货需要的，下达物资调配指令；

（4）对库存无法满足供货需实施应急采购的，按照物资类别分别采取协议库存合同匹配、电网零星物资专区选购和办公用品及非电网零星物资专区选购。无法满足供货的需求，由采购部门组织实施应急采购，下达采购供货单；

（5）对省应急物资资源无法满足需要的，可向上一级供应链运营中心提出应急调配申请。上一级供应链运营中心接受调配申请后，统筹所辖范围内实物库存资源与协议库存资源，根据实际需求，下达跨省库存物资调配或协议库存调剂指令。

9）总部采购目录范围内且未在协议库存采购范围的物资，按照"先采购、后备案"的原则，在应急状态解除后的60天内将应急采购过程资料和采购结果上报至上一级物资管理部门统一备案。

10）供应链运营中心接到上一级物资调配指令、协议匹配结果后，应迅速组织实施物资调配、组织做好紧急生产及供货等工作。

11）各级物资部门做好与物流商的信息对接工作，依托电力物流服务平台，监控运输配送过程，保障应急物资及时供应。

12）各级供应链运营中心建立应急会商机制，对物资供应中的问题，及时协调专业部门、物资供应商、协议物流商、商定供货资源及物流运输方式，制定应对方案。

13）应急状态解除后，各级专业部门应尽快完成项目立项或专项成本申请，在180天内办理完成应急物资相关手续。

14）应急物资供应后，应迅速开展后续结算工作，原则上在应急状态解除后180天内完成结算工作。

（1）实物结算

实物储备物资由储备仓库所在地省公司组织内部结算。跨省实物储备物资由调出单位与调入单位按照《国家电网有限公司实物库存管理办法》规定执行。

（2）采购结算

应急采购物资由需求单位省公司组织办理结算业务。

（3）运费结算

跨省调配运输费用结算由应急物资调出单位与调入单位共同商议确定，出资单位与运输服务商办理结算手续。

15）建立应急物资保障总结评估机制，各级物资部门定期收集、整理应急保障过程资料，开展应急评估，优化应急物资保障预案，提升应急保障能力。

6. 城市电力设施应急物资保障支撑

1）各级物资部门结合本地区水文气象和易发事件类型，制定应急物资保障预案，定期开展预案适用性评估，及时优化保障程序，确保物资供应及时；

2）各级物资部门制定人员培训和演练计划，定期组织开展应急培训和应急演练工作，及时解决演练过程中发现的问题，平时准备，灾时保障；

3）深化现代智慧供应链在应急物资管理中的应用，依托"5E—中心"实现应急物资需求提报、采购、调配、结算等工作在线实施，全量资源统筹调配，为应急物资保障提供技术支撑；

4）省级应急物资管理部门负责制定应急物资管理考核指标，定期对应急物资管理工作进行考核和评价；

5）省级应急物资管理部门负责本省应急物资管理考评数据的收集、整理和统计分析工作。

7.2.4　城市电力设施应急队伍保障

应急队伍保障保证了专业救援和维修能力，提供了专业的技术支持和指导，打造了一支"召之即来、来之能战、战之必胜"的专业队伍。下面主要介绍城市电力设施应急队伍的管理职责、调配原则和管理规定。

1. 总体原则

1）城市电力设施应急队伍保障原则的制定是为全面规范和加强城市应急队伍建设与管理，切实防范和有效应对重特大电力设施安全事故及对人民群众生命和社会有重大影响的各类突发事件，及时修复损毁设施，快速恢复城市电力设施稳定运行，减少事故灾害造成的损失，维护城市正常生产经营秩序，保障国家安全、社会稳定和人民生命财产安全。

2）城市电力设施应急队伍管理制度的制定应依据《中华人民共和国安全生产法》《国家突发公共事件总体应急预案》《国务院关于全面加强应急管理工作的意见》《生产经营单位安全生产事故应急预案编制导则》GB/T 29639—2020，参考《国家电网有限公司应急管理工作规定》《国家处置电网大面积停电事件应急预案》等，并结合城市电力生产特点和应急管理工作实际制定。

2. 城市电力设施应急队伍管理职责

1）省级应急管理部门负责制定应急队伍建设和管理的有关标准和制度；组织、协调、检查、统一并指导系统各级应急队伍规范、有效地开展工作；负责配合国家内部指挥和协调跨省应急处置。

2）市级应急管理单位负责贯彻落实本级应急队伍建设与管理的标准和制度，并制定本单位实施细则和工作计划；负责本单位管辖范围内应急队伍的建设和管理；负责指挥协调本单位内部跨地市应急处置，并接受上一级单位的应急调度和指挥。

3）各区级应急管理单位应按照应急队伍管理规定和相关实施细则，做好应急队伍组建、管理等各项工作；指挥协调所辖区域内部应急处置；接受上一级单位的应急调度和指挥，完成应急处置任务。

3. 城市电力设施应急队伍调配原则

1）跨省救援

发生以下情况时，由应急指挥中心根据应急处置需要和应急队伍分布情况，统一调配应急队伍，实施应急处置。

（1）发生地震、洪灾、台风、冰冻、暴雪等特大自然灾害或其他原因引起的大范围电力设施受损，内部应急队伍无法满足应急处置需要时；

（2）出现特大事故，应急队伍单独无法满足应急处置需要或其他原因无法及时到达事故现场时；

（3）根据国家有关部门要求参加社会应急救援等活动。

2）省级区域内跨地市救援

发生以下情况时，由省级应急管理应急指挥中心根据应急处置需要和应急队伍分布情况，在其管辖范围内统一调配应急队伍，实施应急处置。

（1）出现大面积电力设施受损，地市现有应急队伍无法满足应急处置需要时；

（2）出现重大事故，地市现有应急队伍无法满足需求或其他原因无法及时到达现场时；

（3）根据上级要求参加社会应急救援等活动。

3）市级内部救援

各市级管辖范围内出现大量电力设施受损、事故抢险时，由地市应急指挥中心负责统一调配资源，实施应急处置。

4. 城市电力设施应急队伍管理规定

1）为确保应急队伍"召之即来、来之能战、战之必胜"，应急队伍应按照上级应急办公室有关要求制定年度工作计划，重点做好技能培训、装备保养、预案编制和演练等工作。

2）应急队伍设队长一名，由所在单位安全第一责任人担任，全面负责应急队伍日常管理和领导现场应急处置；设副队长两名，分别由分管领导担任，协助队长开展工作。其中1名负责技能培训、预案演练和现场应急处置，1名负责装备保养、后勤保障和外部协调。

3）应急队伍成员在履行岗位职责参加本单位正常生产经营活动的同时，应按照应急队伍工作计划安排，参加技能培训、装备保养和预案演练等活动。应急事件发生后，由应急队伍统一集中管理直至应急处置结束。

4）应急队伍应常设办公室，负责应急队伍日常管理与工作协调，技能培训、装备保养、预案编制和演练等具体工作可由所在单位指定相关部门和人员负责，做到分工合理、职责清晰、标准明确。

5）应急队伍日常值班可与本单位安全生产值班合并进行。应急事件发生后，应单独设立24h应急值班。

6）应急队伍应建立健全管理制度，如日常管理、安全管理、质量管理、预案演练、装备保养、信息报送、业绩考核等。

7）应急队伍人员每年除应按有关要求进行专业生产技能培训外，还应安排登山、游泳等专项训练和触电、溺水等紧急救护训练，掌握发电机、应急照明、冲锋舟、生命保障等设备的正确使用方法。

8）技能培训应充分利用现有资源进行，各技能培训实训基地应配备应急队伍各种技能培训所需的训练和演习设施。

9）应急队伍应按可能承担的应急处置任务进行编制应急预案，贴近实战，滚动修编。预案内容应包括组织机构、技术方案、安全质量监督、后勤保障、信息报送等各个环节。

10）应急预案和演练经批准后方能执行。每年至少应组织一次应急预案演练，开展演练评估，及时修订完善应急预案。

11）应急队伍应配备以下类别应急装备，具体种类、型号、参数、数量由各级单位确定。

（1）电力专业装备，如通用工具、安装检修特殊工具、油气处理器具、焊接器具、牵引器具、试验检测仪器及备品配件；

（2）通信及定位装备，除利用网内微波通信和手机外，应配备对讲机及卫星定位设备，通信不畅地区应配备小功率电台等通信装备；

（3）运输及起重装备，如工程抢修车、器材运输车、车载起重机、起吊车辆及越野车辆等；

（4）发电及照明装备，如移动发电机、现场应急照明设备和小型探照灯等；

（5）生命保障装备，如安全帽、登高安全带、专用工作鞋和医用急救箱等；

（6）基本生活装备，如野战餐车、野营帐篷及个人用便携式背包。背包中配有雨衣、洗漱用品、个人应急照明、应急联络手册、应急设备简化操作手册、应急药盒等。

12）与正常生产工作共用的应急装备，可与正常生产装备设施共同存放和保养。属应急处置专用的装备设施，应按相应规定设立专用仓库妥善存放和按时保养，并指定专人负责。未经许可不得挪作他用。

13）应急队伍负责人出本省或本单位设备管辖区域外工作的，应向省级单位安全应急办公室报告。

14）应急队伍中若有超过 1/3 以上人员在跨省或本省设备管辖区域外进行施工作业时，应向省级安全应急办公室报告。

15）应急队伍接到应急处置命令，即应立即启动应急预案，并在 2h 内做好应急准备。应急准备包括：应急队伍成员集结待命、保持通信畅通、检查器材装备和后勤保障物资、做好应急处置前的一切准备工作。

16）原则上，应急队伍从接到应急处置命令开始至首批人员到达应急处置现场的时间应不超过：200km 以内，4h；200～500km，12h；500～1000km，24h。

17）应急队伍执行应急处置任务期间，按应急管理有关规定接受受援单位应急指挥机构领导和监督管理。

18）实施应急处置任务时，应根据承担任务性质和现场外部环境特点，设立工程技术、安全质量监督、物资供应、信息报送、医疗卫生和后勤保障等机构，确保指挥畅通、运转有序、作业安全。

19）应急队伍执行应急任务时应统一着装和徽标。

20）应急处置期间应始终保持通信畅通，为应急处置决策快速、准确地提供信息。常规通信无法覆盖的地区应开通步话机、小功率电台及卫星通信。

21）应急队伍应严格按照工程建设管理有关规定，做好废旧物资材料回收和工程、设备及资料移交等工作。

22）完成应急处置任务后，应急队伍应及时对应急处置工作进行全面总结和评估，并在15天内向上级有关部门报送工作总结。

23）各级部门应加大应急队伍建设资金投入，专款专用，及时添置和更新应急装备设施，确保技能培训、设备保养等工作的正常开展。

7.2.5 城市电力设施应急后勤保障

应急后勤保障明确了后勤保障的分级、准备和具体内容。应急后勤保障确保了必要的物资如燃料、备用设备、通信工具等的充足供应和有效管理。这些物资是维护电力设施安全运行的基础，能够在紧急情况下迅速提供必要支持，确保设施的连续供电。应急后勤保障建立了人员支援和调度体系，在应对突发事件时能够迅速调配人力资源响应突发事件，包括人员安全、生活保障、交通调度等方面。

1. 基本要求

1）应按照"内部资源优先、外部资源补充"的保障原则，满足处置突发事件现场的餐饮、用房、交通、医疗、物资等基本需求；

2）坚持预防与应急保障并重，常态与非常态结合，响应迅速，保障有力；

3）坚持自我保障与社会保障相结合，发挥城市应急管理体系优势，加强与相关方沟通协作，建立健全"上下联动、区域协作、协同响应"运行机制，整合内外部资源，协同开展突发事件应急后勤保障工作；

4）重点针对本地域多发的突发事件开展培训演练，提升自救、互救和应对突发事件的后勤保障能力；

5）将应急后勤保障纳入应急管理体系统一管理，按照"协调联动、分级负责、实时伴随、全程覆盖、安全有效"的要求开展各项应急后勤保障工作。

2. 保障分级

根据突发事件应急响应级别，应急后勤保障级别分为以下3级。

1）一级保障

突发事件发生时，为执行特别重大突发事件应急处置任务的人员提供的后勤保障。

2)二级保障

突发事件发生时,为执行重大突发事件应急处置任务的人员提供的后勤保障。

3)三级保障

突发事件发生时,为执行较大、一般突发事件应急处置任务的人员提供的后勤保障。

3. 保障准备

1)信息收集

应首先收集突发事件的预警信息:事件类型、级别、发生地、区域气候、地形条件、保障时间、属地单位后勤物资储备情况,以及应急处置人员伤亡或被困情况等与后勤保障高度相关的要素信息。

2)启动预案

突发事件应急预案启动后,执行相关专项应急预案和现场处置方案。

3)准备内容

(1)餐饮保障准备

应完成以下准备工作:

①掌握应急处置人员数量以及餐饮禁忌、供餐频次、配餐时间、送达时间、用餐环境等要求;

②提前踏勘送餐路线;

③掌握应急处置现场附近内外部餐饮机构分布、供餐条件及配送能力。

(2)用房保障准备

应完成以下准备工作:

①掌握应急处置人员数量、性别;

②掌握应急处置现场附近内外部住宿资源、办公资源及设备设施情况;

③掌握现场应急指挥机构场所的地点及设施情况;

④掌握现场应急指挥机构场所的消防、安保、会议、保洁、生活等服务需求;

⑤掌握属地及周边单位用房保障相关资源可调配情况。

(3)交通保障准备

应完成以下准备工作:

①掌握应急处置现场及指挥部车辆数量、种类需求;

②掌握行车路线的交通封控、管制和道路破坏情况;

③掌握属地及周边单位车辆可调配情况。

(4)医疗保障准备

应完成以下准备工作:

①了解应急处置现场易发传染病、流行病等情况;

②掌握应急处置现场附近可调配的内外部医疗资源；

③组织健康体检、筛查、习服（高原地区）、宣教等。

（5）物资保障准备

应完成以下准备工作：

①明确事件类型及对应所需物资种类；

②属地单位附近物资储备库中后勤相关物资的储备情况；

③外部物资供给资源、供应渠道、供应能力。

4. 保障内容

1）餐饮保障

（1）保障方式

餐饮保障采用以下两种方式：

①自我保障。利用单位内部餐饮资源，可采用定点就餐、统一配送或自行携带等供餐方式；

②社会保障。若自我保障资源无法满足供餐需求，利用社会餐饮资源定点或搭伙进行就餐、配餐，并由属地保障单位统一组织送餐的供餐方式。

根据现场条件，应按照以下顺序选择餐饮保障方式：首选附近属地单位食堂或餐饮企业定点就餐；无法定点就餐的，由属地单位食堂或餐饮企业统一配送；应急处置现场自然条件恶劣不具备配送条件的，可选择在附近政府、学校、企业食堂搭伙；不具备搭伙条件的，可搭建临时食堂，有条件的可派驻野战餐车；无法定点就餐且无法统一配送的，可采用自行携带方式供餐。

在属地单位食堂就餐，按需协调补充餐饮服务人员；在餐饮企业就餐时，应派出联络员负责就餐事宜和餐饮安全监督；采用统一配送方式供餐时，以属地单位食堂配送为主，餐饮企业为辅，配送应执行国家餐饮服务食品安全操作规范的相关规定；临时食堂供餐，应急处置人员小于25人时，应配置1名厨师、1名服务人员、1名联络员。每增加25名应急处置人员增加1名厨师及1名服务人员；每增加一个集中就餐点增加1名联络员；自行携带宜配置自热食品、高能量食品、汤液体食品和饮用水等。

（2）餐饮标准

餐饮保障食谱应符合以下标准：

①自我保障

按照"1122""4211"饮食保障模式，即早餐1种饮品、1个鸡蛋、2种主食、2个小菜；中、晚餐4个菜、2种主食、1种饮品（或酸奶）和1种水果；夜宵根据现场情况选择供餐方式。应提前确定食谱，并考虑民族饮食习惯，按计划实施；自行携带方式供餐的，可根据需求合理配置。

②社会保障

参照自我保障标准,食谱应口味丰富、荤素搭配。

餐饮保障餐费标准应遵循以下原则:

①自我保障餐费

执行属地单位日常餐费标准。

②社会保障餐费

在承担保障任务单位日常餐费标准的基础上,可上浮 30% ~ 50%。

(3)物资配置

自我保障供餐应配置但不限于以下饮食类物资:

①谷薯类

大米、面粉等。

②蔬菜水果类

各类蔬菜、水果等。

③动物性食物

肉、蛋、鱼、禽、奶及其制品等。

④大豆制品

豆腐及豆制品等。

⑤方便食品

火腿肠、自热饭、自热火锅、压缩饼干、巧克力、方便面等。

⑥饮用水

矿泉水、热水。

根据供餐方式,应配置以下设备设施类物资:

①属地单位食堂定点就餐,应确保食堂设备设施正常使用;

②搭伙方式定点就餐,餐饮设备配置与外部单位协商确定;

③统一配送方式供餐,应配置一次性餐(饮)具、配送车辆、封装容器、保温箱(包)等物资;

④临时食堂定点就餐,饮食类物资参照物资配置执行,同时配置必要的设备设施和燃料;

⑤采用自行携带方式,视需要配置便携炊具。

符合以下条件时,可采用野战餐车保障:

①现场条件不具备定点就餐条件,且无法统一配送;

②供餐人数在野战餐车保障能力范围之内。

（4）食品采购

①采用属地食堂定点就餐、属地食堂统一配送或自行携带方式供餐，应进行食品采购；

②初次采购应按照供餐人数、餐饮标准确定采购种类和数量，并确保至少满足3天的需求，根据应急处置的时间随时进行补充采购；

③方便食品、蔬菜、肉禽类、水等消耗较大的食品应与合格供应商签订储备协议，确保稳定供应；

④应采购符合食品卫生安全要求的食品，保质期剩余时间宜长于保质期的50%，并按照《中华人民共和国食品安全法》进行监督和管理；

⑤大宗食品采购需要三证（卫生证、化验证、合格证），购货合同、发票应齐全，做到100%可追溯。食品入库前应进行安全质量验收。

（5）食品储存

属地食堂采购的应急食品应进出货记录齐全，食品储存应分类分架、离墙隔地并设置明显的标识，储存场所、设备符合食品储存条件，无病媒生物污染。

食品储存温度应满足以下要求：

①方便食品应储存在卫生、阴凉、通风、干燥处；

②熟肉类、大豆制品、乳制品在保质期内冷藏温度应在 0 ~ 6℃；

③水果和蔬菜应冷藏保存，冷藏温度在 2 ~ 4℃；

④生肉类等冷冻食品储存温度应在 −24 ~ −18℃。

（6）食品加工

①属地单位食堂供餐或临时食堂供餐，食品加工应符合《食品安全国家标准 消毒餐（饮）具》GB 14934—2016、《生活饮用水卫生标准》GB 5749—2022、《食品安全国家标准 食品添加剂使用标准》GB 2760—2024 的规定；

②加工过程中，真菌毒素、污染物、致病菌含量应符合《食品安全国家标准 食品中真菌毒素限量》GB 2761—2017、《食品安全国家标准 食品中污染物限量》GB 2762—2022、《食品安全国家标准 预包装食品中致病菌限量》GB 29921—2021 要求，餐具消毒应符合《食品安全国家标准 消毒餐（饮）具》GB 14934—2016 规定；

③应建立食品留样制度，留取当餐供应所有品种，每份不少于125g，以标签标注菜名，在规定位置冷藏存放48h；

④饮用水水质按照《生活饮用水卫生标准》GB 5749—2022 要求进行检测，必要时加装净水器，合格后方可作为饮用水和生活用水使用。

（7）食品配送

采用统一配送方式供餐时，应符合以下卫生规定：

①热食配送应分类、密闭保存，可采取保温箱（包）、密封性能良好的餐盒等多重保温

措施；

②送餐箱（包）应保持清洁，并定期消毒；

③使用符合食品安全规定的容器、包装材料盛放食品，避免污染；

④使用符合食品安全要求的一次性餐（饮）具且不应重复使用，优先选用可降解材料制品；

⑤配送人员健康体检合格率100%；

⑥不得将食品与有毒有害物品混装配送；

⑦使用专用的密闭容器和车辆配送食品，配送前，对车厢和容器进行清洁，盛放成品的容器应进行消毒；

⑧配送过程中，不同存在形式的食品独立包装并分隔，盛放容器应包装严密；

⑨餐饮废弃物等分类收集，集中统一处置。

2）用房保障

（1）保障方式

用房保障包括住宿用房保障和办公用房保障。

①住宿用房保障是为满足应急处置人员住宿需求而提供的保障服务，采用以下两种保障方式。

a）自我保障

利用公司所属建筑物、房屋或野外搭建临时用房为应急处置人员提供临时住宿的保障方式。

b）社会保障

利用宾馆酒店等社会资源为应急处置人员提供临时住宿的保障方式。

②办公用房保障是为满足应急现场办公需求而提供的保障服务，采用以下两种保障方式。

a）自我保障

利用公司所属建筑物房屋或野外搭建临时用房为应急现场提供临时办公用房的保障方式。

b）社会保障

利用宾馆酒店等社会资源为应急现场提供临时办公用房的保障方式。

（2）用房标准

①采用自我保障方式进行用房保障，应符合以下规定：

a）室内临时住宿，按房屋结构和实际面积，实行定员安排，应每人一个床位；

b）野外搭建简易板房或帐篷等临时住所进行保障时，确保临时住所场地平整防滑，排水良好，远离地质灾害隐患地域和各类污染源等，交通条件便利。

②采用社会保障方式进行用房保障，住宿标准按照单位差旅费管理办法执行；

③应急现场办公场所应选择具有办公功能的固定建筑物或搭建临时建筑。

（3）物资配置

①采用自我保障方式进行住宿保障，根据地域和气候环境差异及现场实际需求配置物资，并可按照保障初期和中、后期分期配置到位；

②采用社会保障方式进行住宿保障，床上及生活用品以房间配备为主，不足时可按实际需要进行补充；

③固定建筑物内搭建临时办公场所时，应充分利用现有设备，野外搭建临时办公场所（帐篷、板房）等，应统筹考虑相关特殊保障装备配置和人员配备，现有设备和人员无法满足需要时，按照保障级别要求，协调相关单位解决；

④应急现场办公场所设备设施的种类和数量应按照应急处置人数实际情况配置；

⑤住宿及办公用房应配有电力、通信、安保、标识等配套设备，并符合相关安全要求。

3）交通保障

（1）保障方式

交通保障采取以下两种保障方式：

①自我保障

调配公务用车、生产用车等内部资源，为应急处置现场提供车辆的保障方式。

②社会保障

内部资源不能满足需求时，规范租赁外部车辆，为应急处置现场提供车辆的保障方式。

（2）配置标准

根据车辆需求种类及数量，按照保障初期和中后期两个阶段，统筹配置应急后勤交通工具、必要的备品备件，配置应符合相关规定。常规交通工具的类型、数量应综合考虑突发事件类型、级别和应急现场距离等因素进行配置；特殊交通工具依据突发事件类型、性质、实际需求进行配置，符合以下规定：

①发生台风、洪涝、泥石流等灾害时，可配置工程车、起重机、挖掘机等；

②发生地震灾害时，可配置野地车、摩托车等；

③发生雨雪冰冻灾害时，可配置清雪车（机）、运输车、铲车等；

④必要时，可配置冲锋舟、水陆两栖车、直升机等。

按照"内部资源优先、外部资源补充"原则组织交通运输工具，根据突发事件类型和地域差异及实际需求进行配置。优先调集属地单位内部车辆，当属地单位车辆无法满足保障需要时，可统一组织调用系统内其他单位车辆；系统内资源无法满足需要时，应协调社会车辆进行保障，按照单位物资管理通则以及采购管理要求，选取合格供应商租赁车辆。

（3）车辆通行

应急保障交通工具应符合以下规定：

①确保车辆性能完好；

②备调车辆保证油箱储油量大于 2/3；

③在指定地点停放；

④钥匙由应急值班人员统一保管；

⑤按照国家规定定期检验。

积极与交管部门沟通，及时掌握突发事件发生地交通管制和道路通行情况，解决交通管制、限行等问题；及时调整行进路线，必要时由专人带路引领，确保交通工具安全及时就位。交通保障联络员及驾驶员应保持 24h 通信联络。

特殊环境下的交通安全应符合以下规定：

①冰雪天气，选择安全路线行驶，必要时可在驱动车轮安装防滑链；

②暴雨天气，选择安全地点停车，并打开示宽灯，待雨小或雨停时再继续行驶；

③浓雾天气，打开防雾灯和近光灯，降低速度，靠右通行，保持前车安全距离；无法保证充足能见度时，及时选择安全地点靠边停车，并打开小（尾）灯和示宽灯，待浓雾散后继续行驶；

④山区道路行驶时应做到减速、鸣号、靠右行驶；

⑤溜滑路面，降低车速，尽量减少急刹车次数。

选派专业素质过硬的驾驶员，符合以下规定：

①应持与准驾车型相符并在有效期内的机动车驾驶证；

②驾驶经验丰富，具有特殊地形驾驶能力；

③应熟悉保障车辆型号、性能及维护保养知识，掌握一定维修技术；

④健康状况良好，无影响车辆安全驾驶的疾病。

4）医疗保障

（1）保障方式

医疗保障采用自我保障和社会保障两种保障方式。

①自我保障

使用内部资源配置医疗急救箱、设置临时医疗点、开展巡回诊治等，为应急现场处置人员提供的应急医疗服务。

②社会保障

与社会医疗机构建立医疗绿色通道，为应急现场处置人员及时提供的专业医疗诊治或救治服务。

按以下条件设置临时医疗点。

①应急处置人员大于 50 人的集中应急处置场所宜设置一个临时医疗点;

②根据应急处置人员分布情况及应急需要,集中应急处置点与临时医疗点间距离大于 10km 时,可增设临时医疗点。

突发事件应急处置点较分散时,应组建巡诊小组开展巡回诊治。应与就近医疗机构建立绿色通道,保证突发情况时及时就诊。积极协调突发事件发生地医疗机构,提供驻点诊治及巡诊服务。可根据需求采购相关的重大灾情和突发卫生事件应急医疗服务包,为突发事件应急处置现场人员提供医疗保障。

(2)配置标准

每 30 人应配备一个急救箱,有条件的为每名应急处置人员配备 1 个急救包;急救箱(包)中应急医疗用品根据现场实际、季节和地域特点适时调整,类别和数量符合实际需要,其中处方药品应由医生开具后方可使用。

根据不同突发事件类型,配备特殊药品、器械应符合以下规定:

①冬季寒冷地区,雨雪冰冻灾害期间,应配备冻伤药品;

②高原地区应配备抗高原反应药品;

③台风、洪涝灾害期间,应配备防护服、喷雾器、消毒药片、防暑降温及治疗接触性皮炎、肠炎、毒蛇(虫)咬伤等医疗用品;

④地震、泥石流灾害、事故灾难,应配备担架、外伤药品;

⑤公共卫生事件期间,应配备对应的预防性、消毒类药品和器具;

⑥社会安全事件期间,应配备担架、外伤药品和烫伤药品。

巡回诊治与临时医疗点由 1 名医生、1 名护士、1 名驾驶员组成,配置 1 辆应急医疗保障车和急救箱。

应建立医疗绿色通道,绿色通道应满足以下要求:

①医疗机构应选取具有法定资质的医疗组织;

②保障前及时与就近医疗机构联系,明确绿色通道保障流程;

③与医疗机构做好急救对接准备。

(3)医疗处置

①临时医疗点应安排医疗人员 24h 值班,每天对偏远、分散的应急处置人员进行巡回问诊,确保人员受伤或发生疾病时及时救治,可聘请专业人员开展应急处置人员心理疏导工作,与医疗保障工作同步;

②实行医疗救治分级管理,一般病症,现场医治。较重疾病,及时送就近医疗机构就诊。重症患者,经紧急处置后转相应专业医疗机构就诊,并安排医护人员和救护车全程护送;

③据实际情况定期对应急处置现场进行消毒。

5）物资保障

（1）物资采购

应根据预警信息和实际应急需求量，采用实物采购、协议（合同）采购、应急采购等方式采购应急后勤保障物资。

餐饮应急物资采购，采取协议采购或应急采购方式；应急后勤保障物资采购工作应执行公司物资采购相关管理办法；应急后勤保障物资采购主要包括餐饮、用房、医疗、交通等物资。

（2）物资储备

①应急后勤保障物资按照实物、协议、动态周转等方式储备。属地单位应急后勤保障物资储备无法满足保障需求时，可协调其他储备点（库）解决；

②应急后勤保障物资的验收、入库、储存、发放应执行公司物资仓储配送相关管理办法；

③应急后勤保障结束后按配置要求进行补充；

④根据辖区突发事件频次和多发类型，有针对性地进行配置，配置种类、数量符合本部分1）~4）规定。

（3）物资配送

①突发事件发生时，根据突发事件种类和应急处置人员数量，各类物资应及时筹措、配送到位；

②根据突发事件现场需求和保障分级要求，按照属地就近原则，统筹调配应急后勤保障物资和装备；

③随时掌握保障物资需求信息，接到指令后 8h 内将保障物资配送至现场；

④应急后勤保障特殊物资应根据保障现场道路状况及实际需要进行配送。

第 8 章 城市电力设施安全事件应急处置

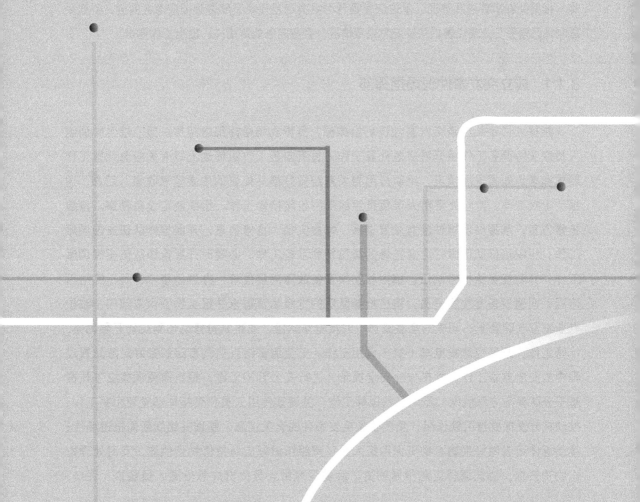

8.1 城市电力设施安全事件应急处置流程

针对城市电力设施应急处置，主要流程包括成立突发事件现场指挥部、发布预警和启动应急响应、召开应急动员部署会（应急会商会）。根据突发事件事态发展，经单位应急领导小组决定，成立突发事件现场指挥部，设置综合协调组、抢险处置组、安全监督组、党建宣传组、物资保障组、后勤保障组、技术保障组等若干个小组。通过监控危险源和收集应急信息，研判突发事件可能造成的影响，发布或调整预警信息，启动应急响应，组织落实相关响应措施。根据突发事件进展情况，单位应急领导小组决定召开动员部署会或应急会商会，听取受影响地区预警防御或灾害损失及应急处置情况，会商应急处置措施，提出工作要求。

8.1.1 成立突发事件现场指挥部

指挥人员牵头组建突发事件现场指挥部，负责现场指挥部的指挥决策。综合协调组人员牵头协调各工作组开展应急处置工作，负责向各工作组传达上级有关应急处置工作要求和事件处置进展情况，组织应用相关系统做好事件处置的主要信息收集、汇总、通报、上报工作。抢险处置组人员负责组织电网抢险抢修工作，组织制定设备勘察、抢险抢修方案；掌握突发事件应急处置进展，掌握灾损、抢修信息，开展抢修队伍支援调派工作；组织抢修队伍做好应急抢修的集结待命准备工作，必要时开展抢修队伍支援调派工作；分配任务给抢修队伍，填报和收集设备故障勘察信息，办理抢修单许可、终结等流程；明确设备专业物资员，审核抢修队伍的抢修物资需求并报至物资供应部门，维护专业物资仓储台账；明确抢修联络员，对接抢修队伍，或带领抢修队伍到现场开展勘察、抢修工作；开展应急发电车（机）调用工作。安全监督组人员负责组织做好应急处置过程中的安全监督工作，发布作业安全提示、进行安全管控工作；根据需要调拨应急救援基干分队参与应急供电、照明、救援等工作。党建宣传组人员负责指挥部党建相关工作，推动充分发挥党建引领作用；负责收集突发事件的有关信息，整理并组织新闻报道稿件；接待媒体记者做好采访。物资保障组人员负责组织做好应急抢修物资供应，及时处理抢修物资需求，协调调拨应急抢修物资。后勤保障组人员负责应急处置人员餐饮、住宿、防疫、医疗卫生及现场指挥部会务等后勤保障。技术保障组人员负责卫星通信车、卫星电话、集群通信等装备运行维护,确保现场指挥部和上级应急指挥部、现场抢修队伍之间的通信系统的运行保障、本部应急指挥中心视频会议保障,根据需要提供现场应急指挥和抢修现场的应急通信保障。

8.1.2 发布预警和启动应急响应

指挥人员在预警阶段研判有关信息,批准发布或调整预警行动;在应急阶段研判突发事件造成的影响,批准启动或调整应急响应。监测人员在预警阶段应用各类信息系统开展危险源监控,密切关注气象、电网运行、设备状态、网络信息、重要用户、舆情、公共卫生和社会安全事件等情况。收集应急信息,接收上级单位、政府有关部门预警通知,接收公司系统相关单位报送的突发事件信息。汇总、分析、研判有关信息,30min 内提出预警建议。在应急阶段应用各类信息系统实时跟踪突发事件造成的影响,汇总有关信息数据和各级单位报送的信息报告,按要求的时限向指挥人员和信息发布人员报告有关情况。信息发布人员在预警阶段研判有关信息,30min 内提出预警等级及响应措施建议,提交指挥人员(应急领导小组成员)审核。落实指挥人员要求,在指挥人员批准后 30min 内通过系统、短信平台等渠道发布或调整预警信息。在应急阶段研判监测人员收集的信息,按照相关应急预案要求,30min 内提出应急响应等级及措施建议,提交指挥人员(应急领导小组成员)审核。落实指挥人员要求,在指挥人员批准后 30min 内通过系统、短信平台等渠道发布或调整应急响应信息。通信保障人员在公司发布预警或启动应急响应后,加强有关信息系统、短信平台、应急指挥中心软硬件设施的运维保障。

1. 召开应急动员部署会(应急会商会)

应急领导小组成员在预警阶段研判气象动态或有关事态发展,批准召开应急动员部署会。在应急阶段根据突发事件事态发展情况,决定召开应急会商会。主持或参加会议,提出工作要求。安监人员在预警阶段研判气象动态或有关事态发展,向应急领导小组提出召开应急动员部署会的建议。确定会议时间、议程、参会单位和人员范围,协同办公室做好会议通知和会务等工作。在应急阶段按照公司应急领导小组要求,组织或协同专项应急办组织召开应急会商会。应急办成员部门人员在预警阶段汇报本专业预警防御工作部署情况,提出下阶段工作要求以及需协调解决的工作事项。在应急阶段专项应急办所在部门人员落实应急领导小组要求,组织召开应急会商会。专项应急办确定会议时间、议程、参会单位和人员范围,协同办公室做好会议通知和会务等工作。针对突发事件事态发展情况,提出专业意见。通信保障人员在预警和应急阶段负责做好应急指挥中心会议系统调试,会议期间通信保障,参与应急值班。

8.2 城市电力设施安全事件应急处置措施

8.2.1 城市电力隧道、变电站电缆沟火灾专项应急处置措施

电力隧道、电缆沟属有限空间，具有曲折狭长、出入口狭小的特点，一旦内部出现火灾人员及常规消防装备均无法进入灭火。电力隧道消防车是针对隧道等地下有限空间，以临界态二氧化碳介质进行快速灭火的消防车，具备操作简便、安全绝缘、快速高效、清洁无残留等优势。

城市电力隧道、变电站电缆沟火灾应急处置措施主要包括：接警、出警、火源定位、进场部署、启动灭火、灭火检查、撤场，以及填写记录单并编制作业报告。

1. 接警

接到公司指挥部发布的火警信息后，人员应在 3min 内准备好全部个人防护用品、通信装置并集结出发。

2. 出警

车辆出发前，应参考移动作业终端导航选择适当路径，行驶过程中应拉响警笛、开启爆闪灯，同时开启 GPS 定位系统及音视频通信系统，确保相关信息及时上传。

3. 火源定位

根据竖井风亭分布图、隧道走向图找到现场风亭，根据风亭冒烟情况确定火情范围结合火警信息初步判断火源位置及灭火井口。确认后立即向指挥部汇报。

根据台账信息确认工井位置、隧道埋深、工井平台数量、断面信息，确认车辆停放位置，计算所需硬质延长管数量。计算公式为：1.5m 定位杆 +4m 导向喷管 +1m 硬质延长管若干 +2m 硬质延长管若干 = 竖井深度 + 隧道内部高度 + 井口露出接管高度 0.5m ~ 1m = 所需硬质延长管数量。

提示：隧道内部高度，110kV 隧道约 2.1m，220kV 隧道约 2.9m，顶管隧道约 1.8m。

4. 进场部署

车辆停放到位后应做好个人保护措施，消防人员及辅助人员（司机）均穿戴全身式防火服并背带正压式呼吸器。

打开工井前应做好安全警戒措施，根据现场车辆停放位置及井口相对位置，在工作范围边缘设置安全围栏及警告标志牌，夜间应注意打开车载爆闪灯进行警戒。完成井口固定装置、定位杆及喷放管（导向喷管、硬质延长管及软质延长管）的敷设连接。

从出警至作业结束全过程通过视频通信系统实时向指挥部反馈出行及现场作业情况。作业过程中应始终保持高度警惕，防范各类人员及设备风险。

5. 启动灭火

检查控制器上告警信息、设备运行参数（气体压力、液位、温度等）、阀门状态，确认无误后方可启动灭火，持续喷放 90s。

6. 灭火检查

观察烟颜色、浓度变化，若风亭、井口处黑烟完全变为白烟并迅速消散，则初步认为火灾已经扑灭，等待 10min 或隧道内能见度恢复后，利用电缆隧道巡检机器狗或无人机进入查看灭火情况、设备受损情况。若火灾未完全扑灭应重新判断火源位置并及时开展二次喷放。

7. 撤场

确认火灾未复燃，隧道内温度气体检测合格后，向指挥部汇报相应信息，经单位应急指挥部许可后方可撤场。撤场过程中仍应注意确保人身、设备安全，按步骤拆除接管，确认现场无遗留物。

8. 填写记录单并编制作业报告

灭火作业人员根据火灾报警信息及灭火信息如实填写作业记录单并编制灭火作业报告，上报安监、运检部门。

8.2.2 地下变电站火灾专项应急处置措施

地下变电站火灾应急处置措施如下：

1）运检指挥中心当班人员，在接到火灾报警动作信号后，应立即通知运维人员开展检查工作，并通过变电站视频监控系统等手段进行远方检查确认，如确实发生火情，向有关领导和相关部门汇报。运维人员接火警通知后，应立即按照应急预案开展工作。若变电站保安人员发现站内有火情，应第一时间汇报给运维人员。运维人员到达现场确认着火设备后拨打 119 电话，汇报调控中心和运检指挥中心，由调控人员遥控断开着火设备电源，并向有关领导进行火情信息初汇报。119 火警发出后，变电站保安人员在门口或显著位置待命，保持通话畅通，等待接警，并引导消防车辆进入，向消防人员指引火情位置；

2）针对城市地下变电站、城市中心变电站、毗邻密集居民区的变电站，考虑其火灾危害的严重性，调控中心应提前制定该类变电站的负荷转移预案，确保在发生火情后重要用户可靠供电。事发单位火灾事故处置领导小组还应启动与政府相关部门的应急联动机制，协同开展灭火处置、人员疏散、伤亡救治等工作，将火灾的危害、社会影响降到最低；

3）携带合格齐备的正压式呼吸器及个人防护用品赶赴事发现场；

4）通知消防技术服务机构等相关外协单位携带必要的器具赶往事发现场协助处置；

5）运维人员到达现场后，应按照"火灾报警主机—查明着火点—固定灭火装置启动情况（主变压器起火）—报警及汇报相关人员—隔离操作—组织灭火"的流程开展消防应急处置工作；

6）现场确认火情后，拨打119火灾报警电话，并向当值调控人员、有关领导作详细汇报；

7）报警时应详细准确提供如下信息：火灾地点；火势情况；着火的设备类型；燃烧物和大约数量、范围；消防车类型及补水车等需求；报警人姓名和电话号码；政府综合消防救援部门需要了解的其他情况；

8）按照当值调控人员指令停电隔离着火设备及受威胁的相邻设备，必要时可先停电隔离再汇报；

9）运维人员根据现场火情在已完成停电隔离并做好个人安全防护后，可使用消防沙、灭火器等消防器材开展初期火灾扑救，扑救时应密切关注风向及火势发展情况；

10）根据现场火情，通知相关单位携增援装备赴现场；

11）设立安全围栏（网），明确实施灭火行动的区域；

12）若火势无法控制，现场负责人应组织人员撤至安全区域，防止设备爆炸、建筑倒塌等次生灾害；

13）现场运维人员引导政府综合性消防救援队伍进入现场，交代着火设备现状和运行设备状况，并协助其开展灭火工作；

14）在政府综合性消防救援队指挥下，现场运维人员组织消防技术服务机构、物业人员设立警戒线，划定管制区，阻止无关人员进入；

15）未配置变压器固定自动灭火系统的变电站，按照当值调控人员指令停电隔离着火设备及受威胁的相邻设备，必要时可先停电隔离再汇报。现场运维人员待政府综合性消防救援队伍到达火灾现场后，协助开展灭火工作；

16）按照现场政府综合性消防救援队伍指挥人员的要求开启变电站室内通风装置（事故排烟装置）。

8.2.3 变电站重点部位火灾应急处置措施

1. 变压器火灾

1）变压器火情确认后，运维人员应立即拨打119火灾报警电话并汇报当值调控人员和有关领导，同时通过视频监控观察变压器固定自动灭火系统是否启动；

2）若未自动启动，运维人员在到达现场并确认变压器各侧开关已断开后，用火灾报警控制器（联动单元）手动启动变压器固定自动灭火系统；

3）若远方手动启动不成功，运维人员在确保人身安全的前提下并做好个人安全防护后，可在装置现场启动应急机械；

4）运维人员应根据现场火情提前完成着火变压器停电隔离及安全措施布置工作，待政府综合性消防救援队伍到达现场后，立即与救援队伍负责人取得联系并交代着火设备现状和设备运行状况，然后协助政府综合性消防救援队伍灭火，必要时向调控部门申请将该变压器附近电力设备停电。

2. 开关室火灾

1）开关室火情确认后，运维人员应立即拨打119火灾报警电话并汇报当值调控人员和有关领导；

2）运维人员现场确认电源侧开关、有电源倒送的线路开关已断开后，按照调控中心指令开展负荷转移工作；

3）运维人员应根据现场火情提前完成相关设备停电隔离及安全措施布置工作，待政府综合性消防救援队伍到达现场后，立即与救援队伍负责人取得联系并交代着火设备现状和设备运行状况（室内SF_6气体含量情况），然后协助政府综合性消防救援队伍灭火。

3. 电容器室火灾

1）电容器室火情确认后，运维人员应立即拨打119火灾报警电话并汇报当值调控人员和有关领导；

2）运维人员到达现场确认电容器开关已断开后，还应通知调控人员将AVC、VQC等自动电压无功控制系统封锁；

3）运维人员应根据现场火情提前完成相关设备停电隔离及安全措施布置工作，待政府综合性消防救援队伍到达现场后，立即与救援队伍负责人取得联系并交代着火设备现状和设备运行状况，然后协助政府综合性消防救援队伍灭火。

4. 室内接地变火灾

1）室内接地变火情确认后，运维人员应立即拨打119火灾报警电话并汇报当值调控人员和有关领导；

2）运维人员现场确认接地变开关已断开后，还应检查所用电负载切换情况，如切换不成功则进行手动切换；

3）运维人员应根据现场火情提前完成相关设备停电隔离及安全措施布置工作，待政府综合性消防救援队伍到达现场后，立即与救援队伍负责人取得联系并交代着火设备现状和设备运行状况，然后协助政府综合性消防救援队伍灭火。

5. 蓄电池室火灾

1）蓄电池室火情确认后，运维人员应立即拨打119火灾报警电话并汇报当值调控人员和有关领导；

2）运维人员应根据现场火情提前完成相关设备停电隔离及安全措施布置工作，待政府综合性消防救援队伍到达现场后，立即与救援队伍负责人取得联系并交代着火设备现状和设备运行状况，然后协助政府综合性消防救援队伍灭火。

6. 并联电抗器室火灾

1）并联电抗器室火情确认后，运维人员应立即拨打119火灾报警电话并汇报当值调控人员和有关领导；

2）运维人员到达现场确认电抗器开关已断开后，还应通知调控人员将AVC、VQC等自动电压无功控制系统封锁；

3）运维人员应根据现场火情提前完成相关设备停电隔离及安全措施布置工作，待政府综合性消防救援队伍到达现场后，立即与救援队伍负责人取得联系并交代着火设备现状和设备运行状况，然后协助政府综合性消防救援队伍灭火。

7. 电缆夹层、电缆竖井或电缆沟火灾

1）电缆夹层、电缆竖井或电缆沟火情确认后，运维人员应立即拨打119火灾报警电话并汇报当值调控人员和有关领导；

2）运维人员到达现场后，参考电力电缆敷设路径图迅速对着火电缆进行停电隔离并实时观察现场火情，及时向当值调控人员和有关领导汇报火场动态，等待接受扩大停电范围的操作任务；

3）运维人员应根据现场火情提前完成相关设备停电隔离及安全措施布置工作，待政府综合性消防救援队伍到达现场后，立即与救援队伍负责人取得联系并交代着火设备现状和设备运行状况，然后协助政府综合性消防救援队伍灭火。

8. 保护室火灾

1）保护室（二次设备室）发生火灾时，运维人员应立即拨打119火灾报警电话并汇报当值调控人员和有关领导，并做好相关一次设备停电的操作准备；

2）运维人员应根据现场火情提前完成相关设备停电隔离及安全措施布置工作，待政府综合性消防救援队伍到达现场后，立即与救援队伍负责人取得联系并交代着火设备现状和设备运行状况，然后协助政府综合性消防救援队伍灭火。

9. 通信室火灾

1）通信室发生火灾时，运维人员（保安）应立即通知信通公司，由信通公司远方开门或提供开门密码，必要时破门而入；

2）拨打119火灾报警电话并汇报当值调控人员和有关领导，并做好相关一次设备停电的操作准备；

3）运维人员应根据现场火情提前完成相关设备停电隔离及安全措施布置工作，待政府综合性消防救援队伍到达现场后，立即与救援队伍负责人取得联系并交代着火设备现状和设备运行状况，然后协助政府综合性消防救援队伍灭火。

8.2.4 换流站主变压器、阀厅火灾专项应急处置措施

1. 换流站主变压器火灾应急处置措施

1）应立即用工业电视摄像头进行检查，确定换流站主变压器火情后，若×极直流系统未停运，则值班负责人下令当值运维人员手动按下主控室×极的紧急停运按钮，将×极直流系统停运；立即拨打119火灾报警电话并汇报当值调控人员和有关领导；

2）值班负责人立即拨打119火警电话，报警内容为："您好，这里是××换流站，发生火灾，地址为××××，发生火灾的设备为×××，燃烧物为×××，变压器约有××吨绝缘油，火势比较大，需要泡沫消防车和补水车扑救"；

3）值班负责人向区域网调汇报："您好，××换流站×号换流站主变压器×相起火，现已按下×极紧急停运按钮，将×极紧急拍停，×极换流阀已闭锁，×号换流站主变压器交、直流侧断路器已跳开，×极直流场设备已转冷备用，现场正组织人员灭火，申请将×极转检修"，并将上述内容及时汇报给检修公司柔直调相机运检中心领导、检修公司运检指挥中心；

4）检查主控室换流站主变压器事故排油系统控制箱上有火警警报，操作手把在手动位置，手动按下×号换流站主变压器×相排油按钮；

5）火灾自动报警控制器用专用钥匙将自动位置转到手动位置，将泡沫喷雾系统控制柜自动/手动切换手把切换至手动，按下在泡沫喷雾系统控制柜×号换流站主变压器×相泡沫喷雾启动按钮，观察泡沫喷雾灭火装置是否启动；

6）若未启动，则到泡沫消防间现场应急机械启动，手动开启×号换流站主变压器×相紧急阀门；

7）若再未启动，则到综合水泵房，检查消防电源是否失电，若能恢复送电，则按下在消防泵控制柜上的消防泵启动按钮，若还未启动，则向有关领导汇报；

8）在主控室消防炮工作站远程操作泡沫消防炮瞄准起火设备进行灭火，若远程遥控不成功，运维人员在确保人身安全的前提下并做好个人安全防护后，可在就地泡沫炮控制箱和泡沫消防间现场应急机械启动；

9）对着火区域进行安全隔离；

10）应加强对其他设备的运行监视，发现异常情况时应及时汇报当值调控人员和有关领导。必要时，增加停电设备范围；

11）若火势无法控制，现场负责人须组织人员撤至安全区域，防止设备爆炸等次生灾害；

12）待政府综合性消防救援队伍到达现场后，立即与救援队伍负责人取得联系并交代着火设备现状和设备运行状况，然后协助政府综合性消防救援队伍灭火，必要时向调控部

门申请将该变压器附近电力设备停电；

13）必要时，用砂土对×号换流站主变压器×相附近两侧电缆沟进行封堵或修筑围堰，防止火势蔓延。

2. 阀厅火灾应急处置措施

1）应立即用工业电视摄像头进行检查，确认阀厅火情后，立即向值班负责人报告。若×极直流系统未停运，则值班负责人下令当值运维人员手动按下主控室×极阀厅的紧急停运按钮，将×极直流系统停运；

2）检查×极直流系统已停运，值班负责人立即拨打119火灾报警电话，报警内容为："您好，这里是××换流站，发生火灾，地址为××××，电气设备起火，需要泡沫消防车和补水车扑救"；

3）值班负责人向区域网调汇报："您好，××换流站×极阀厅起火，现已按下×极紧急停运按钮，将×极紧急拍停，×极换流阀已闭锁，×极直流场设备已转冷备用，现场正组织人员灭火，申请将×极转检修"，并将上述内容及时汇报给检修公司柔直调相机运检中心领导、检修公司运检指挥中心；

4）监控人员检查×极消防联动正确隔离×极阀厅；

5）检查主控室内空调控制主机上显示×极阀厅空调系统已停运，其送风防火阀和回风防火阀已关闭；

6）如消防联动未将×极阀厅隔离，则运维人员手动操作进行防火隔离；

7）到空调设备室手动关闭送风防火阀和回风防火阀；

8）断开×极空调机组1空开；

9）断开×极空调机组2空开；

10）断开×极空调控制室内×极阀厅SF_6风机空开及排烟机空开所在通风电源箱的总电源空开；

11）断开×极阀冷控制保护室内×极阀厅常照明及事故照明空开；

12）值班负责人通知保安，迅速组织人员疏通消防车道，打开换流站大门，降下防撞栏，使消防车到达后能立即驶入最佳位置灭火。确认灭火器类型为二氧化碳灭火器，并做好现场管控，若有围观人员要及时劝解疏散。派人到站外路口挥动明显标志引导消防车进站准备灭火。

8.2.5 换流站、变电站SF_6气体泄漏专项应急处置措施

换流站、变电站出现SF_6气体大量泄漏情况，可能造成设备压力突降、开关拒动、设备绝缘能力降低，引起设备爆炸、人员中毒等危害人身、电网、设备安全的严重后果，需

隔离故障设备,保障设备和人身安全。

换流站、变电站SF_6气体泄漏应急处置措施,灾情监测人员在预警阶段和应急阶段,无法现场检查情况下,通过视频监控系统,变电站综合自动化系统进行辅助监测,严密检测设备气室压力变化情况;接收集控通知的异常信号、故障跳闸等信息,并将上述信息提供给指挥人员和运行人员。运行人员在预警阶段根据灾情监测人员提供的监测情况,梳理出相应的故障隔离措施,并对所需的操作进行预演。对可能引发设备跳闸的情况,做好事故预想。在应急阶段根据指挥人员的指示,将SF_6设备气体泄漏情况、设备跳闸情况,以及故障隔离措施上报调度,并按要求实施故障隔离措施。若发生室内SF_6气体泄漏,则开启所有通风装置进行通风。根据调度人员的指令,恢复送电。抢修人员在预警阶段和应急阶段确认设备受损、保护动作情况,制定抢修方案,汇报指挥人员。对SF_6气体泄漏点进行处理,更换密封圈或采取临时封堵措施,以防止SF_6气体进一步外泄。根据检修方案对故障设备进行检修、试验等。信息报送人员在预警阶段和应急阶段确认站内通信通畅,及时对故障的通信设备进行维护。汇总灾情信息、故障隔离、和抢修送电情况,并按要求报送应急办。若发生人员中毒现象,及时转移中毒人员,拨打"120"急救电话将人员及时送医。后勤保障人员在预警阶段配齐相关物资,在应急阶段及时将需求上报应急办(后勤联络员)。

8.2.6 重要城市中心区停电事件专项应急处置措施

按照重要城市中心区停电突发事件处理基本原则,开展如下工作:首先,安全第一,做好安全防护措施,确保人身安全的情况下开展突发事件处置工作;其次,检查设备,尽快检查设备运行情况,初步判断故障部位及影响情况;最后,谨慎操作,设备故障造成重要负荷停电后,尽快隔离故障尽快恢复供电。涉及操作电网公司调度管辖的重要用户设备时,督促、协助重要用户征得电网公司调度部门同意后按命令操作。

针对重要城市中心区停电突发事件的处理程序主要包含如下工作:

1)做好安全防护措施,确保人身安全;

2)查看设备运行情况;

3)收集上报设备故障及影响信息;

4)设备故障造成重要负荷停电后,尽快隔离故障尽快恢复供电;设备故障造成重要负荷闪动后,在重要活动正在进行时尽快隔离故障暂不恢复方式,随后按要求时间开展抢修恢复方式。涉及操作电网公司调度的重要用户设备时,重要用户征得电网公司调度部门同意后按命令操作;

5)加强对保电设备巡视工作;

6)做好故障处置相关安全措施;

7）配合开展故障处置后续工作。

针对重要城市中心区停电突发事件的应对处置措施，主要分为上级电源故障造成停电和内部故障造成停电2大类，配电室全部停电、一路电源无电、10kV母线故障、变压器故障、10kV馈线故障和0.4kV馈线故障6小类。

1. 上级电源故障造成停电

上级电源故障造成停电主要包括配电室全部停电和一路电源无电两种情况。

1）配电室全部停电应急处置措施

值班人员迅速查看进线侧带电显示及电压表状态，确认是外部供电故障。由发电车机组人员根据发电车接入预案，根据需要为设备提供应急供电。根据重要负荷拉路序位及当时会议情况，优先保证重要负荷供电。发电车人员注意观察电流表，确认不过负荷。外电源故障排除后，在用户领导指定时间，由用户服务人员组织用户值班电工按调度令恢复正常运行方式。

2）一路电源无电应急处置措施

值班人员迅速查看停电路进线侧带电显示及电压表状态，确认是主进开关以上电源侧供电故障。值班人员确认低压联络是否自投成功。值班人员查看0.4kV侧开关运行状态，及重要负荷末端自投正常投切，保障用户内可靠供电。由用户电力负责人通知用户服务人员，需要应急发电车支援，应急发电车到场后冷备。

2. 内部故障造成停电

内部故障造成停电主要包括10kV母线故障、变压器故障、10kV馈线故障和0.4kV馈线故障4种情况。

1）10kV母线故障应急处置措施

值班人员立即查看继电保护掉牌情况。检查0.4kV联络开关自投情况，0.4kV侧开关运行状态，及重要负荷末端自投正常投切，优先恢复重要负荷用电。通知用户服务人员组织抢修力量，协助开展故障处理工作。故障排除后，在用户电器负责人指定时间，由用户服务人员组织用户值班电工按调度令恢复正常运行方式。

2）变压器故障应急处置措施

值班人员立即查看继电保护掉牌情况。投入相关0.4kV母联开关，查看0.4kV侧开关运行状态，及重要负荷末端自投正常投切，优先恢复重要负荷用电。拉开跳闸开关小车，查找故障点，发现变压器本体故障。通知用户服务人员组织抢修力量，协助开展故障处理工作。故障排除后，在用户电器负责人指定时间，恢复正常运行方式。

3）10kV馈线故障应急处置措施

值班人员立即查看继电保护掉牌情况。与掉闸馈线相关配电室联系，投入相关0.4kV母联开关，查看0.4kV侧开关运行状态，及重要负荷末端自投正常投切，优先恢复重要负荷用电。通知用户服务人员组织抢修力量,协助开展故障处理工作。故障排除后,在用户电力负责人指定时间,由用户服务人员组织用户值班电工按调度令恢复正常运行方式。

4) 0.4kV 馈线故障应急处置措施

(1) 0.4kV 侧主进开关跳闸

值班人员立即查看开关保护动作情况及是否有出线开关跳闸做好记录。检查负荷末端自投是否成功,保证用户正常供电。保留事故掉闸开关状态,检查所有馈线开关是否事故跳闸,拉开其余全部负荷开关。查找故障,排除后,摇测 0.4kV 母线,做好记录。排除故障后,用户电力负责人指定时间,由用户服务人员组织用户值班电工按调度令恢复正常运行方式。

(2) 0.4kV 负荷侧开关掉闸

值班人员迅速查看开关掉牌情况。检查负荷末端自投是否成功,保证用户正常供电。查找故障,排除后,摇测 0.4kV 电缆,做好记录。排除故障后,用户电力负责人指定时间,由用户服务人员组织用户值班电工按调度令恢复正常运行方式。

8.2.7　重大活动保电应急处置工作措施

为有序推进重大活动电力保障相关工作,成立重大活动电力安全保障领导小组和相关专业工作组,全面负责保电及应急处置相关工作,高质量推进各项保电任务。组织体系主要包括领导小组、领导小组办公室及各工作组(设备运维组、调度运行组、优质服务组、维稳动员组、基建实施组、网络安全组、新闻宣传组、安全监察应急组、安全保卫组、物资后勤组等)。

1. 领导小组主要职责

全面负责重要活动保电工作,组织审定保电方案,研究决策各类重大问题事项,统筹协调保电资源,督查落实各项保电措施等。

2. 领导小组办公室主要职责

负责领导小组具体工作安排和综合协调,组织开展电力安全保障工作监督检查,整理电力安全保障工作的相关信息,定期向领导小组汇报工作成果和报请重大事项审议决策。

3. 设备运维组主要职责

负责协调重要活动保电工作中有关电网设备运维保障相关工作开展。负责保电相关电网数字化建设体系构建及配电网网格化需求,组织做好变电站、输配电线路、继电保护等电力设备的隐患排查、状态检测、专项检查、检修维护及改造工作。负责制定、落实输电、变电、配电等生产系统各流程环节的保供电方案和事故应急预案。负责组织落实,负责保电期间线路设备特殊巡视。

4. 调度运行组主要职责

负责保电期间电网运行保障资源的协调调配；负责科学安排保电期间相关电网运行方式，开展保电期间负荷预测及电力电量平衡，辨析评估电网运行安全风险，落实电力调度运行、风险管控及厂网协调等措施；负责组织制定电网安全运行的保障方案和事故处置预案，并负责组织落实；负责做好电力监控系统网络安全防护，开展二次系统安全隐患排查治理，组织落实二次设备运行维护、安全防护措施要求，做好二次系统安全运行保障和应急处置。

5. 优质服务组主要职责

负责保电相关场所及相关重要电力用户用电安全服务工作；负责组织制定重大活动优质服务工作子方案，组织梳理保电重要用户清单，落实相关保电措施，做好需求侧分析，组织开展用户侧用电安全隐患排查治理，做好供电优质服务、营销网络与信息安全管控等工作。

6. 维稳动员组主要职责

负责重大活动保电不稳定因素隐患排查，落实维护稳定工作措施；负责保电工作职工动员；负责保电期间公司维护稳定、保密工作总体部署、政策指导和组织实施；负责健全重大活动保电工作人力资源保障。

7. 基建实施组主要职责

负责重大活动保电配套10kV及以上电网工程建设工作整体协调，组织督促保电相关电网基建项目安全、优质、高效完成；负责保电期间公司电力建设安全及相关应急保障工作，严格执行电力建设工程安全文明施工和风险作业管控措施，强化改扩建工程安全隐患排查治理。

8. 网络安全组主要职责

负责保电相关网络与信息系统的运行与网络安全工作。负责网络安全攻防演练；负责制定重大活动网络与信息系统保障工作方案，做好各类信息系统运维、网络安全防护和应急处置工作，组织开展网络与信息系统隐患排查治理，组织落实网络与信息系统运行维护、安全防护措施要求，评估相关信息网络设备状态，加强运行、维护、检修及技术监督，科学安排信息网络运行方式，防止发生信息网络瘫痪、企业信息泄密、恶意渗透攻击等事件，执行领导小组工作部署，保障网络与信息系统正常运行。

9. 新闻宣传组主要职责

负责重大活动保电外联和有关协调工作，制定重大活动保电新闻宣传工作方案；负责保电期间公司新闻报道的策划和组织实施工作；负责与社会新闻媒体沟通协调，加强供用电突发事件新闻应急及舆情管理工作。

10. 安全监察应急组主要职责

负责重大活动电力保障安全监察应急管理，组织审定安全监察应急工作方案，开展安全监督检查工作;负责监督检查各单位应急措施的落实情况,密切跟踪监测突发事件,发布相关预警,加强保电期间应急值班,做好保电信息报送工作。

11. 安全保卫组主要职责

负责电网设备消防及安全保卫工作,制定保电相关重要电力设备及场所的消防及安全保卫工作方案,组织落实电力设施防外力破坏各项措施要求;负责突发事件消防及安全保卫工作。

12. 物资后勤组主要职责

全面负责组织备品备件的需求提报、采购供应、质量监督、到货验收等工作;负责物资库、专业仓及其备品备件库存管理,制定应急物资保障工作方案;负责组织应急物资保障演练,负责突发事件下物资库、专业仓物资的应急响应调配;负责保电相关后勤物资调配、车辆调度、人员食宿等后勤保障工作,编制重大活动保电后勤保障工作方案,组织相关单位做好值班、巡视、蹲守和抢修等保电人员车辆、食宿、医疗急救、健康检查,以及保电、休息场所消毒杀菌、后勤服务等工作。

8.2.8 应急保障及应急处置技术装备

在"三断"情况下,无法做到常态下每台设备都能跟指挥中心进行沟通。因此,装备的配置主要考虑两个场景的应用,一是灾害现场区域所有设备的互联互通,形成以"无线宽带 MESH 自组网设备+便携式融合调度一体机"为核心,以及"系留无人机+超短波对讲设备+单兵装备"为拓展的应急通信成套装备体系,以实现现场的指挥调度;二是灾害现场与后方指挥中心的互联互通,形成以"超小型便携卫星站"实现现场状况的实时上报以及指挥中心对现场的指挥调度。

围绕保障应急处置过程中"通信不断"的目标,将解决公网中断情况下应急通信和指挥问题的装备作为基本配置装备。基本配置装备由超小型便携卫星站、无线宽带 MESH 自组网设备、便携式融合调度一体机、系留无人机、智能布控球、单兵智能头盔、单兵手持智能终端组成。

1. 超小型便携卫星站

超小型便携卫星站是专为应急通信设计的卫星通信设备,采用一体化结构,体积小,重量轻,便于携带,展开天线对准卫星后即可进入工作状态,可为应急现场提供远程通信服务。

1)基本功能

超小型便携卫星站具备双向通信、点对点和/或组网通信功能。

2)卫星定位

超小型便携卫星站具备北斗或 GPS 等卫星定位和位置信息上报功能,重复定位精度误差不高于10m。

3）Wi-Fi 通信

超小型便携卫星站具备作为 Wi-Fi 热点通信能力，支持2.4G 频段，选配支持5.8G 频段。

4）加密

超小型便携卫星站具备上星信号加密功能。

5）对星操作

超小型便携卫星站具备一键自动对星功能，同时具备手动对星功能。

2. 无线宽带 MESH 自组网设备

无线宽带 MESH 自组网设备由 MESH 设备主机、MESH 天线、Wi-Fi 天线、GPS/ 北斗天线组成，采用分体式组装，各类天线通过常用的天线接口固定在 MESH 设备主机指定位置。按照无线宽带 MESH 自组网设备的体积重量和架设方式，无线宽带 MESH 自组网设备可分为便携式无线宽带 MESH 自组网设备、车载式无线宽带 MESH 自组网设备、机载式无线宽带 MESH 自组网设备。按照工作频率划分，可分为 600MHz 无线宽带 MESH 自组网设备和 1.4GHz 无线宽带 MESH 自组网设备。

1）MESH 网络通信

无线宽带 MESH 自组网设备支持 600MHz 或 1.4GHz 等常用工作频段，支持 5MHz/10MHz/20MHz 工作带宽配置，具备中心频点预设或自动选择，自适应跳频，干扰躲避功能。

2）MESH 网络组网

无线宽带 MESH 自组网设备支持星型网、链式网、网格网等无中心、同频自组网，单子网最大规模不小于 32 节点，端到端通信最大支持跳数不低于 8 跳。

3）卫星定位

无线宽带 MESH 自组网设备具备北斗或 GPS 等卫星定位及定位信息实时上报功能，重复定位精度误差不高于 10m。

4）Wi-Fi 通信

无线宽带 MESH 自组网设备具备作为 Wi-Fi 热点通信能力，支持 2.4G 频段，可选配支持 5.8G 频段。

5）时钟同步功能

无线宽带 MESH 自组网设备应具备外部时钟同步和本地时钟自同步功能。

3. 便携式融合调度一体机

便携式融合调度一体机（以下简称"调度一体机"）是一款现场指挥中心便携式指挥箱，内部高集成化设计，可在相对恶劣的环境下使用，具备快速反应、便携装配、多模通信等特点，既可独立处置应急事务，也可接入应急固定指挥所或机动指挥平台，实现统一指挥调度，调度一体机由计算机主机、调度系统软件、电源等组成。调度一体机分为两种形态，加强版调度一体机在标准版调度一体机基础上增加三屏显示器及主板，并在设备外形和尺寸上进行适当调整。

1）集群对讲

调度一体机具备与行为记录仪、超短波对讲机等单兵装备之间集群对讲功能。

2）视频上传

调度一体机支持单兵装备视频上传功能，具备同时调看多个单兵装备多路实时视频功能，具备单兵装备上传视频的回看功能。

3）语音会议

调度一体机具备发起固定群组成员的语音会议功能，具备会议当中通过通讯录邀请单兵装备入会功能。

4）广播

调度一体机具备向固定群组成员发送实时语音广播和文件语音广播功能。其中，实时语音广播发起广播后可直接进行麦克风音频采集，文件语音广播可选择本地的 MP3、WAV 文件进行广播。

5）即时消息

调度一体机具备与单兵装备之间进行多媒体消息交互的功能。其中，多媒体消息包括文字、图片、段语音、短视频、文件等数据形式。

6）实时定位展示

调度一体机具备实时采集单兵装备上报的 GPS/北斗位置信息并在地图上显示功能，不同类型的装备用户在地图上使用不同的装备标识图标显示，调度一体机具备接入在线地图平台功能。

7）全程录存

调度一体机具备对文字、语音、图片、视频等所有多媒体业务内容实时存储、查询、回放、下载功能。

8）视频会商

调度一体机具备发起由现场单兵、后方指挥中心参与的视频会商功能，具备将多路视频图像融合成一路视频功能，具备会商中选取某一路或多路视频向参会其他参会用户推送的功能，具备视频会商中向其他参会用户播放本地视频文件的功能。会商画面支持画中画（1/16 画面大小）分屏显示等功能，并支持邀请、踢人、禁言等会控功能。

9）消息群发

调度一体机具备向固定群组群发消息功能，创建一个消息群组进行消息群发，收到消息的成员可在群组中进行消息回复。

10）录制查询

调度一体机具备记录和查询通信过程中的语音文件、视频文件的功能。

11）轨迹查询和回放

调度一体机具备单兵装备运动轨迹的记录、查询和在 GIS 地图上呈现功能。

12）会议状态及控制

调度一体机能够显示语音会议或视频会商中各成员的状态，包括：成员名称、是否开启视频、禁言禁听、是否离会状态。

13）断网重连机制

调度一体机具备断网自动重连功能，在网络恢复后能够自动恢复在线状态。

14）SOS 报警

调度一体机具备接收单兵装备上报的一键 SOS 报警并通过弹窗、语音播报等方式进行提示的功能。

15）路由交换功能

调度一体机具备路由交换功能。连接 LAN 口的设备可以与局域网内其他连接 LAN 口的设备进行数据交互，也可以访问 WAN 口连接的外网。

16）临时对讲

调度一体机具备通过通讯录选择用户和在 GIS 地图上选择用户的方式建立临时组并发起对讲的功能。

4. 系留无人机

系留无人机系统包括无人机平台、系留供电收放线设备、无人机机载摄像头、机载照明设备、通信补盲设备、地面站、地面线缆、发电机、运输箱（或背包）、卫星/4G/自组网指挥传输终端。在现场复杂地形（山体、树木、建筑等）遮挡情况下，地面 MESH 通信网络覆盖范围受限，系留无人机作为无线宽带 MESH 自组网的空中中继节点，依靠长时间滞空悬停可大幅提升无线宽带 MESH 网络的整体覆盖效率。同时，系留无人机还具备可见光吊舱与照明设备，可在提供 MESH 网络覆盖的同时进行视频监控及现场照明。

1）系留无人机系统人机交互设计满足安全、高效、舒适、交互界面友好、人机功能分配合理、帮助和提示信息简明易懂、操作简便灵活、自动化程度高的要求；

2）系留无人机系统上的可折叠旋臂或其他控制部件动作顺滑、可靠，无松动、卡滞、短缺、变形等；

3）系留无人机开启无人机系统后，有明显的声/光提示测试自检通过与否；

4）系留无人机静态开机情况下，地面站软件能显示无人机姿态、速度、高度、位置、供电、定位、遥控遥测链路状态、告警信息等；

5）系留定点自动飞行状态下，遥控器及地面站意外关闭或受到较强干扰时，系留无人机具有相应的保护功能，如可以自动降落；

6）根据无人机系统具有的系留失电保护功能，在正常工作状态下，关闭系留供电，无人机自动降落至地面，降落过程中飞行姿态平稳；

7）在典型飞行任务状态下，无人机飞控或地面站软件能完整存储飞行数据，飞行数据可通过分析软件进行回放，飞行结束后对比数据，显示正确；

8）当出现链路中断、低电量、失电、定位等异常情况时，地面站控制软件具备相应的报警；

9）系统启动后待其完成自检，在电机锁定状态下推拉控制拨杆电机应无反应；解除锁定模式后启动电机，桨叶应进入怠速旋转，推动油门拨杆，桨叶应开始加速旋转；

10）无人机系统在正常飞行状态下，其可在手动模式（自稳）和自动模式（定点）间进行自由切换，且不能出现坠落、偏飞等失控现象；

11）无人机悬停飞行过程中，可通过地面控制软件设置飞行高度后一键执行；

12）系留供电收放线设备采用一体化集成设计，集成地面电源模块、系留线缆、系留线缆收放装置、线缆收放控制器及控制面板；

13）系留供电收放线设备需对外提供 USB 供电接口；

14）系留无人机须具备地面站（或遥控器）一键自动起飞和一键自动降落功能；

15）无人机在系留飞行过程中，系留线缆收放设备可以自动收放线及智能排线；

16）系留无人机具备同时挂载光电吊舱、高功率照明灯及通信设备等能力，且不产生系留线缆缠绕、不阻挡挂载设备的天线辐射场；

17）系留无人机同时挂载光电吊舱、高功率照明灯及通信设备时能够同时使用；

18）系留供电收放线设备具备显示面板，可显示工作状态，包括系留供电电压、供电电流、供电功率、收放线力矩、线缆温度等参数。

5. 卫星 /4G/ 自组网智能布控球

卫星 /4G/ 自组网智能布控球围绕现场作业安全"四个管住"，面向电网安全生产多业务场景，涵盖供电抢修、应急保障、基础建设、设备巡检等，覆盖人员安全管控、设备安全管控、运行安全管控等，提供具备快速自组网、语音对讲、视频接入、定位联动等全方位数字化安全管控能力，实现对作业流程、人员行为、安措执行等智能化、无感化支撑。

1）智能布控球符合《公共安全视频监控联网系统信息传输、交换、控制技术要求》GB/T 28181—2022 要求，具备实时语音通信功能，视频监控、红外夜视、实时视频会商功能，实时语音通信功能与实时视频功能能够同时使用。视频有效像素不低于 200 万，分辨率应不低于 1920(H)×1080(V)，视频编码方式支持 H.264、H.265，摄像头支持不低于 20 倍光学变焦、白平衡、自动增益控制 AGC、背光补偿 BLC 等参数调节功能，红外补光距离不低于 50m，摄像头云台支持 360° 水平旋转角度，−25° ~ 90° 垂直旋转角度；

2）智能布控球具备北斗或 GPS 等卫星定位功能，重复定位精度误差应不大于 10m；

3）智能布控球连接 Wi-Fi 主动向管理系统上报视频信息，峰值通信速率不低于 30Mbps，在视距条件下距离 30m 内传输速率应不低于峰值速率的 70%，可以检测已配置可用 Wi-Fi 热点，支持自动连接可用网络，支持网络切换。支持 IEEE 802.11b/g/n 传输协议，支持 2.4G 频段，可选配支持 5.8G 频段。

6. 卫星 /4G/ 自组网手持智能终端

卫星 /4G/ 自组网手持智能终端由设备本体和天通卫星天线、超短波对讲天线组成，采用分体式组装。单兵手持智能终端具备语音通信、无线传输、卫星通信、卫星定位等功能；超短波中继基站除具备超短波对讲机的功能外，还应具备超短波无线中继功能。

1）语音通信

使用相同频道的超短波对讲机之间、超短波对讲机与超短波中继基站之间具备实时语音单呼、语音组呼、语音群呼功能。在通话时，清晰流畅，没有明显的停顿或含混。

2）卫星通信

设备支持天通卫星通信功能，具备快速寻星，在通话时，应清晰流畅，不应有明显的停顿或含混。

3）5G 通信

具备 5G 全网通，向下兼容 4G、3G、2G，具备 5G 网络下的双向视频、语音、文字等多媒体通信功能。

4）无线中继

超短波中继基站应具备无线中继功能，能实现信号的中继和放大，从而延伸超短波对讲机之间的通信距离。

5）卫星定位

超短波对讲设备应具备北斗或 GPS 等卫星定位功能，重复定位精度误差不高于 10m。

6）无线传输

超短波对讲设备应支持 VHF（甚高频）/UHF（特高频）频段，应具备频道可调功能，同时支持数字调制方式亦支持模拟调制方式，支持 PDT（警用数字集群）/DMR（数字移动无线电）标准。

7）电气性能

EMC 电力工业标准 3 级，ESD 1kV 接触 /2kV 空气。

8）防水防摔

IP67 防水，1m 掉落防摔。

8.3 城市电力设施事故应急决策

8.3.1 城市电力设施事故演化路径分析

突发事件一般由本质原因、直接原因,以及间接原因三者在特定的时间、空间,以及外部环境共同作用下发生的。导致突发事件发生的本质原因是由人、物和环境三者的自身缺陷所组成,其中人的缺陷包括人身体缺陷和人意识缺陷,物的缺陷包括物本身缺陷和物状态缺陷,环境缺陷包括自然环境缺陷和社会环境缺陷;导致突发事件发生的直接原因是由人、物和环境的不安全因素所组成,其中人的不安全因素是指人的不安全行为,物的不安全因素是指物的不安全状态,环境的不安全因素主要指环境的不良影响等;导致突发事件发生的间接原因主要是由日常管理不到位所引起,包括人员管理不到位、物的管理不到位,以及环境管理不到位3个方面,如图8-1所示。

按照事件自身变化的连续性来看,突发事件的发生机理,可以分为两种类型:一是由量变到质变引起,当量累积到一定程度导致发生质的变化,这种变化更多是一种连续的、渐进的变化过程;二是由突变引起,是指由于事物自身的某些因素或外部环境的突然变化所引起,这种变化更多是一种非连续的、突变的过程。现实中的突发事件大部分是上述两种类型的混合,既有量变到质变的过程,又有突变的因素。不论是哪种类型的发生机理,

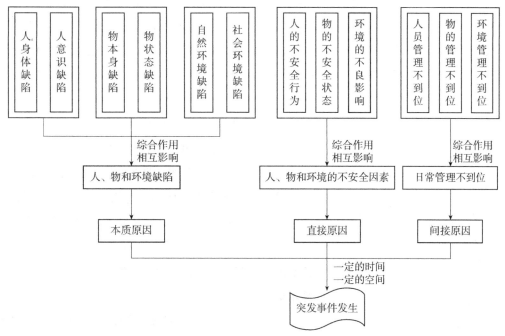

图8-1 突发事件发生机理

都是由于事物自身或环境自身有缺陷,这种缺陷导致某些安全隐患的长期存在,这些安全隐患在特定的时间、空间、环境,以及诱因下突然爆发,从而导致突发事件发生。

突发事件发生后,随着时间的推移,事件情景也在不断发展演化。因此,必须先弄清楚情景演化规律以及演化的路径,才能构建情景网络模型,预测突发事件的未来发展趋势以及影响因素,从而提前做出相应的应对策略。

1. 突发事件情景演化规律

突发事件情景演化规律是分析突发事件情景演化路径的前提与基础。突发事件具有突发性、不可预测性、动态性、后果严重性等特点,其自身演化过程及规律非常复杂。此外,在整个突发事件事态发展和应急处置过程中,事件情景还要受到外界环境、人为干预等外部因素的影响,更增加了整个事件情景演化的复杂性。按照情景要素划分,突发事件应急情景可以划分为5个要素维度,分别为致灾体、承灾体、外部环境、应急资源,以及应急活动,其中致灾体和承灾体属于应急客体,外部环境和应急资源属于外部约束条件,应急活动属于应急主体作用在应急客体上的行为与动作。如果把突发事件看成一个完整系统,这种划分方法主要是从静态的角度明确系统构成要素。

突发事件情景演变总体属于一个动态的过程。因此,不仅要明确情景构成要素,更重要的是要弄清楚构成要素之间的关系以及相互作用。现实中应急活动一般是同时作用于致灾体和承灾体,从动态的角度可以把致灾体和承灾体合并在一起形成情景状态要素,这样可以通过减少要素数量降低模型的复杂度。从这个角度来看,突发事件情景演化过程又可以分为以下4个关键要素:情景状态,用 S 表示,主要指应急客体的状态,包括致灾体情景状态以及承灾体情景状态;应急活动,用 B 表示,是指应急主体为了改变情景状态对应急客体采取的处置行为与措施;外部环境,用 H 表示;应急资源,用 M 表示,属于应急活动的外部约束条件。这4个关键要素之间的相互作用构成一个基本单元,如图 8-2 所示。

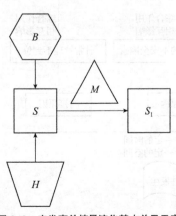

图 8-2 突发事件情景演化基本单元示意

由于应急资源不直接作用于情景状态,因此在图 8-2 中,把应急资源作为约束变量,而不作为输入变量。在图 8-2 中,S 表示当前情景状态,在外部环境(H)的影响下,以及应急主体的应急活动(B)干预下,在应急资源(M)的约束下,情景状态发生变化,进入下一情景状态(S_1),从情景状态 S 到 S_1 转换,实现一次完整的情景演化过程,称之为突发事件情景演化的一个基本单元。

假设一个突发事件从发生到消失共经历 n 次情景转化,情景状态分别记为(S_0, S_1, S_2, $\cdots$, S_{n-1}, S_n),

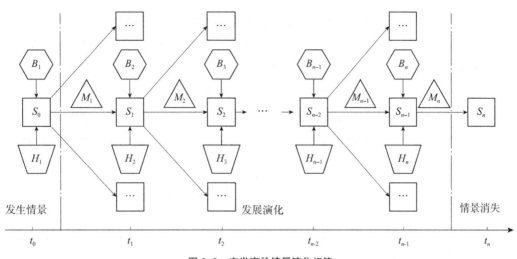

图 8-3 突发事件情景演化规律

其中 S_0 为初始情景状态，S_n 为消失情景状态，每个情景状态所在的时刻分别为 (t_0, t_1, t_2, …, t_{n-1}, t_n)，B_i、H_i、M_i 分别表示为 t_i 时刻的应急活动、外部环境，以及应急资源约束，$i \in$ (1, 2, …, n)，则突发事件情景演化规律如图 8-3 所示。

在图 8-3 中，S_0 为突发事件的初始情景状态，发生时刻为 t_0，在应急活动 B_1 的干预下，外部环境 H_1 的影响下，应急资源 M_1 的约束下，情景状态发生变化，进入下一个情景状态。由于外部环境和应急资源约束不同，以及采取的应急活动不同，使得情景演化具有不可预测性，下一个情景状态也就具有多种可能性。假设到达时刻 t_1，情景状态确定为 S_1，在 B_2 的干预下，以及 H_2 和 M_2 的影响下，情景状态又发生演化，出现新的情景状态；以此类推，直到到达时刻 t_n，情景消失，整个应急决策过程结束，情景演化过程终止。

2. 突发事件情景演化路径

所谓突发事件情景演化路径，就是突发事件从发生情景到结束情景之间的情景变化轨迹，即通过符号化、网络化的方式表达出突发事件情景的当前状态、情景之间的关系、情景的演化方向，以及情景演化的可能结果。通过分析情景演化路径，可以准确把握突发事件当前情景状态、预测未来情景发展趋势，为决策主体做出及时、正确的决策提供现实参考依据。

突发事件发生后，如果没有应急主体的介入，只受到外部自然环境的影响，情景演化一般会按照自身的规律与轨迹发展变化，整体呈现随机性和特有的生命周期性。然而，现实中的突发事件一旦发生，很快就会有应急主体介入，从而在外部环境的基础上加入人的干预。因此，情景演化要同时受到人为的干预、外部环境，以及资源约束等因素的影响，其自身的演化规律与轨迹就会被打破，呈现出新的发展演化规律与演化路径。

突发事件情景演化是一个连续的过程，应急处置也就是一个持续的过程。应急决策主体根据及时情景状态，做出应急决策并采取措施，从而改变当前的情景状态，进入下一个情景状态。在对下一个情景状态做出应急决策之前，一般会对上一次的应急效果做出评估，其结果一般分为两种：达到预期或未达预期。达到预期表示应急决策起到应有的效果，事态已被控制住并朝着好的方向发展；未达预期表示应急决策效果不好或不明显，事态严重甚至会进一步恶化。而决策主体要随时根据评估结果来决定是否调整提前制定的下一步应急决策。正因为每一次的评估结果分为达到预期和未达预期两种情况，突发事件情景演化路径也就可以分为乐观和悲观的两个方向。借鉴计算机数据结构里二叉树原理，可以形成突发事件情景演化路径如图 8-4 所示。

在图 8-4 中，共有 23 个情景状态，其中 S_0 为突发事件发生后的初始情景状态，S_1 到 S_{22} 为发展演化情景。每一个情景状态 S_i（i 从 0 开始）在应急活动 B_{i+1} 和外部环境 H_{i+1} 的作用下，在应急资源 M_j 的约束下，发生状态变化，实现情景演化。每一次的情景演化均有两条路径：乐观路径（达到预期）和悲观路径（未达预期），其中横向向右的箭头（→）表示达到预期，情景演化朝着乐观的方向发展；纵向向下的箭头（↓）表示未达预期，情景演化朝着悲观的方向发展。由此，图 8-4 就形成一条最乐观的情景演化路径：$S_0 \to S_2 \to S_6 \to S_{14} \to S_{22}$，一条最悲观的情景演化路径：$S_0 \to S_1 \to S_3 \to S_7 \to S_{15}$。从以上分析可以看出，假设某个突发事件发生后，共发生 n 次情景演化，也就是说除了初始情景以

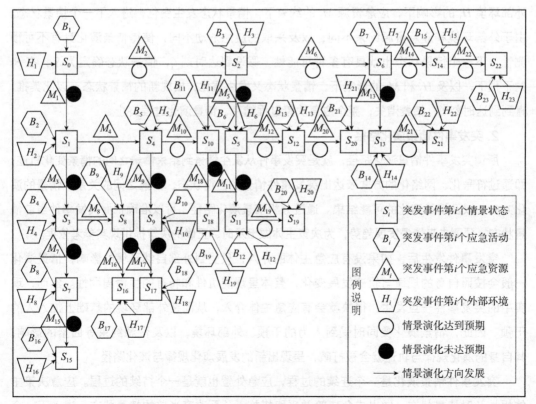

图 8-4 突发事件情景演化路径

外，还有 n 个情景状态，那么情景演化的路径理论上就有 $2n$ 条，每一次应急决策都决定了突发事件朝着不同的方向发展，形成不同的演化轨迹和演化路径，而最乐观和最悲观的路径均只有一条。最乐观路径是最好的情况，也就是每一步决策都达到预期；最悲观路径恰好相反，是最坏的情况，每一次决策均未达到预期。由于突发事件发展的动态性，决定了应急决策主体在做每一次决策的时候都应非常谨慎，尽最大努力实现突发事件朝着最乐观的路径发展演化。

8.3.2 城市电力设施事故应急辅助决策

1. 电力应急预警辅助决策

综合社会来源信息，针对电力设施进行提前预警，辅助电力应急预警，提前获取受影响电力设施，进行预警响应。

电力应急预警辅助决策流程如下（图 8-5）：

步骤一：获取社会信息，并进行信息处理，得到灾害预警信息；

步骤二：结合灾害预警信息，同时结合电网 GIS 数据信息，通过数据分析处理，获取受影响电网设施；

步骤三：根据受影响电网设施进行灾害预警分析研判，进一步分析灾害对电网的影响程度，从而得出预警发布建议；

步骤四：经分析商讨确认后，发布预警，进行预警响应；

步骤五：获取人员、队伍、物资、装备数据信息，辅助预警响应的部署工作；

步骤六：实时跟进更新灾害预警信息，重新进行分析研判，并根据人员、队伍、物资、装备数据信息实时更新预警响应决策，辅助电力应急预警工作。

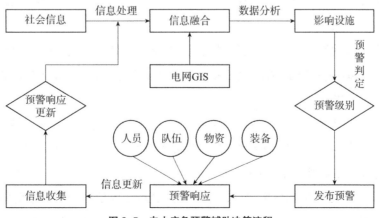

图 8-5 电力应急预警辅助决策流程

2. 电力应急灾损预测模型

事件发展趋势（电力设备设施损失情况）预测模型中的电力事件发展趋势预测模型如图 8-6 所示。

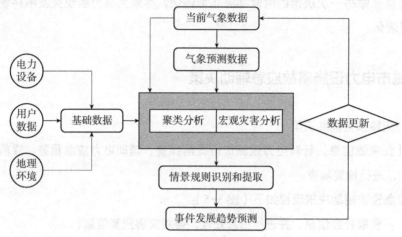

图 8-6 电力事件发展趋势预测模型

步骤一：根据基础数据和当前数据、预测数据可以提出电力突发事件情景推演进行损害预测；

步骤二：通过基础数据和其他数据获得灾害发展的情景推演情况，通过情景推演获取电力设备设施损失的具体预测数据；

步骤三：情景推演的内容主要依据历史损害记录，为获得更精准的发展趋势预测结果，可通过宏观灾害损失预测结果修正具体数据；

步骤四：事件发展预测数据受应急处置指挥决策的影响较大，需要不断跟踪应急处置进程，在不断更新内部数据和外部数据的情况下，及时更新事件发展预测结果，保证预测结果的实时性。

根据事件灾损的推演完成停电范围预测，停电范围预测模型如图 8-7 所示。

步骤一：根据相关基础数据，当前损害数据可以获得当前停电范围的状态，以及事件发展趋势预测的结果；

步骤二：根据事件发展趋势预测的结果，通过对结果中的电力设施损害状况进行影响能力分析，可以获得停电范围预测的结果。需要实现确定分析的深度，逐步分析电力设施损坏的二次影响、三次影响等结果；

步骤三：预测结果中的停电台区、停电用户数量可以从两个方面辅助停电范围的预测。停电用户数量、台区数量可以为推测停电范围的大小提供比较有力的预测数据。同时，

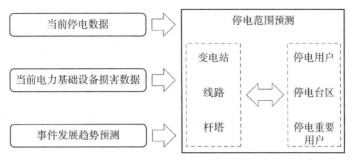

图 8-7 停电范围预测模型

可以根据停电用户、停电台区、停电重要用户的预测结果反向推测哪些电力设备更有可能损坏；

步骤四：随着事件的发展，根据数据的变化，不断更新停电范围预测结果。

3. 指挥中心与现场信息交互模型

在应急现场信息缺失状态下，建立指挥中心与现场信息交互模型，实现灾害现场信息的传递、指挥中心指令传达，如图 8-8 所示。

指挥中心与现场信息交互模型，具体步骤如下：

步骤一：通过基干队伍进行深入勘查，进行信息收集；

步骤二：基干队伍将收集的现场信息（现场视频、现场图片、文字描述、语音信息等）通过移动公网或者卫星通信方式进行传输；

步骤三：现场指挥部收到相关信息后，进行分析研判，就近调动抢修队伍进行抢修，同时进行物资调配申请，保障应急物资供应；

步骤四：现场指挥部将相关信息报送到应急指挥中心，或者基干队伍通过移动公网通

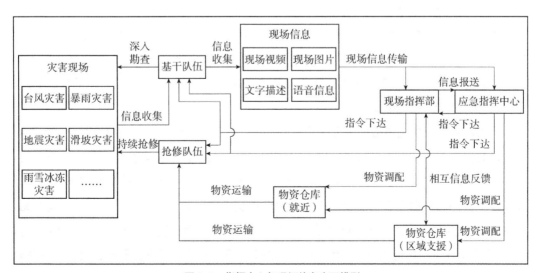

图 8-8 指挥中心与现场信息交互模型

信或卫星通信方式直接将信息报送到应急指挥中心；

步骤五：应急指挥中心收到信息后，进行分析研判，将指令传达到现场指挥部，或者直接就近进行物资调配；

步骤六：应急指挥中心还可以进行跨区物资调配，进行跨区物资支援；

步骤七：应急指挥中心可以直接对抢修队伍进行指令传达，抢修队伍在灾害现场进行持续抢修工作，

通过基干队伍、抢修队伍、现场指挥部等信息传递，实现应急指挥中心与现场信息间的实时交互。

4. 电力应急资源调配辅助决策

资源调配辅助决策方案的生成可以在预测结果的基础上完善。

1）投入资源再评估

一个重要问题是当时的投入应用结果可能并没有达到最佳的效果，也就是说可以从其他没有受灾的地区调度更多的维修资源，以达到最佳的维修效果。在此层面上需要按照实际分析结果适当提高资源投入量的数据。

2）基于应急能力库实例的资源统计

根据应急能力库实例的具体工作内容，统计各项能力在执行过程当中所需要的实际资源数量。在此阶段可以得出能力库当中的每一项能力的具体执行程度，也就是每一项能力可以执行多少次或者能够持续执行多长时间。

3）任务库—能力库对应计算

根据灾损预测的结果以及灾害发展趋势预测结果，与应急能力库实例进行对应调整计算，对任务库实例中的每一条任务进行判断，判断是否有能力执行能力库中的应对方案。

4）具体调配方案设计

根据应急资源数量和维修所需时间，制定具体资源调配方案。需要考虑应急资源距离故障地点的距离、连续工作时间、消耗品管理、能源管理等各方面因素。同时考虑停电发生区域范围变化的情况，制定最终合理的应急资源调度计划。

5. 电力应急可视化指挥

电力应急可视化主要指地图可视化、电力应急数据可视化和应急指挥可视化。地图可视化是利用国网统一 GIS 平台进行电力设施的可视化展示，当灾害发生前或灾害发生时，能够及时准确地获取受影响的电网设备或电力设施；电力应急数据可视化是将电力应急处置过程中的各类数据进行可视化展示，主要包括受灾停电数据（停运变电站、停运线路、停电台区、停电用户），应急抢修数据（投入人员、投入车辆、投入抢修队伍、投入抢修资源）；应急指挥可视化是将应急处置过程中的应急处置流程进行可视化展示，使参与应急处置过程的应急工作人员对整体处置流程有了解和认识，辅助应急处置工作开展。

国网统一 GIS 平台是基于国产化 GIS 平台研发的具有自主知识产权的 GIS 应用平台。充分使用了多级缓存技术，降低了空间数据集中部署带来的网络和服务器压力，实现了满足大量用户并发维护电网图形和拓扑的高性能服务。国网统一 GIS 平台集成并维护了海量基础地理数据、电网空间数据、电网拓扑数据。国网统一 GIS 平台 API 提供了非常完备的地图功能，例如距离查看、搜索提示、视野内检索，以及地图缩放等一系列功能，在电力应急可视化应用中，主要是利用国网统一 GIS 平台结合自然灾害预测范围及影响范围，及时预测、统计受影响电力设施，进行预警响应和应急响应工作。

电力应急数据可视化主要包括空间信息可视化（应急资源分布可视化等）、数据可视化（电网受损及恢复情况可视化、电网受损预测可视化、应急资源需求可视化、气象灾害可视化等）、现场图像可视化（现场视频监控、突发事件现场录像等），3 方面可视化技术相辅相成，可有效帮助工作人员直观了解电网不同区域状态、应急资源分布、现场情况等信息。

应急指挥可视化主要是根据专项应急预案在应急处置过程中生成的应急处置流程及相关的工作任务进行流程的辅助生成，使应急处置工作人员对整体的应急处置过程有全面的了解和深入的认识，充分了解应急处置流程及每个阶段、每个环节的工作任务，进行实时任务状态反馈。在应急指挥中心的应急指挥人员能够全面了解应急处置工作进度，各项工作完成情况，进行可视化应急指挥。

根据专项应急预案，结合部门处置方案和现场处置方案，将监测预警阶段拆分为若干环节"风险监测，分析研判，预警建议，预警审核，发布预警，预警行动，预警调整或解除"，再将每个环节中各个部门对应的工作任务（干什么）和相关建议（怎么干）进行精准化推送，使工作任务能够精准推送到相关责任人，并能够实时跟踪各项工作任务的相关状态"未查看、已查看、进行中、已完成"。在相应环节的各部门的工作任务中，可以筛选查看自己的工作任务。同时可通过短信通知其相关工作任务需要完成。若某一环节的各项工作任务，所有人员都"已查看"，整个流程可自动进行到下一环节。进行到哪一环节，哪一环节可以高亮闪烁显示。

根据专项应急预案，结合部门处置方案和现场处置方案，将应急响应阶段拆分为若干环节"信息报告先期处置，响应建议，建议审核，发布响应指令，信息初报，响应行动"，再将每个环节中各个部门对应的工作任务（干什么）和相关建议（怎么干）进行精准化推送，使工作任务能够精准推送到相关责任人，并能够实时跟踪各项工作任务的相关状态"未查看、已查看、进行中、已完成"。在相应环节的各部门的工作任务中，可以筛选查看自己的工作任务。同时可通过短信通知其相关工作任务需要完成。若某一环节的各项工作任务，所有人员都"已查看"，整个流程可自动进行到下一环节。进行到哪一环节，哪一环节可以高亮闪烁显示。

将响应结束阶段拆分为若干环节"响应结束、建议审核、发布信息"，再将每个环节中各个部门对应的工作任务（干什么）和相关建议（怎么干）进行精准化推送，使工作任务能够精准推送到相关责任人，并能够实时跟踪各项工作任务的相关状态"未查看、已查看、进行中、已完成"。在相应环节的各部门的工作任务中，可以筛选查看自己的工作任务。同时可通过短信通知其相关工作任务需要完成。若某一环节的各项工作任务，所有人员都"已查看"，整个流程可自动进行到下一环节，进行到哪一环节，哪一环节可以高亮闪烁显示。直至响应结束。

6. 应急指挥决策系统

综合应急指挥决策系统，实现电力设施灾情智能感知及综合应急现场信息状态下的辅助决策与可视化指挥，在灾害判断、作业指挥等方面有效提高应急指挥效率。实现智能移动设备、后台设备监控系统、电力应急指挥系统软硬件集成，具备现场信息采集、灾损信息融合分析预测、信息快速上报、特征识别、远距离实时交互指挥等功能，为应急演练、培训、救援现场作业提供技术支持。

通过该系统查看预警监测信息、台风监测信息、暴雨洪涝信息、雨雪冰冻信息、地震信息、滑坡信息、应急处置、工作交流、公共信息等模块。

其中预警监测信息包括气象预警和内部预警，气象预警可以通过筛选条件查看24h、48h、72h不同时间段的各类气象预警信息，还可以通过筛选条件查看红色预警、橙色预警、黄色预警、蓝色预警不同等级的预警信息，能够根据不同发布等级查看中央气象台、省气象台、地市气象台、县气象台的气象预警信息；内部预警可以查看不同单位等级发布的预警信息，可以查看单位总部预警、分部预警、省级单位预警、地市级单位预警、县级单位预警，还可以统计展示不同预警等级的各类预警数量，查看红色预警、橙色预警、黄色预警、蓝色预警不同等级的预警数量。

台风监测可以查看当前台风的实时路径、预测路径、风速、气压、移动速度等信息。卫星云图可以查看当前情况下的卫星云图信息，叠加显示卫星云图辅助判断当前台风发展趋势；雷达图可以查看当前情况下的雷达图信息，叠加显示雷达图辅助判断当前台风发展趋势；全网站线可以展示电网 GIS 站线信息，通过台风经过路径以及预测路径可以分析变电站、线路、台区用户的受影响情况，并能够预测台风发展路径的灾损情况。

暴雨洪涝灾损预测可以查看当前的降雨地区、有效降雨量、降雨灾害概率等信息。卫星云图可以查看当前情况下的卫星云图信息，叠加显示卫星云图辅助判断当前降雨发展趋势；雷达图可以查看当前情况下的雷达图信息，叠加显示雷达图辅助判断当前降雨发展趋势；全网站线可以展示电网 GIS 站线信息，通过降雨范围及预测降雨量可以分析变电站、线路、台区用户的受影响情况。

雨雪冰冻灾损预测可以查看当前的降雪地区、覆冰厚度、单位长度总负载率等信息。卫星云图可以查看当前情况下的卫星云图信息，叠加显示卫星云图辅助判断当前降雪发展趋势；雷达图可以查看当前情况下的雷达图信息，叠加显示雷达图辅助判断当前降雪发展趋势；全网站线可以展示电网 GIS 站线信息，通过降雪范围及预测降雪情况可以分析变电站、线路、台区用户的受影响情况。

滑坡灾害灾损预测可以查看当前的降雨滑坡地区、滑坡灾害概率等信息。卫星云图可以查看当前情况下的卫星云图信息，叠加显示卫星云图辅助判断当前降雨发展趋势，分析引发滑坡的可能性；雷达图可以查看当前情况下的雷达图信息，叠加显示雷达图辅助判断当前降雨发展趋势，辅助分析滑坡情况；全网站线可以展示电网 GIS 站线信息，通过降雨引发滑坡可以分析变电站、线路、台区用户的受影响情况。

地震信息可以通过筛选条件查看 3 天、7 天、15 天不同时间段的各类地震信息，还可以通过筛选条件查看 4.0 级以下、4.0～6.0 级、6.0 级以上地震信息。震情速递可以查看当前地震发生的区域（含经纬度信息）、预测设备受损信息（含变电站、杆塔信息）；卫星云图可以查看当前情况下的卫星云图信息，叠加显示卫星云图辅助判断当前天气情况；雷达图可以查看当前情况下的雷达图信息，叠加显示雷达图辅助判断当前天气发展趋势；全网站线可以展示电网 GIS 站线信息，通过地震信息可以分析变电站、线路、台区用户的受影响情况。

灾情速递分为信息快报和险情速递；信息快报主要是通过固定的信息模板报送当前的灾损信息；险情速递主要是通过移动端实现现场险情的快速报送；灾损感知分为灾损感知统计和灾损感知明细，通过无人机拍摄的画面，智能判断当前设备的灾损情况。

应急处置启动应急响应，进行应急处置，系统推送各部门工作分工，明确各部门职责。并能够查看应急响应进度，对发布预警、预警调整、启动响应、响应调整等各阶段信息进行实时跟踪展示。系统结合《国家电网公司电力突发事件应急响应工作规则》与事件场景专题，自动推送应急事件指挥体系图和响应流程图。使参与应急响应的工作人员对指挥体系和响应流程有明确的认知，保证应急处置工作顺利进行。针对应急事件的处置工作，系统结合应急预案和部门处置方案自动生成处置流程，自动推送应急处置工作任务，并且根据完成情况自动标记任务状态，查看事件整体进展和个人任务完成情况。

第 9 章

城市电力设施安全工程典型应用案例

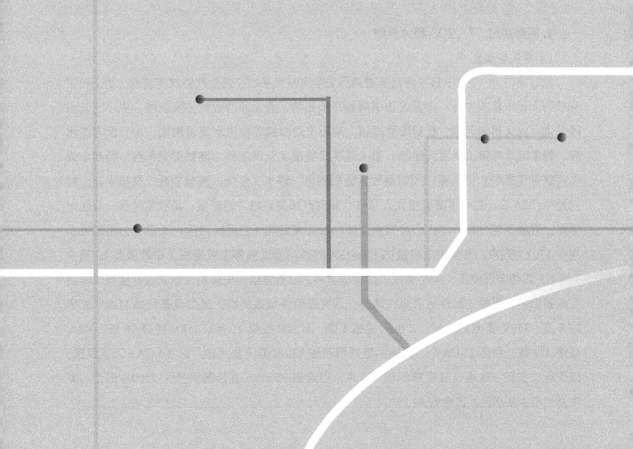

随着国民经济的发展，电力需求与电力设施规模日益增加，所需经营维护的输变电设备构成日益复杂，交直流输变电设备种类多、数量大、分布范围广、环境条件差异大，电力设施的稳定运行受到挑战。此外，电力设施设计、制造和安装不当等多种因素都可能导致事故发生。

9.1 自然灾害引发的城市电力设施安全问题

9.1.1 暴雨导致的城市电力设施应急典型应用案例

1. 河南郑州"7·20"特大暴雨

1）背景与损失

2021年7月17—23日，河南省遭遇历史罕见特大暴雨，发生严重洪涝灾害。街道行洪导致行人和车辆被冲淹；山丘区山洪叠加路坝影响，淹没和冲毁村庄及房屋；中小河流沿线漫溢，巩义市米河镇、登封市告成镇、荥阳市汜水镇等被洪水淹没围困；山丘区常庄水库、郭家咀水库等出现重大险情；重大基础设施南水北调工程、高铁交通干线、特高压输电线路等受影响和损坏等；同时导致大面积停电、停水、停气、通信中断、交通中断。特别是7月20日，郑州市遭受重大人员伤亡和财产损失：京广路隧道、地铁五号线、郑州大学第一附属医院、阜外华中心血管病医院，以及大量地下空间被淹没；受损电力设施波及用户126.63万户，占全市总户数的1/3；45%的基站因洪灾停电或退服（中断服务）；至少3座水厂因停电而停工；多个居民小区因二次供水设备停电而失去自来水供应；全市736台变压器损坏，更换的配件超出库存储备；因灾避险停运或受损的电力设备包括110kV变电站8座、35kV变电站1座、220kV线路1条、110kV线路10条、35kV线路18条、10kV线路479条、台区12425个。灾害共造成河南省150个县（县级市、区）1478.6万人受灾，因灾死亡失踪398人，其中郑州市380人，占全省95.5%；直接经济损失1200.6亿元，其中郑州市409亿元，占全省34.1%。

2）应对措施

（1）成立防汛应急组织体系

包括防汛专项应急领导小组（常设）、应急指挥部（临时）、现场指挥部、联合应急指挥部、专家组、各单位防汛应急组织机构。

（2）监测与预警

包括风险监测、预警分级、预警程序、预警行动、预警调整和解除。

（3）应急响应

包括先期处置、响应启动、响应分级、响应行动、响应调整与终止。

（4）信息报告

包括报告程序、报告内容、报告要求、信息发布。

（5）后期处置

包括善后处置、保险理赔、恢复与重建、事件调查、处置评估。

（6）应急保障

包括应急队伍保障、通信与信息保障、应急物资装备保障、应急电源保障、电网备用调度保障、应急指挥中心保障、技术保障、经费保障、协调联动机制保障、用电安全及紧急避险保障。

以郑州市为例，郑州市每个区的供电部下设供电所，每个供电所配备 10～20 人的配电运行班，负责对片区内 10kV 以下的配电线路进行维修。每个片区下设若干网格，每个网格包括 10 余个小区，由网格长负责向居民提供服务。灾情后，15000 多名驰援的抢修队员采用包干方式，每支队伍驻扎进一个供电所辖区，听从区供电部的抢险作战指挥部调遣。为准确统计小区情况，除电力系统网格员外，社区工作人员也被划入指挥部管理，负责收集网格内小区的停电情况。所有信息汇总为两张表格：一张是小区抢修进度表，记录各小区电力设备的恢复情况，一张是人员调遣表，记录每一支救援队所在位置。两张表格相互衔接，确保每支队伍都不会有"空窗期"。每个供电所还设置专职的物资协调员，负责统计所需物资。

2. 2023 年京津冀特大暴雨

1）背景与损失

2023 年 7—8 月初，超强台风"杜苏芮"在福建省晋江市沿岸登陆后持续向西北方向移动，残余环流随后继续北上，与 2023 年第 6 号台风"卡努"外围环流合并，在京津冀地区受到大陆高压带和副热带高压带阻挡，同时受太行山脉和燕山山脉的阻挡环流抬升水汽，在京津冀燕山地区形成持续性暴雨洪涝灾害，是华北地区特别是北京地区出现有完整气象记录以来最极端、最罕见、雨量最大、危害最严重的极端特大暴雨，同时也是华北地区历史上极为罕见的由台风本体导致的极端暴雨。7 月 29 日 20 时至 8 月 1 日 6 时，北京市房山区平均降水量为415.4mm。受强降雨影响，山洪冲刷损毁部分供电线杆及变压器，部分地区供电保障、通信线路受损。截至8月1日，部分地区电力线路等设备设施受到不同程度的影响，7个乡镇62个村部分运营网络通信不畅。

2）应对措施

为应对此次强降雨天气，国网北京市电力公司通过精准防汛管理系统提前下达雨前、雨中及雨后巡视任务，该系统接入了北京市发布的低洼积水及突发地质灾害风险隐患点信息，以及电力巡视信息、气象数据和溢水告警信号，实现对输电、变电、配电各专业防汛工作的统一决策指挥。

针对灾情严重的房山区、门头沟区，国网北京市电力公司调配支援人员、装备、物资，投入近5000人的抢修力量，配备109辆发电车、430余台小型发电机、1100余辆抢修车辆，按照"水退、路通、人进、电通"的原则，根据天气、道路修复等实际情况，配合开展转移安置、现场勘察、应急供电和抢修工作。截至8月7日8时，国网北京市电力公司即累计配送电力线杆2163根、高压线缆类物资822公里、低压导线164km、配电箱330台、变压器299台等应急抢修物资。

3. 2023年8月涿州抗洪抢险保电

1）背景与损失

2023年7月5—10日，华北地区出现当年第三轮大范围极端高温天气，最高气温超过40℃。7月29日—8月1日，受台风"杜苏芮"影响，华北地区出现极端强降雨过程，6条河流过境的涿州市遭受严重洪涝灾害，电网受损严重，1条500kV线路、3座110kV变电站、3座35kV变电站、66条10kV线路因灾或紧急避险停运，影响97个小区安全可靠用电。

2）应对措施

此轮极端降雨来临前，国网河北省电力有限公司已安排省、市、县3级专人参与防汛指挥部联合值班，组建1381支11574人的应急抢修队伍。8月2日，国网公司涿州抗洪抢险前线指挥部成立，统筹部署涿州电力防汛和应急保供电工作。8月2日下午，第一批省外支援涿州的应急保障队伍到达，国网河北省电力有限公司石家庄、沧州等供电分公司支援的队伍以及更多的队伍携带着应急发电车、吊车、水泵车、抽水机等大量装备也陆续到达。8月5日0时，主城区用电恢复超8成。8月6日19时，主城区用电恢复超9成。8月7日8时，城区超过95%的用电受影响居民社区恢复供电。总结抢修到位迅速恢复供电的4点经验：预防为主，及时总结之前防汛经验；聚焦民生，抢修直奔关键；应急体系和装备完善，快速调动省内外力量支援；集团化运作体系强，设置前线指挥部及时协调应对现场情况。

9.1.2 台风导致的城市电力设施应急典型应用案例

1. 2023年第5号台风"杜苏芮"

1）背景与损失

福建省沿海地区地形以丘陵和小面积平原为主，森林覆盖率较高，土质相对松软。福建电网较易受到台风灾害影响，"线—树"矛盾风险、地质灾害风险，以及受地形地貌影响加剧的洪水、大风风险，均会进一步增加电网灾损。台风造成的电网系统损失包括：风力和山洪导致杆塔倾倒或折断，输电缆线断线或风偏放电跳闸，变电站及配电变压器被洪水淹没。

2023年第5号台风"杜苏芮"于7月21日在菲律宾以东约1000km的西太平洋洋面生成，7月24日加强为超强台风，中心附近最大风速约52m/s，7月25日10时左右进一步加强至约62m/s。7月28日10时许，在中国福建省晋江市沿岸登陆，登陆时中心附近最大风速50m/s，达强台风级。表9-1列出了2015年台风"苏迪罗"和2016年超强台风"莫兰蒂"对福建电网造成的损失。此次"杜苏芮"登陆地点与"苏迪罗"和"莫兰蒂"较为接近，登陆风速介于二者之间，停电状况和电网灾损与上述二者接近。

"杜苏芮""莫兰蒂"和"苏迪罗"台风导致的福建省电网损失对比　　　表9-1

	停电户数（万户）	受损失线路	受损配电站
2023年第5号台风"杜苏芮"	196.47（截至登陆当日）	—	—
2016年第14号台风"莫兰蒂"	全省323.0 仅厦门地区62.2	仅厦门地区： 21条220kV线路 52条110kV线路 713条10kV线路 （福建其他地区数据缺失）	仅厦门地区： 220kV变电站6座 110kV变电站45座 配电变压器10743台 （福建其他地区数据缺失）
2015年第13号台风"苏迪罗"	厦门364.7（占全省24.41%） 福州138.39（占福州地区47.2%） 莆田56.96（占莆田地区52.51%） 宁德48.4（占宁德地区43.99%）	2801条10kV线路 （占全省24.8%）	配电变压器68789台 （占全省21.5%）

2）应对措施

国家电网有限公司超前防范、统筹部署，坚持"全网一盘棋"，当天8时启动防汛防台Ⅲ级应急响应，成立气象灾害应急指挥部，进入应急响应状态。

（1）事件分级

根据电网损失程度、发生性质、可能导致电网紧急情况等，将台风、洪涝灾害事件分为特别重大事件、重大事件、较大事件、一般事件4级。

（2）应急指挥机构

成立公司台风、洪涝灾害事件应急指挥部、相关工作组以及事发现场指挥部，明确各相关单位职责。

（3）预防与预警

包括风险监测、预警分级与预警发布、预警行动、预警调整、预警结束。

（4）应急响应

包括响应分级、先期处置、响应启动、响应行动、现场处置措施、应急救援、相应调整、响应结束。

受台风影响的单位坚决扛牢电力保供首要责任，做好应急值班、加强监测预警、落实防范措施，科学调整电网运行方式，统筹安排抢修力量，坚持"风停、水退、人进、电通"原则，第一时间组织力量开展抢修，把灾害对电网的影响降到最低，保障人民群众生命财产安全和电力可靠供应。

2. 2019年超强台风"利奇马"

1）背景与损失

2019年8月10日，超强台风"利奇马"中心在浙江省温岭市城南镇登陆，登陆时中心附近最大风力16级（52m/s），中心最低气压93kPa。受其影响，浙江省东部沿海地区出现暴雨大风天气，先后穿过台州市、金华市、绍兴市、杭州市和湖州市等地，在浙江滞留近20h，8月10日22时进入江苏境内。共造成浙江省1402.4万人受灾，56人死亡，14人失踪，1.5万间房屋倒塌，农作物受灾面积113.7万hm^2，其中绝收面积9.35万hm^2，直接经济损失515.3亿元。

"利奇马"呈现风雨强度大、持续时间长、影响范围广的特点，造成浙江电网主配网设备密集跳闸，其中500kV主变压器2台、500kV线路10条（32条次）、220kV母线4条、220kV线路40条（87条次）。500kV及220kV设备跳闸最密集时段为8月10日0时~1时（平均1min跳闸1次），其次是8月10日1时~4时（平均3min跳闸1次）。其中，台州地区受灾尤其严重，曾一度造成3个极度薄弱供电方式，电网调度口径最大负荷由506万kW降至163万kW，最低负荷仅61万kW，电网局部供电能力严重下降。

2）应对措施

根据"利奇马"预警信息，国网浙江省电力有限公司充分预估，各级调度专业积极落实预防预控措施。加强与设备运维、营销等专业协同配合；事前调配1000余名应急巡视抢修人员，无人机300余架，完成浙江省变电设备、开关站、基杆塔等防汛检查；全省302座变电站恢复有人值班；安排调停机组总容量1500万kW，水电提前大幅削落水库水位；分批拉停嘉兴、宁波、台州、温州、绍兴地区42条220kV空充线路；将系统恢复全接线正常方式，增强电网网架强度；要求沿海火电发电厂做好保厂用电准备，特别要求核电站做好全停风险预控措施；准备好各类应急物资。

台风登陆前后，以台州市为主的局部地区 500kV 和 220kV 设备密集跳闸，主网网架受到严重破坏，220kV 系统和 500kV 系统均一度出现极端薄弱的运行方式，电网调度运行以保障大电网安全为重点，维持台州市主网整体与局部环网供电结构，有效避免了大面积全停事件的发生。台风影响过后，各级调度和现场抢修专业密切配合，安全、有序、高效地指挥电网恢复正常运行方式。8 月 11 日 23:05，500kV 网架全部恢复正常；8 月 13 日 06:32，220kV 以上主网架全部恢复正常。

9.1.3 极端气候导致的城市电力设施应急典型应用案例

1. 2021 年美国极寒天气得克萨斯州"2·15"大停电事故

1）背景与损失

2021 年 2 月 13—17 日，冬季风暴"乌里"袭击了北美大部地区，致使美国大部、墨西哥北部遭遇强寒流、极端暴风雪过程，得克萨斯州地区气温下降至 −22 ~ −2℃。极寒天气导致电力需求远超供应量，2 月 15 日，得州电力可靠性委员会（Electric Reliability Council of Texas，ERCOT）宣布进入能源紧急状态，于 1:23 左右开始在全州运营区域内实施轮流停电。2 月 16 日，部分停运的发电机组恢复运行，同时又有新的机组停运，发电出力依然不足。2 月 17 日气温回升，用电压力缓解。2 月 18 日，轮流停电取消。2 月 19 日 10:35 左右，系统恢复正常运行。电力供需不平衡还导致电价飞涨，电力批发价格由平时的不足 0.1 美元 /kWh 上涨至 9 美元 /kWh。

2）原因分析

极寒天气下电力负荷激增、电源出力骤降、外部支援能力弱造成的电力供需不平衡，是本次停电事件的直接原因。

（1）电力负荷激增

得克萨斯州大部分地区属温带气候，南部部分地区为亚热带气候。由于得克萨斯州约 60% 的家庭采用电供暖，持续低温导致用电负荷激增，停电发生前负荷已达 69222MW，超过冬季历史负荷峰值。2 月 15 日上午的预测负荷峰值更是超过 76000MW。

（2）电源出力骤降

得克萨斯州天然气供应商、发电厂未做好应对极寒天气准备，因天气因素导致的燃气、风电、燃煤机组强迫停运是造成电源出力骤降的最主要原因。随着气温持续低于 0℃，停运规模不断扩大，最大强迫停运容量达 52037MW，约占总装机容量的 48%。

从停运原因看，天气因素、设备故障、燃料受限导致的机组强迫停运容量分别为 27567MW、7457MW、6130MW，约占总装机容量 25%、7%、6%。从机组类型看，燃气、风电、燃煤、光伏、核电最大强迫停运容量分别约为 26437MW、18552MW、5727MW、1476MW、1350MW（其中风电及光伏机组基于装机容量统计），约占总装机容量 24%、17%、5% 和 1%。

（3）外部支援能力弱

本次停电事件期间，与德州电力可靠性委员会电网联网的美国西南电力联营公司电网及墨西哥电网的供电区域同样遭遇了极寒天气。德州电力可靠性委员会电网内部出现电力供应不足时难以通过联络线获得周围其他电网充足的紧急功率支援，随着负荷需求增加、发电出力急剧下降，电力系统频率持续跌落，最终导致德州电力可靠性委员会根据系统运行情况采取切负荷措施。

2. 2022 年极端高温四川省大面积缺电

1）背景与损失

中国水电"夏丰冬枯"的明显特点。一般四川省的丰水期为 6—10 月，枯水期为 12 月—次年 4 月。但 2022 年夏季的气候却极度干旱，严重影响了长江流域的水量。6 月中旬起，长江流域降水由偏多转为偏少，其中，6 月下旬偏少 2 成，7 月偏少 3 成多，尤其是长江下游干流及鄱阳湖水系偏少 5 成左右，为近 10 年同期最少。8 月 13 日，武汉长江汉口站水位为 17.55m，直接降到了有水文记录以来的历史同期最低值。干旱气候不仅导致水电发电量骤减，也直接拉高了用于降温的电力负荷。

2022 年入夏后，由于极端高温导致空调降温用电需求激增，国网四川省电力公司 7 月售电量达 290.87 亿 kWh，同比增长 19.79%，刷新了单月售电量最高纪录。7 月 4—16 日，四川遭遇历史罕见长时间大范围高温极端天气，四川电网最大负荷达 5910 万 kW，较 2021 年增长 14%。居民日均用电量达到 3.44 亿 kWh，同比增长 93.3%。

2）应对措施

（1）加大火电投入

2022 年 8 月 13 日，四川电网从外省火速购买 215 万 t 煤，同比增加 145 万 t，几乎是往年同期的两倍。专项专用，保证火电稳发满发。

（2）省外购电

积极争取紧急电力支援，按最大输电通道能力实施跨省跨区支援，最大化利用四川跨省所有跨区通道，同时增大水电留川规模，大幅削减四川低谷年度外送计划电力。

（3）透支蓄水池

四川部分水电厂有一定量的蓄水存量但蓄水一般不多，而且还要优先保障当地居民用水，面对巨大的难关，部分发电厂放水发电，以解燃眉之急。

（4）让电于民

8 月 14 日，四川省经济和信息化厅和国网四川省电力公司联合下发文件《关于扩大工业企业让电于民实施范围的紧急通知》：由于当前电力供需紧张形势，为确保四川电网安全，确保民生用电及不出现拉闸限电，从 8 月 15 日起取消主动错避峰需求响应，在全省（除攀枝花、凉山）的 19 个市（州）扩大工业企业让电于民实施范围，对四川电网有序用电方案中所有工业电力用户（含白名单重点保障企业）实施生产全停（保安负荷除外），放高温假，让电于民，时间从 2022 年 8 月 15 日 00:00 至 20 日 24:00。8 月 17 日，重庆也同步要求企业限电 6 天，实施时间为 8 月 14 号至 8 月 20 号。

（5）公共场所节约用电

商场、写字楼、地铁等实行限电。

（6）民用电错峰滚动停电

部分地区民用电采取滚动错峰停电措施。

9.1.4　地震导致的城市电力设施应急典型应用案例

1. 2011 年日本"3·11"地震

1）背景与损失

大地震发生前，日本共有 18 座核电站、55 个反应堆，承担全国 30% 左右的电力供应。福岛核电站是当时世界最大的核电站，总装机约 9096MW，由福岛第一核电站（在运机组 6 台）、福岛第二核电站（在运机组 4 台）组成，均为沸水堆动力源电站。日本当地时间 2011 年 3 月 11 日 14:46，宫城县海域突发里氏 9.0 级特大地震并引发海啸，地震导致 12000MW 核电机组、10000MW 火电机组及部分水电机组遭到破坏，总计损失约 22000MW 电源，造成重大人员伤亡和巨额财产损失。同时，造成严重核泄漏事件，并演变成一场全球核危机，对日本及全球核电发展产生重大影响。

2）事故经过

日本东京电力公司辖区内共 9 座变电站因故障退出运行，仅中部电网通过 3 座换流站提供 1000MW 电力支援，网间功率支援能力有限，震后电网出现约 10000MW 电力供应缺口，引发大面积停电事故。3 月 11 日，日本青森、岩手、秋田、宫城、山形、茨城 6 县地震发生时即几乎全县断电；3 月 12 日下午，东北和关东地区约 442 万户停电，44.5 万户停气；3 月 13 日 8 时，岩手、宫城等 7 个县共 208 万户停电；震区内的新干线和铁路全部停运，9 条高速公路封闭，仙台、宫城等多地机场封闭；三井化学、三菱化工、JFE 制铁公司、住友金属工业、丸善石油公司等日本大型企业的多处工厂因遭灾或停电等因素停工。

地震导致核电站机组停运并发生核泄漏。截至 3 月 12 日 0 时地震共导致 18 台核电机组停运。福岛第一核电站 2～4 号机组退出运行，并由自备发电机提供冷却控制；但服役时间最长的 1 号机组因应急柴油机失效无法正常为核燃料贮存仓及时冷却，发生爆炸和核泄漏。福岛第二核电站的所有机组在地震发生后立即自动退出，虽然部分反应堆的排热功能因海啸而暂时丧失，但功能随后恢复，所有机组在3月15日前均达到"冷停堆"状态。3月13日凌晨，福岛第一核电站3号机组供电系统发生意外致使冷却系统丧失功能；3月13日上午，距离福岛核电站120km的宫城女川核电站的放射性检测装置在大气中测到放射性数值约是正常放射性的4倍；3月14日11时，3号机组发生氢气爆炸。由于短期内无法平衡电力缺口，东京电网被迫于3月14日轮停26%的负荷；3月19日，停电限制解除，但负荷水平由二月底的51000MW降为30910MW。

地震发生一周后，电网呈发电设施大量退出、电网设施快速恢复的状态。福岛第一、第二核电站的核泄漏事态得到初步控制。地震使核电机组几乎全面瘫痪，并对环东京湾火电群造成了不同程度的损失。3月30日，所有变电站重新投入运行，约2000MW的火电机组恢复供电，水电机组全部恢复供电，大量火电机组仍处于停运状态，核电机组短期内无法恢复。

2. 2022年四川雅安地震

1）背景

据中国地震台网正式测定，2022年6月1日17时四川省雅安市芦山县发生6.1级地震，17:03雅安市宝兴县发生4.5级地震。距震中约55km的国网四川省电力公司所属雅安龟都府电站震感较为强烈，成都、乐山、甘孜、阿坝等地震感明显。

2）应对措施

地震发生后，国网四川省电力公司第一时间启动应急响应机制，主要负责人赴成都生产运营中心指挥调度震后各项应急保障工作，迅速组织开展电力生产与工程建设现场巡视检查，全力保障抢险救灾电力安全供应。积极与各省电力调度控制中心、各电站生产现场联系沟通，全面排查电站大坝、厂房、升压站以及风机等设备设施等情况，全面巡查输电线路。雅安龟都府电站积极开展应急处置，详细排查电站大坝、库区、线路、闸门、主副厂房及设备设施，对电站冲沙闸、泄洪闸进行启闭试验，多措并举确保安全生产，加强运行设备监视，稳定机组出力，全力保障电力供应安全稳定，助力芦山灾区抢险救灾。组织力量深入施工现场，联合参建单位，加强总装机400MW的甘孜光伏实证基地、剑科水电站等在建工程现场巡视检查，开展地质灾害隐患排查，检查防汛措施落实情况，防止震后次生灾害，做好余震险情预防工作，保障在建工程安全稳定。国网四川电力雅安电力（集团）股份有限公司第一时间启动Ⅲ级应急响应，组织各单位人员对供区输配电线路、变电站设备等采取"人工+无人机"方式开展特殊巡视，对建筑物墙体、主变电站基础、电站渠道和压力容器等开展隐患排查，同时对供区重要用户开展震后安全用电检查。同时，积极发挥区域协调作用，第一时间对接中国电力福溪电厂、五凌电力在川水电受地震影响情况，确保国家电力投资集团有限公司在川所属电站现场人员安全、设备运行正常。

9.2 电力系统引发的城市电力设施安全问题

9.2.1 城市大范围停电典型应用案例

1. 2020 年美国加州极热天气"8·14"大停电事故

1)背景与损失

美国西部时间 2020 年 8 月 14 日,加利福尼亚州电力系统独立运营商(Califomia Independent System Operator,CAISO)发布三级紧急状态,是近 20 年发布的最高等级紧急状态,49.2 万企业与家庭的电力供应中断,最长停电时间达 150min。8 月 15 日,CAISO 再次对用户实施轮流停电,停电时间最长达 90min,影响 32.1 万用户。

2)原因分析

加州系统供需不平衡导致运行备用容量不满足相关要求,引发 CAISO 实施轮流停电。

(1)罕见高温引起负荷增长

电力负荷对气温变化通常较为灵敏。2020 年,加利福尼亚州地区经历极端炎热的 8 月,据报道,加利福尼亚州死亡谷最高温度达 54℃,可能是美国有记录以来 8 月的最高气温。经统计,加利福尼亚州地区 7 月气温平均值 22℃、日最高气温平均值 33℃,8 月气温平均值 24℃、日最高气温平均值 39℃。8 月加利福尼亚州地区日负荷峰值的平均值高于 7 月 3197MW,其中 8 月 14 日负荷峰值首次突破 45000MW,当天负荷峰值高达 46777MW,比 2019 年夏季负荷峰值(2019 年 8 月 15 日)高 2629MW,超出 CAISO 在 2020 年初对夏季峰荷预测的中位值 870MW。

(2)应对新能源波动的灵活调节能力不足

加利福尼亚州地区光伏等新能源快速发展,装机容量和占比不断提升,新能源并网带来的波动性问题使得供需矛盾突出。8 月 14 日,由于傍晚太阳落山导致加利福尼亚州地区光伏出力骤降,同时由于午后持续高温使电力负荷不断增加。同时,为了响应《加利福尼亚州可再生能源组合标准方案:温室气体减排》要求,加利福尼亚州太平洋沿岸的一些海水冷却型燃气电厂正在逐步关停。大量燃机退出运行,而配套的储能设施滞后,削弱了系统灵活调节能力。雪上加霜的是,8 月 14 日事件中,一台燃机因故障跳闸;8 月 15 日事件中,另一台燃机因错误的调度指令而降低出力,使得灵活调节资源进一步减少,加剧了问题的恶化。CAISO 实施切除 1000MW 负荷的措施,就发生在系统净负荷达到峰值时刻附近。

(3)区域间电力协调互济能力不足

加利福尼亚州用电高峰时段也是周边地区的用电高峰时段,由周边电网系统支援的电力通常也减少。加上存在输电线路能力受限的情况,最终导致加利福尼亚州系统总受入电力能力下降。

（4）山火频发导致调度更为谨慎

加利福尼亚州地处美国西海岸，濒临太平洋，夏季气候干燥、风力强劲，属于山火频发地区。2020年8月，加利福尼亚州地区历经了史上第二大山火灾害，覆盖范围达数十万英亩，主要位于加州西部地区。由于山火覆盖面积广、历经时间长、影响范围大，严重山火威胁到输电线路正常运行，容易引发架空输电线路群发性跳闸，且永久性故障居多；同时容易导致不同程度的负荷损失，严重时导致厂站全停甚至系统解列。因此，为降低大规模停电风险，调度人员选择了较为保守谨慎的切负荷措施，以保障电网安全运行。

2. 2012年印度大停电

1）背景

印度电网分为北部、西部、东部、东北部和南部5个区域电网，2014实现全印度电网同步联网。印度的输电线路电压等级主要由765kV、400kV、220kV、132kV交流和±500kV直流组成，其中400kV交流线路构成其主网架。印度的主要电力输出地区位于东北部、东部，还有建在不丹境内的电厂，电力负荷主要集中在南部、西部和北部地区。印度电网输电方向主要为"东电西送"，再辅以"北电南送"。

印度的电力按中央、邦分层管理。在发电领域，中央和邦政府共同指导国家火电和水电公司运作。在输电领域，印度电网公司负责跨邦输电线路的建设和运营。各邦设有邦电力局/邦输电公司，负责邦内输电事业的发展和运营。在配电领域，印度各邦的自主权很大，各自负责本邦内配电网的建设、运营和管理。中央政府管理机构负责颁布电力行业法规，制定宏观政策和规划，协调融资等。

2）事故损失

（1）"7.30"事故

印度当地时间2012年7月30日2:33左右，北部电网发生大面积停电事故，损失负荷约36000MW，影响人口约3.7亿人（占约印度总人口30%）。当日16:00，电网基本恢复正常。

（2）"7.31"事故

严重山火威胁到输电线路正常运行，当地时间7月31日13:00左右，印度北部、东部、东北部3个区域电网再次发生大面积停电事故，损失负荷约48000MW，超过6亿人（占超过印度总人口50%）受到影响，是世界范围内影响人口最多的大停电事故。事故发生后约20h，3个区域电网基本恢复供电。

3）原因分析

通过对印度官方事故调查报告（2012年8月16日发布版）的分析可知，多个技术、管理和体制上的原因共同导致大停电。

（1）印度电网网架薄弱，事故前线路大量停运进一步削弱网架结构。两次事故发生前，电网中均有大量线路停运，大幅削弱了网架结构，为大停电事故的发生埋下隐患；

（2）北部部分邦超计划用电导致联络线重载运行。两次事故发生前，北部部分邦超计划用电导致北部—西部联络线重载，距离段保护跳闸直接触发了随后的连锁反应，导致了大停电的发生；

（3）保护的不正确动作引发连锁反应。在两次事故的连锁反应过程中，潮流转移导致线路负载（电流）增加、电压下降，在无故障情况下，距离保护（包括距离1段、距离亚段）动作跳开线路等保护的不正确动作，直接导致了事故的迅速扩大；

（4）低频减载未能充分发挥作用。印度电网普遍配置了低频切负荷装置，但印度中央电力企业如国家电力公司为缩减电网维护成本，低频减载投入普遍不足，因而在电网频率大幅下降时，未能及时切除足量负荷；

（5）体制存在弊端，国家/区域电力调度中心不具备统一调度职权。印度电网管理借鉴美国模式，国家电力调度中心在各个邦过负荷用电情况下只能通过电监会下达处罚通知，没有权力和适当方法限电，即使是在电网安全紧急情况下，也没有调控权对系统进行调整和控制，极易出现大的安全稳定事故。事故发生前，各个邦为了满足本地负荷需求，大量从主网超配额用电，忽略了电网的整体安全，而国家电力调度中心对此缺乏有效的应对措施。

印度连续两次大停电事故充分暴露出其国家/区域电力调度中心对邦电网的管控能力不足。

9.2.2 城市高压变电站（含户内）、电缆沟火灾典型应用案例

1. 2019年山东泉城站"11·22"爆燃事故

1）背景与损失

2019年11月22日16:36，国网山东省电力公司所辖1000kV交流特高压泉城变电站3号主变压器B相在运行过程中故障爆炸燃烧，B相变压器烧损。

2）原因分析

该爆燃事故是一起因变压器高压套管电容芯体存在质量缺陷引发爆燃，导致设备损坏和人身伤亡的一般电力设备事故。事故直接原因为高压套管电容芯体质量缺陷，引起局部放电，导致下瓷套损坏爆炸、对地电弧放电，变压器油气化，油箱内压力剧增，油箱爆裂，大量可燃油气喷出引发爆炸燃烧，造成3人死亡。

3）事故过程

16:13，监控后台报3号主变压器轻瓦斯动作，运维人员按《电力变压器运行规程》

DL/T 572—2010 规定，到现场查看 3 号主变压器情况。现场确认 3 号主变压器 WBH 本体非电量保护屏装置报本体轻瓦斯 B 相动作，且复归无效。现场检查 3 号主变压器 B 相瓦斯继电器、取气盒情况，对主变压器本体进行铁芯、夹件接地电流开展测试；

16:36，泉城站监控后台报 3 号主变压器重瓦斯动作跳闸，B 相本体着火，变压器泡沫喷雾固定灭火系统正确启动；

16:37，泉城站启动事故应急响应，汇报各级调度，拨打 119 报警电话；

16:40，泉城站站内消防人员到达现场，利用站内 2 辆消防车进行灭火作业；

17:00，按网调调度指令，将 3 号主变压器 500kV 侧 5041、5042 开关转冷备用；

17:25，按照网调调度指令，将 1000kV 台泉Ⅱ线拉停；

17:26，按照网调调度指令，将 3 号主变压器 1000kV 侧 T042、T043 开关转冷备用隔离；

17:40，济阳消防银河路中队 4 辆、商河消防大队 2 辆消防车进站；

17:46，4 号主变压器转热备用；

17:50，现场火势得到控制，火情未超出 3 号主变压器 B 相范围；

23 日 7:23，现场明火基本扑灭。

故障发生后，设备部第一时间赶赴现场，国网山东省电力公司立即启动应急响应、开展故障处理，阻止火灾复燃及其他次生灾害发生，做好后续抢修恢复方案。

2. 2016 年陕西西安南郊变 "6·18" 电缆沟故障事故

1）背景与损失

2016 年 6 月 18 日 0:28，国网陕西省电力有限公司 110kV 韦曲变 35kV 出线电缆沟失火，站用交流电失电、直流系统异常，导致全站保护及损伤电源失效，导致 110kV 韦曲变 4 号、5 号主变压器起火受损；站内保护无法正确动作，造成故障越级，波及 330kV 南郊变 3 号主变压器起火受损，南郊变 1 号、2 号主变压器漏油。最后依靠对侧变电站保护才切除故障。事故导致 330kV 南郊变全停，故障损失负荷 28 万 kW，备自投恢复 4 万负荷，西安部分区域停电。同时，造成 3 人不同程度受伤。

2）应对措施

西安 119 指挥中心接到报警后立即调派长安中队、世家星城中队、曲江中队、特勤一中队、大庆路中队等 5 个中队，共计 21 辆消防车、90 余名消防员赶赴现场。1:14，现场火势得到控制，1:30 现场明火被扑灭。国网陕西省电力有限公司对 110kV 韦曲变电站采取紧急停电措施，启动应急预案，快速组织人员开展应急抢修。1:58，除 110kV 韦曲变电站部分所带用户未恢复，96% 的负荷恢复正常供电。14:30，99% 的停电区域正常供电。15:10，陕西 330kV 主电网全部恢复正常运行。

国网陕西省电力有限公司要求：强化电网运行风险管控，强化风险意识，全面梳理和排查电网运行风险，制定完善的管控措施和实施方案，特别要提高对变电站全停等风险的辨识能力，杜绝变电站全停，杜绝电网运行风险失控；开展变电站消防安全检查，全面排查主变压器、充油设备、电缆沟、竖井等火灾隐患，确保消防措施落实到位；加强变电站直流系统运维管理，全面检查、确保直流系统可靠运行；全面排查二次系统安全隐患，严格落实各项反措要求；加强老旧变电站运行管理，强化设备日常监测和状态评价，制定负荷转带方案，完善事故预案，提高故障处置和恢复能力。

9.2.3　城市重大赛事保供电应用案例

1. 2022年第二十四届冬季奥林匹克运动会保电

1）背景

2022年2月4日，第二十四届冬奥会开幕式在北京国家体育场隆重举行，奥林匹克火炬点亮世界首座"双奥之城"。举办期间，国家电网有限公司华北分部、国网北京市电力公司、国网冀北电力有限公司和来自国家电网有限公司14家单位共330人的支援队伍，助力北京冬奥场馆100%绿电供应，确保电网安全稳定运行和电力可靠供应。

2）应对措施

北京冬奥会期间，国家电网有限公司构建三级冬奥保电体系，联合开展24小时保电值班，落实"五个最"（最高标准、最强组织、最严要求、最实措施、最佳状态）要求，锚定保电"四个零"（设备零故障、用户零闪动、工作零差错、服务零投诉）目标，圆满完成了供电保障任务。

构建"1+3+N"三级冬奥保电体系。国网冀北电力有限公司在充分借鉴2008年北京夏季奥运会保电成功经验的基础上，结合实际构建了"1+3+N"三级冬奥保电体系，即以公司总指挥部为统领，现场分指挥部、张家口分指挥部、主网保障分指挥部为支撑，各类保障团队协同发力的全方位、立体化保障体系。总指挥部包含总指挥部办公室和电网保障工作组、服务保障工作组、通信保障工作组等8个工作组，协调解决保电过程中的突发问题，及时掌握冬奥组委、国家电网有限公司和张家口赛区保障工作部署，密切跟踪赛事安排，组织、督导分指挥部和相关单位保电工作。各分指挥部结合自身职责指导保电工作，抓好电网运行、设备运维、场馆保障、应急抢修等工作措施落实。配合"1+3+N"保障体系启动的还有冬奥供电保障指挥平台，该平台对内汇集安监、设备、营销、物资等各专业数据，对外接入赛事、舆情、气象等各类信息，综合多元数据构建出冬奥供电保障全要素数据中枢，在支撑保障体系高效运转的同时，也为冬奥组委提供了数据服务。

联合开展24小时保电值班。国网冀北电力有限公司总指挥部和现场分指挥部、主网分指挥部、张家口分指挥部联合开展24小时保电值班。现场分指挥部按照《冬奥会测试活动场馆供电保障工作方案》，测试演练场馆典型保障场景预想事故处置预案、处置流程，运行管理标准、工作标准、技术标准，测试日例会制度、工作流程，以及决策、应急、协作、图纸、台账等管理机制。同时，按照4个场馆的"一馆一册"，测试每个场馆的保电任务、主供电源和自备应急电源供应情况、重要负荷运行情况、继电保护动作情况、应急处置预案、备品备件、后勤保障等内容。保电等级根据活动内容分为特级、一级、二级。特级保电时段，场馆保障人员对场馆配电室、电力综合区、一般重要及以上等级低压设备有人值守，不间断巡视。

2. 2023年第31届世界大学生夏季运动会保电

1）背景

成都大运会从2023年7月28日开幕至8月8日闭幕，是一项重要的国际体育赛事，电力供应稳定直接关系到活动的顺利进行。任何突发的电力问题都可能导致活动中断，甚至可能造成安全事故，必须要做到万无一失。

2）应对措施

为保证电力稳定供应，国网四川省电力公司对49座大运会场馆、282条输配电线路、179座变电站（含1座换流站）实施保障，完成了开闭幕式、269场赛事及城市运行保障任务。

加强电力设备的检查和维护，确保所有电力设备都能够正常运行。完成治理各专业累计发现各类隐患5326项，治理率93.92%。其中，设备专业3403项、治理率96.44%，营销专业（场馆侧）1460项、治理率89.11%，信息与网络专业313项、治理率90.73%，调控专业112项、治理率99.12%，消防保卫专业383项、治理率90.86%。国网四川省电力公司成都供电公司国网四川省电力公司天府新区供电公司，国网四川省电力公司超高压分公司、国网四川省送变电建设有限责任公司派出500余辆保电特巡作业车辆，1900余名巡视人员趁着黎明陆续前往保电现场，对全线开展保电特巡、空飘异物排查及外破点位值守。

进行演练、制定应急预案，无论是比赛场馆还是相关活动场所，一旦发生电力问题，都能够立即处理恢复正常运行。开展电网运行保障团队、提升设备运行可靠团队、场馆侧电力保障团队、网络安全保障团队等专项应急演练，突出电网安全、场馆供电、消防安全、网络安全等重点方面，对涉及的101个大运会保障点位，立足"一站一案、一线一案、一馆一案、一岗一案"保电方案、预案，通过"真拉实练＋桌面推演"相结合的方式推进演练工作对照"一图一表"（负荷分级溯源图、风险辨识和应对表）逐项落实风险预演预练，确保"人员清楚、设备清楚、风险清楚、处置清楚"，同时分层分级开展督导评估，确保演练取得实效。

增加备用电源，一旦主电源出现问题，备用电源能够立即启动，保证电力供应。

9.3 人为事故引发的城市电力设施安全问题

9.3.1 城市电力设施外破典型应用案例

1. 2015 年土耳其"3·31"大停电

1）背景与损失

欧洲中部时间 2015 年 3 月 31 日上午，土耳其电网发生大规模停电事故，除凡城和哈卡里地区部分电力供应由伊朗提供外，土耳其全国电力供应几乎全部中断（包括 81 个省中的 80 个），影响人数约 7000 万人，占全国人口总数 90%，共损失负荷约 32200MW，经济损失约 7 亿美元。土耳其大部分公务部门在下午开始恢复供电，所有省份在 20 时恢复供电，本次停电持续时间超过 9h。

2）原因分析

（1）位于土耳其东西向输电走廊的 4 回 400kV 线路停止运行（3 回因为新设施建设，1 回因为检修），长距离输电和全部串联电容器的退出运行导致东西向传输阻抗很高，在东部大功率水电输送到本部电网的状态下，系统并不满足"N-1"的安全准则要求，输送功率最高的线路因为过载跳闸引起功角失稳，最终导致系统解列；

（2）停电前，运行人员对串联电容器维持这种状况下的功角稳定性的重要性认识不足；

（3）在西部子系统从欧洲大陆电力系统解列后的暂态过程中，几台大型热电厂的发电机在频率高于 47.5Hz 时从系统解列，违反了土耳其电网的相关规定；

（4）对于土耳其电力系统 3 月 31 日停电事故前的系统配置和特定潮流来说，西部系统 41% 和东部系统 21% 的负荷和发电间巨大的不平衡功率使系统稳定面临挑战，且当时使用的保护方案不适合在该极端不平衡中维持系统稳定。

2. 2022 年安徽省合肥市首例涉及电网外破故障

1）背景与损失

合长 4C61 线路连接着合肥二电厂和 500kV 长临河变电站，是合肥二电厂对外送出主要通道之一，平均实时输送电量约为 16 万 kW。7 月 12 日 10:15，合肥电力调度控制中心智能平台发出 220kV 合长 4C61 线路"事件跳闸、保护动作"告警信息，自动重合闸装置动作不成功，随即线路停运。

2）应对措施

国网安徽省电力有限公司合肥供电公司输电运检中心工作人员 10min 左右即到达现

场。在故障查找的同时，向周边重点单位电话询问情况，在确认事件原因后，向属地派出所报案，向肥东县发展和改革委员会报告，派出所民警、电力执法人员很快抵达现场进行取证。为尽可能缩短故障查找时间，合长4C61线路全长约10km，工作人员分两队驾车沿着线路走向进行巡视、查找。同时，增派人员力量冒着高温进行故障抢修，当天17:20修复线路、恢复供电。

9.3.2 输电走廊防林火典型应用案例

1. 湖北神农架电力防火双通道建设。

1）背景

神农架森林覆盖率91.12%，林地面积31.25万公顷，是湖北最大的国有林区，拥有中部地区最大的原始森林。雷击、人工用火、电路电器起火都可能引发森林火灾。特别是山岭间高压输电线的树枝触线起火隐患极大，都须重点防范。森林防火是神农架"天大的事"，每年10月至次年5月为重点防火期。国网湖北省电力有限公司神农架供电公司统计，2020—2022年，林区输电线路因树障跳闸316条次，引发小范围火情3次。

2）应对措施

2022年，神农架林区林业管理局与国网湖北省电力有限公司神农架供电公司联合，编制《神农架林区林火阻隔系统项目规划》，将全区高压输电线纳入林区林火阻隔系统规划，高标准建立防火隔离带，探索输电线"线路长"与森林防护"林长"联合巡护工作机制，确保发现问题及时解决。根据"规划"，双方共同出资，因地制宜将高压输电线下原有的落叶阔叶林砍出几十米宽的通道，栽种红叶石楠等低矮常绿灌木，形成防火隔离带。全区165名基层"林长"、90条高压电线"线路长"明确到人，建立信息互通、共享机制等十大工作任务，确保"双通道"建得快、有人管。自2021年"双长"联合巡护以来，已形成"两节"专巡、"两峰"特巡、"两期"备巡、"两季"勤巡4项巡检模式。自2022年以来，共开展联合巡护200多次，排查解决问题300多个。

9.3.3 黑客攻击引发城市电力供应中断事故

1. 2015年黑客攻击乌克兰"12·23"大停电事故

1）背景与损失

乌克兰当地时间2015年12月23日15:30，在乌克兰西部伊万诺—弗兰科夫斯克地区负责当地电力供应的Prykarpattyao-blenergo控制中心遭到网络攻击，控制中心的计算机光标被远程控制断开断路器，使整座变电站全面停运，之后攻击者将运维人员从控制面板中退出登录，同时变更了运维人员的密码，使其无法登录。同期，乌克兰普利卡帕蒂亚、切尔诺夫策和基辅等至少 3 个区域的电力系统遭到网络恶意代码攻击，导致 7 座 110kV 变电站和 23 个 35kV 变电站出现故障后停运，同时影响到另外两座配电中心，停运的变电站数量扩大至约 60 座，超过 23 万名居民陷入停电困境。攻击导致停电 1 ~ 6h，约 140 万人受到影响。电力供给恢复后，工作人员仍然需要以手动方式控制断路器。在此次攻击的两个月后，控制中心仍未全面恢复运转。

本次事件中，黑客通过骗取配电公司员工信任、植入木马、后门连接等方式，绕过认证机制，对乌克兰境内 3 处变电站数据采集与监视控制（Supervisory Control And Data Acquisition，SCADA）系统发起网络攻击。该起事故是首例由于网络攻击造成的大规模停电事故，是人类历史上信息安全影响电力系统运行的里程碑事件。

2）原因分析

（1）网络恶意攻击

攻击者在 Microsoft Office 文档中利用宏功能嵌入恶意软件，并通过鱼叉式钓鱼邮件向乌克兰电力工作人员控制设备中植入 Black Energy 木马程序，攻击 SCADA 监视主机使其功能失效，并采用清除和覆盖系统日志和其他重要格式文件的方式，导致数据损失和系统瘫痪。同时攻击者在串行接口网关设备中植入恶意固件，导致变电站无法接收调度中心的远程控制命令。通过控制变电站开关跳闸，进而导致大面积停电。

（2）狡猾的线下攻击

攻击者对乌克兰多家电力公司发动拒绝式服务 DDoS 攻击，呼叫中心被大量来电挤占，使其网络流量激增，破坏正常和应急通信通道，阻止用户向运维人员报告断电状况，干扰用户停电申诉及电力公司紧急抢修，使电力运营商难以采取应急救援措施。

（3）安全防范体系不健全，网络隔离不足

乌克兰电网安全防护体系存在开源漏洞，现有防火墙限制及权限认证不完善。同时，乌克兰电力系统的办公系统与生产系统缺乏严格的网络物理隔离措施。电力公司为发、输、配业务的通信和控制便利，通过互联网连接，控制类与非控制类系统采用身份认证的方式进行信息安全防护，易被攻击利用。

（4）工业控制系统的网络安全监测能力不足

对于恶意软件的侵入及长时间潜伏未做到有效监测，同时在电网受到攻击时仅能被动遭受控制，不能做到有效监测攻击动向。电力工作人员信息安全意识薄弱，对于恶意邮件等缺乏过滤与安全保护意识。

9.4 负荷侧引发的城市电力设施安全问题

9.4.1 用户空调负荷应对典型应用案例

1. 嘉兴平湖市南市新区的吾悦广场空调系统负荷的柔性调节改造

1）背景

用电负荷分基础负荷和空调负荷，基础负荷反映经济社会发展带动的用电负荷增长，稳定性较高；空调负荷反映用户降温用电水平，易受天气因素影响，波动性较大。当夏季持续高温少雨天气，制冷负荷（空调负荷）会急剧增加，空调负荷已成为夏季用电负荷的主力，使区域最大负荷严重超载，电网调峰困难。多地电网为保民生，开展需求侧响应，使部分工商业停产停业，以错峰供电。

2）应对措施

嘉兴平湖市南市新区的吾悦广场是一座新型商业楼宇，改造潜力巨大。国网浙江省电力有限公司嘉兴供电公司围绕负荷聚合、柔性调控的整体思路，按照"优质资源直控改造，'行政+市场'联合推进"原则，以市场化、数字化、柔性化方式调动空调负荷参与需求响应，通过部署智能控温终端、温湿度传感器和通信网关等一体化设备，实现对该商业楼宇空调系统负荷的柔性调节，让公共建筑中央空调系统"会思考""懂节能""能赚钱"。嘉兴平湖县域"虚拟电厂"通过3个"一键生成"："一键生成用户筛选""一键生成负荷监控""一键生成柔性负荷调控"，拓宽需求响应的广度和负荷调节的深度，简化响应过程，提升响应精度。

"一键生成用户筛选"。响应前，通过供电公司前期开展的点对点调研，将空调楼宇类型以及空调类型分为含商业综合体、行政机关、酒店以及商业写字楼等4类，覆盖水冷机组、风冷水循环机组、风冷热泵、VRV多联机空调等4种类型，形成全市公共建筑空调柔性负荷专属用户画像，通过优先级和灵敏度进行排序，构建"一键用户筛选"算法。在响应时，提供机组出水温度调节、电流负载比调节等柔性调控方式，对应不同的负荷压降能力和用户舒适度。

"一键生成负荷监控"。在虚拟电厂空调整体运行负荷方面，可以实时查看接入空调的总运行负荷曲线以及柔调能力曲线，且通过对比空调运行参数以及国家的建议参数，测算出空调的节能能力，让公共建筑除了"会思考"，还变得更"懂节能"。有别于此前的响应方式，虚拟电厂还可精准匹配从上级变电站间隔到用户配电房的供电路径，同步主网潮流变化情况，实现电网局部供需失衡状态下的精准调节。

"一键生成柔性负荷调控"。当电网需要压降负荷时,通过"一键柔性负荷调控",可以将所有空调按照既定的策略进行柔性调节,既达到压降负荷的目的,也保证用户的舒适度。另外,虚拟电厂还可以通过空调热惯量模型,模拟短时内的空调负荷压降以及室内温度上升的拟合曲线,指导用户选择策略进行压降。在 2021 年夏用电高峰期,虚拟电厂对吾悦广场的中央空调预设温度、风机转速、送风量等参数进行柔性调节,累计为电网削减负荷超过 800kW。目前,嘉兴平湖县域虚拟电厂已接入涵盖商业综合体、行政机关、酒店以及商业写字楼等 4 类 16 家空调用户,累计运行容量 23050kW,其中柔性调节能力 2242kW,节能能力 600kW。

9.4.2 城市电动自行车充电设施火灾典型应用案例

1. 2023 年 6 月 3 日汕头电动车火灾

1)背景与损失

截至 2022 年底,中国电动自行车保有量近 4 亿台,但其充电不安全问题也逐步显现,火灾等各类事故持续攀升。2023 年 6 月 3 日 1:26,汕头市金平区金禧花园金榕苑一楼架空层停车场突发火情,主要燃烧物为电动自行车和摩托车。当地消防部门共调集 11 辆消防车 56 名消防救援人员前往处置。2:09,明火基本扑灭,约 50 余辆被烧毁。事故中,紧急疏散 25 名群众,有 3 名群众受伤送院治疗,均无生命危险。

2)应对措施

(1)SOC 控制

在日常充电运营过程中,对某一特定车辆或车型的 SOC 进行控制满充的 90%,理论上可以预防 66% 的事故。

(2)热失控切断

如果在电池内短路发生的初期,能够提前识别到内短路发生,且停止外部电源的输入,一定程度上也可以预防内短路向热失控转化。

(3)内短路预警

电池在充电过程中其各项性能参数会实时发给充电桩,充电桩对内短路热失控进行预警,提前介入。

(4)大数据和人工智能的赋能

结合电化学机理、大数据以及人工智能技术,对动力电池做安全监控预警,在电池运行、充电过程中保证其安全。

9.4.3　光伏电站设施火灾应急典型应用案例

1. 2018年4月19日安徽铜陵一地面光伏电站火灾

1）背景与损失

光伏装机大规模增长，但与之而来的安全问题也越来越多。2018年4月19日，安徽铜陵某地面光伏电站发生火灾，整个电站组件基本被烧光，只剩下一些凌乱散落的金属支架。

2）应对措施

在户用场景，部分国家、区域已经出台相关标准，包括国内部分省市的建筑行业也在推行类似标准，即在屋顶光伏上，要具备RSD功能，在每个组件后面加可实现组件级关断的优化器，在后级出现短路等故障时，优化器可以分断组件的能量，避免故障进一步扩大。

参考文献

[1] 中华人民共和国住房和城乡建设部. 城市电力规划规范：GB/T 50293—2014[S]. 北京：中国建筑工业出版社，2015.

[2] 中华人民共和国住房和城乡建设部. 电力工程电缆设计标准：GB 50217—2018[S]. 北京：中国计划出版社，2018.

[3] 何正友，李波，廖凯，等. 新形态城市电网保护与控制关键技术[J]. 中国电机工程学报，2020，40（19）：6193-6207.

[4] 迟福建，刘聪，张媛，等. 国内外城市配电网组网模式及变电站配置综述[J]. 发电技术，2018，39（6）：499-504.

[5] 何璇，高崇，曹华珍，等. 基于改进层次分析法的配电网指标评估[J]. 电测与仪表，2022，59（10）：93-99.

[6] 徐铭铭，曹文思，姚森，等. 基于模糊层次分析法的配电网重复多发性停电风险评估[J]. 电力自动化设备，2018，38（10）：19-25，31.

[7] 汪颖翔，潘笑. 基于改进Elman反馈型动态神经网络的配电网可靠性评估[J]. 水电能源科学，2019，37（10）.

[8] 许爱东，李昊飞，程乐峰，等. PCA-PSO-ELM配网供电可靠性预测模型[J]. 哈尔滨工程大学学报，2018，39（6）：1116-1122.

[9] 万俊杰，任丽佳，单鸿涛，等. 基于灰色关联分析与ISSA-LSSVM的配电网可靠性预测[J]. 控制工程，2023，30（5）：856-864.

[10] 朱晓荣，彭柏，司羽，等. 基于知识图谱的配电网综合评价[J]. 现代电力，2022，39（6）：677-684.

[11] 舒印彪. 新型输电与电网运行[M]. 北京：中国电力出版社，2018.

[12] 贺家李，宋从矩. 电力系统继电保护原理[M]. 第3版. 北京：中国电力出版社，2004.

[13] 国家能源局. 火力发电厂分散控制系统技术条件：DL/T 1083—2019[S]. 北京：中国电力出版社，2019.

[14] 国家电网公司. 无人值守变电站技术及监控中心导则：Q/GDW 231—2008[S]. 北京：中国电力出版社，2017.

[15] 解尧婷. 基于深度学习的输电线路小目标识别算法研究[D]. 太原：中北大学，2021.

[16] 陈庆. 基于卷积神经网络的电力巡检绝缘子检测研究[D]. 成都：电子科技大学，2017.

[17] 操松元，陈江，严波，等. 无人机巡检输电线路的路径规划算法研究[J]. 机械与电子，2019，37（5）：40-45.

[18] 陈勇，李鹏，张忠军，等. 基于PCA-GA-LSSVM的输电线路覆冰负荷在线预测模型[J]. 电力系统保护与控制，2019，47（10）：110-119.

[19] 刘奕，翁文国，范维澄. 城市安全与应急管理[M]. 北京：中国城市出版社，2012.

[20] 胡源，薛松，张寒，等. 近30年全球大停电事故发生的深层次原因分析及启示[J]. 中国电力，2021，54（10）：204-210.

[21] 揭佳明. 数值计算在流体力学中的应用[J]. 探索科学，2016，000（021）：118.

[22] 孙春红. 基于设备脆弱性的电网气象灾害故障预测研究[D]. 淄博：山东理工大学，2021.

[23] 刘新建，陈晓君. 国内外应急管理能力评价的理论与实践综述[J]. 秦皇岛：燕山大学学报，2019，33（5）：271-275.

[24] 马其燕，秦立军. 智能配电网关键技术[J]. 现代电力，2010，Vol.2（27）：39-44.